M

do potęgi

N

Seria π

W sprzedaży m. in.

MIMIS ANDROULAKIS
M do potęgi N
DAVID BALDACCI
Studnia życzeń
Zdążyć na Boże Narodzenie
JUNG CHANG
Dzikie łabędzie: Trzy córy Chin
JAMES CLAVELL
Król szczurów
LIZA DALBY
Opowieść Murasaki
HELEN DeWITT
Siódmy samuraj
ARTHUR GOLDEN
Wyznania gejszy
JOSEPH HELLER
Paragraf 22
Portret artysty
Coś się stało
Ostatni rozdział, czyli paragraf 22 bis
MOSES ISEGAWA
Kroniki abisyńskie
Gniazdo węży
STEPHEN KING
Zielona Mila
Skazani na Shawshank
Bezsenność
Sklepik z marzeniami
Marzenia i koszmary
JERZY KOSIŃSKI
Malowany ptak
STEVE MARTIN
Ekspedientka
RICHARD MASON
Świat Suzie Wong
IAN McEWAN
Pokuta
CATHERINE MILLET
Życie seksualne Catherine M.
ANCHEE MIN
Czerwona Azalia
Dziki Imbir
Cesarzowa Orchidea
TONY PARSONS
Mężczyzna i chłopiec
Mężczyzna i żona
Za moje dziecko
ALLISON PEARSON
Nie wiem, jak ona to robi
MARIO PUZO
Rodzina Borgiów
Czwarty K
Głupcy umierają
ERICH SEGAL
Akty wiary
Ostatni akord
Nagrody
Bez sentymentów
NICHOLAS SPARKS
Noce w Rodanthe
Jesienna miłość
Pamiętnik
Na ratunek
Na zakręcie
STEPHEN VIZINCZEY
W hołdzie dojrzałym kobietom
ZHOU WEI HUI
Szanghajska kochanka
OWEN WHITTAKER
Tatuś

W przygotowaniu

MARTHE BLAU
W jego dłoniach
LUTHER BLISSETT
Q. Taniec śmierci
ARTHUR GOLDEN
Alchemik fortuny
WINSTON GROOM
Taka śliczna dziewczyna
JOSEPH HELLER
Paragraf 23
Gold jak złoto
MINEKO IWASAKI
Gejsza z Gion
KEN KESEY
Lot nad kukułczym gniazdem
SUE MONK KIDD
Sekretne życie pszczół
STEPHEN KING
Dolores Claiborne
Gra Geralda
Desperacja
JERZY KOSIŃSKI
Randka w ciemno
Wystarczy być
Pasja
JOHN LANCHESTER
Hongkong
ADELE LANG
Dziennik socjopatycznej karierowiczki
ANDRÉ LE GAL
Sajgon
RICHARD MASON
Wiatr nie potrafi czytać
Drzewo gorączkowe
IAN McEWAN
Niewinni
KIEN NGUYEN
Gobelin
MARIO PUZO
Szczęśliwy pielgrzym
Mroczna arena
HERMAN RAUCHER
Ben i Ginnie
JOYCE REARDON (red.)
wg STEPHENA KINGA
Czerwona Róża
ALICE SEBOLD
Nostalgia anioła
Szczęściara
ERICH SEGAL
Love Story
Historia Olivera
Mężczyzna, kobieta i dziecko
INDRA SINHA
Śmierć w Bombaju
D. L. SMITH
Cuda w Santo Fico
NICHOLAS SPARKS
Anioł Stróż
Ślub
ALAN TITCHMARSH
Kocham tatę
ROBERT JAMES WALLER
Co się wydarzyło w Madison County
Tysiąc polnych dróg

MIMIS

ANDROULAKIS

M do potęgi N

Z nowogreckiego przełożyła
EWA T. SZYLER

ALBATROS
Wydawnictwo A. Kuryłowicz

WARSZAWA 2003

Tytuł oryginału:

M^{v}

Γυναικείο αντιμυθιστόρημα

Redakcja: Barbara Syczewska-Olszewska

Konsultacja filologiczna: Jan Gondowicz

Ilustracja na okładce: Jacek Kopalski

Projekt graficzny okładki i serii: Andrzej Kuryłowicz

ISBN 83-7359-055-2

Dystrybucja:
Firma Księgarska Jacek Olesiejuk
Kolejowa 15/17, 01-217 Warszawa
tel./fax (22)-631-4832, (22)-632-9155
e-mail: hurt@olesiejuk.pl
www.olesiejuk.pl

Wydawnictwo L & L/Dział Handlowy
Kościuszki 38/3, 80-445 Gdańsk
tel. (58)-520-3557, fax (58)-344-1338

Sprzedaż wysyłkowa:
merlin.com.pl/Dział Obsługi Klienta
Garażowa 7, 02-651 Warszawa
tel. (22)-607-7993, (22)-607-7996, fax (22)-607-7992
e-mail: sklep@merlin.pl
www.merlin.pl

WYDAWNICTWO ALBATROS
ANDRZEJ KURYŁOWICZ
tel./fax: (22)-842-9867
adres dla korespondencji:
skr. poczt. 55, 02-792 Warszawa 78

Warszawa 2003. Wydanie I
Skład: Laguna
Druk: Abedik S.A., Poznań

Rozdział 1

Mélani

Anonim: „Czy życie z człowiekiem, który potrafi czytać w naszych myślach, byłoby do wytrzymania?”. Coś takiego! Doprawdy trudno uwierzyć, by osoba o takiej przeszłości jak ty mogła rzucić w internetową przestrzeń równie pompatyczne pytanie! Umieram z ciekawości, jakie będą odpowiedzi.

Mimis Androulakis: Bez żartów! Co jest kluczem do szczęścia erotycznego – wiedza czy jej brak?

A.: A jeśli ten ktoś, kto potrafi czytać w naszych myślach, to my sami? Moglibyśmy z nim żyć?

M.A.: Zabijasz mi klina, przyjacielu. „Tego kogoś” zostaw w spokoju, pytam o „innego”. Lepiej wiedzieć czy nie wiedzieć?

A.: Pewien mój znajomy był szczęśliwy ze swoją żoną. Udane pożycie seksualne, zgodna rodzina. Gdy „dowiedział się”, ich życie zmieniło się w piekło. Czy twoje „życie z człowiekiem” nie za bardzo pachnie wiecznością?

M.A.: Wbrew przysięgom i ułudom wszystkie wielkie uczucia są ulotne.

A.: Czyli mam nie wariować z miłości?

M.A.: Masz wariować, ale też pamiętać, ile razy twoi bliscy widzieli, jak się zadręczasz, szalejesz, a potem zapominasz i obojętnie idziesz dalej.

A.: Obrona przed samym sobą! Jesteś oziębły na zapas, bo boisz się kochać i być kochanym.

M.A.: Ależ przyjacielu, nawet wtedy, gdy przeżywamy największą miłość, drugi człowiek jest tylko drugim człowiekiem. Obawiam się, że należysz do osób, które szukają w związku powrotu do niemowlęcego uzależnienia: dziecko uważa tego drugiego, czyli matkę, za część własnego ciała.

A.: Nie ukrywam, że tak jest. W miłości chcę się zapomnieć, być znowu dzieckiem, a nie prowadzić pertraktacje...

M.A.: Zatem podobnie jak małe dziecko, odczuwasz lęk przed porzuceniem i separacją – bierzesz drugiego za kark i dręczysz go w imię miłości albo żeby się zabezpieczyć, zaczynasz go lekceważyć, gardzić nim, a nawet go nienawidzić. Ludzie tacy jak ty zazwyczaj przyjmują to jedną, to drugą postawę. Męczą się, będąc w związku, i czują się zagubieni, gdy są sami. Raz są zbyt oziębli, innym razem zbyt żarliwi. Typowo dziecięca, schizofreniczna osobowość, nieudacznicy miłości!

A.: Hola, hola! Przesadzasz. Zostańmy przy uzależnianiu innych i byciu zależnym w miłości.

M. A.: ...i przy niezależności.

A.: Niech będzie. Powiedz mi, czy ten ktoś, kto potrafi czytać w naszych myślach, to kobieta czy mężczyzna?

M.A.: Szczerze mówiąc, nie potrafię wyobrazić sobie mężczyzny z taką umiejętnością.

A.: „Wyobrazić sobie"! A więc kobieta, która potrafi przewidzieć każdy twój ruch, jest tworem wyobraźni i, jak podejrzewam, bohaterką twojej nowej powieści, a samo pytanie jest czysto teoretyczne.

M.A. Wcale nie. Ta kobieta jest częścią rzeczywistości. Widzę ją zawsze jako dziewczynkę, gdy dawno temu, pewnego letniego popołudnia, siedziała pod morwą i płakała. „Co się stało?" – spytałem. „Nie możemy się pobrać!". „Zwariowałaś? Co ci przyszło do głowy?". „Jestem od ciebie starsza".

Była ode mnie starsza jedynie o siedem miesięcy – ja urodziłem się w listopadzie, a ona w czerwcu. Chodziliśmy do drugiej klasy gimnazjum. Śmiejesz się z naiwności wieku młodzieńczego, ale ona spojrzała mi prosto w oczy z jeszcze większą rozpaczą i wyszeptała: „Nie możemy się pobrać. Moim prawdziwym ojcem jest twój dziadek, więc ja jestem twoją ciocią, a nasze dziecko byłoby dla ciebie cioteczną siostrą albo ciotecznym bratem, ja natomiast byłabym dla niego ciocią-babcią...".

A.: Wielkie rzeczy! Powiedzmy, że facet żeni się z czterdziestoletnią wdową, która ma dwudziestoletnią córkę. Jego ojciec kręci z córką i z nią się żeni. Każdy z nich ma syna. Mówiłeś kiedyś w radiu, że podobają ci się matematyczne łamigłówki, udowodnij mi więc, że wdowa stała się babcią dla swego męża, a on stał się mężem swojej żony i jej wnukiem, jednocześnie dziadkiem i wnukiem dla siebie samego! Ale co było dalej z tą dziewczyną?

M.A.: „Skąd ci to przyszło do głowy?" – spytałem.

„Moja mama ma to wypisane na twarzy. Gdy jest ze mnie zadowolona, czytam w jej oczach: rozumna jak stary. Lepsze to niż gdyby była podobna do tego opoja, mojego męża. Jak się na mnie złości, widzę wyraźnie: niech będzie przeklęta chwila, gdy się oddałam staremu łajdakowi, trzeba ją było spłodzić z moim, bo potulny, pijaczyna, jak jagniątko".

Dobra, wystarczy! Co za bzdura chcieć opowiedzieć w pięć minut nieznajomemu człowiekowi, którego spotyka się na statku, w samolocie czy w Internecie, historię naszego życia, a nawet to, co skrzętnie skrywamy przed najbliższymi! Nie sądzisz, przyjacielu, że w tej dyskusji nie mamy równych praw? Ja stoję z otwartą przyłbicą, mam nazwisko, znaną twarz i głos. A ty?

A.: Jestem kobietą. Nie zorientowałeś się, prawda? Jestem Olią z *Utraconego bluesa* *.

M.A.: Daj spokój! Olia to wytwór wyobraźni.

A.: Czy nie mówiłeś, że najwspanialszy wytwór wyobraźni, jaki znasz, to rzeczywistość? Istnieję. Olia istnieje. Chciałeś przeistoczyć nieco pretensjonalną ideę: „kobieta o niespotykanej obojętności wobec egzystencji, mająca za nic stan posiadania, zaborczość i dominację" w postać literacką, bohaterkę powieści, ale...

M.A.: Dobra, dobra. Olia nie powstała z idei.

A.: Może, ale istnieje. Wszystko prawie do mnie pasuje, i to tak bardzo, jakbyś ulepił Olię ze mnie, jakbyś dał jej moje życie. Można by mniemać, że ktoś opowiedział ci moje losy. Choćby to, że moje wnętrze przyjęło spermę gwałcicieli. Teraz samotnie wychowuję syna. Nie dalej jak wczoraj wieczorem zapytał mnie: „Mamo, dlaczego inne dzieci mają tatusia?".

M.A.: Jakie masz włosy?

A.: Długie do pasa, ale nie jestem ruda. Zgaduj, jak wyglądam, kim jestem z zawodu, jakie jest moje życie.

M.A.: A imię?

A.: Ma jakieś znaczenie?

M.A.: Imię i los: tajemny związek – czy nie tak było w przypadku Olii? Nasze imię, podobnie jak twarz, i ogólniej ujmując, zewnętrzny wygląd, wnikają niepostrzeżenie w proces kształtowania się naszego charakteru i naszych relacji z innymi ludźmi. Pierwsze, co słyszymy, kiedy otwieramy

---

* *To chameno blus*, powieść M. Androulakisa z 1977 roku (przyp. tłum.).

oczy na świat, i ostatnie, co słyszymy, gdy zamykamy oczy na zawsze – to nasze imię. Imię i nieświadomy obraz naszego ciała podtrzymują nasze „jestem", naszą wewnętrzną spójność oraz niezbędny dla naszej osobowości narcyzm. Zarówno w głębokim śnie, jak i w śpiączce, gdy słyszysz swoje imię, otwierasz oczy.

Mélani: Imienia nie wybieramy.

M.A.: Dostajemy je od rodziców, tak jak geny. Ponadto każde cierpienie psychiczne jest dziedzictwem urazów i rozpaczy doznawanych przez minione pokolenia. Imię ma więc na nas wpływ. W imieniu „Adolf" pobrzmiewa słowo „wilk", kto wie, może to zaważyło na psychice Hitlera?

A.: Dla gwałcicieli moje imię nie miało żadnego znaczenia.

M.A.: Gdybyś nosiła imię Elefterija *, może by się zawahali, nawet gdyby byli ludźmi junty. Imieniem Eleni – dziecku spłodzonemu wskutek gwałtu, bo Zeus zgwałcił jej matkę – przypisana jest zawiść, chęć odwetu, a to prowokuje wojny. Jeśli masz na imię Menelaos, żyjesz w ciągłym lęku, by nie zyskać sławy rogacza. Antoni, od świętego Antoniego poczynając, na Surunisie ** kończąc, ma zwyczaj uciekać na odludzie, zostaje pustelnikiem i pozwala diabłu karmić się pokusami oraz zmysłowymi obietnicami.

A.: A jak masz na imię Mimis? ***.

M.A.: Śmiało i z ochotą pleciesz duby smalone za pośrednictwem Internetu pewnej nieznajomej, która utrzymuje, że jest Olią. Gdyby nazywali mnie Dimitrisem, zachowywałbym się zapewne o wiele poważniej. Nie wyobrażasz sobie, ile zamętu wprowadził spór wokół mojego imienia – najpierw

---

* Imię żeńskie. *Elefterija* — (gr.) wolność (przyp. tłum.).

** Antonis Surunis, znany żyjący współcześnie pisarz grecki (przyp. tłum.).

*** Mimis, zdrobnienie od imienia Dimitris (przyp. tłum.).

w rodzinie, a potem w partii. Jedni wołają na mnie Dimitris, inni Dimitrakis, jeszcze inni Mimis, a są i tacy, co chcą, żebym był Mitsosem. „Mitsos brzmi bardziej proletariacko!" – radził mi pewien przywódca lewicy, który przeszedł do historii.

A.: Nie widzisz mnie i nie słyszysz, więc wiedz: Teraz się śmieję.

M.A.: Kiedy wielki facet – zarówno pod względem wzrostu, jak i możliwości twórczych – używa radosnego, dziecinnego zdrobnienia Mikis, to musi mieć na niego wpływ. Staje się żartownisiem i krąży między tragizmem a komizmem spraw ludzkich. Zostaje muzykiem, a nie generałem. Jeśli nosisz imię Konstantynos, to z góry wiadomo, że będziesz co najmniej ministrem, bo masz predyspozycje do sprawowania władzy.

Ale żarty na bok. Zabawa z imionami może czasem pociągnąć za sobą dramatyczne skutki. Nigdy nie zmieniajcie dzieciom imion. Nigdy! Przez pierwsze trzy miesiące nazywali go Janisem, potem nagle, z powodu nacisków dziadka, zaczęli wołać na niego Stawros *. Bystre, dobrze rozwinięte i ruchliwe niemowlę straciło kontakt z otoczeniem. Puste spojrzenie, nieprzystosowanie do otoczenia, autyzm. Znam przypadki zaburzeń psychicznych, nawet psychoz, którym podlegają niektóre osoby wskutek niechęci do własnego imienia, swojej płci czy nieświadomego obrazu własnego ciała.

A.: Dlaczego kładziesz nacisk na nieświadomy obraz własnego ciała, skoro nasz wygląd zewnętrzny jest czymś danym i widocznym dla każdego?

M.A.: Rzeczywisty wygląd, mój wizerunek w lustrze czy na ekranie telewizora, różni się od mojego obrazu, który

---

* Imię męskie. *Stawrós* – (gr.) krzyż, krucyfiks (przyp. tłum.).

istnieje w mojej wyobraźni i którego doświadczam w nieświadomości, gdyż rozwija się i tworzy wciąż na nowo w danych okresach. Te dwa obrazy zawsze mają ze sobą coś wspólnego, ale nigdy się nie pokrywają. Nieświadome wyobrażenie ciała przenika do naszego „jestem", do pragnień, do języka, wpływa na kontakty z innymi ludźmi. Wiemy ponadto, że ból duszy może przerodzić się w ból ciała i prowadzić do zaburzeń psychosomatycznych. Ale ty nadal upierasz się przy swojej anonimowości.

A.: Dajmy na to, że jestem panią M. W jednym z wywiadów powiedziałeś, że próbowałeś rozmaitych „M" – matematyki, powieści *, mass mediów, managementu, muzyki – ja jestem tym „M", którego nie znasz.

M.A.: Bez przeintelektualizowanych wykrętów, proszę. Chcę imienia.

A.: Mélani.

M.A.: Puszcza farbę i już jej nie widać... **.

Mélani: Nie zajmuj się mną, mówmy o twoich kobietach. Wymyślasz je? Szukasz powieściowej postaci, która wykorzysta wszystkie atuty kobiecości? Takiej, która budzi się pewnego ranka i postanawia rozegrać swoje karty do końca? Czy też miałeś z takimi kobietami do czynienia?

M.A.: Moja matka była krawcową, a jej pracownia prawdziwą „szkołą żon". Udawałem, że czytam książki, a nadstawiałem ucha i poznawałem kobiece sekrety. Tam nauczyłem się słuchać. Potem szedłem do pracowni szewskiej mojego ojca – to była „męska agora": sprawy polityki, wędkarstwa, polowania. Mogłem porównywać te dwa światy.

---

* Po grecku *mithistorima* (przyp. tłum.).

** *Meláni* – (gr.) atrament. Barwny płyn, którym otacza się sepia w razie niebezpieczeństwa (przyp. tłum.).

Mélani: A więc w pracowni krawieckiej powstała w tobie ciekawość zagadki, jaką jest kobieta. A tamta dziewczyna? Wspomniałeś, że jak miała na imię?

M.A.: Mania... Tylko nie mów: znowu „M", bo tamtego lata było jeszcze jedno „M" – pewna Amerykanka, Margit. Wydawało mi się wówczas, że poza tymi dwoma „M" nie może istnieć nic więcej w tajemnicy kobiecości.

Mélani: Margit? Skąd się wzięła?

M.A.: Przyjechała na Kretę badać przedminojskie osady – absolwentka archeologii, córka bogacza, zaręczona ze świetnie zapowiadającym się prawnikiem, który został wkrótce gubernatorem jednego ze stanów, a potem ministrem w rządzie amerykańskim – o czym dowiedzieliśmy się zresztą znacznie później. Wyobraź sobie tylko: służby bezpieczeństwa amerykańskiej bazy wojskowej w Iraklionie dyskretnie sprawowały nad nią pieczę. George'owi powierzono zadanie wożenia jej statkiem po morzu.

Mélani: George'owi?

M.A.: Najstarszemu bratu Mani – różnica wieku wynosiła osiemnaście lat. Był marynarzem, ale tamtego lata akurat przebywał na lądzie. Znał dobrze angielski – sam nauczył się aż pięciu języków. Ta dwójka, George i Mania, wyróżniała się spośród innych członków ubogiej rodziny z siedmiorgiem dzieci. George lubił zmiany i podróże. Najpierw popłynął do Ameryki. Miał piętnaście lat, gdy statek zawinął do portu w Nowym Jorku. Wrócił po paru latach. Doskonale gotował potrawy kuchni kreteńskiej i arabskiej, meksykańskiej i chińskiej. Po posiłku rozkoszował się cygarem i za pomocą dymu opowiadał nam legendy i swoje przygody z egzotycznych podróży.

Mélani: Dymu z cygara?

M.A.: Tak, kazał nam nazywać kształty, w które układał się dym, i opowiadał stosowną historyjkę. „Co to jest?" –

pytał. „Starzec z brodą” – odpowiadała Mania. „Hm, ten pies, kapitan Chris... Wysadziliśmy go na ląd w Rio de Janeiro, gdy...”. „Kobieta z długimi włosami” – powiedziałem kiedyś. „Jakiego koloru?”. „Teraz czarnego” – wykrzyknąłem. „Brunetka – Alicja. Ożeniłem się z nią w Hawanie...”. „Wielkie fale!”. „Katastrofa statku na otwartym morzu w pobliżu Florydy”.

Mélani: Krótko mówiąc, Amerykanka znalazła swojego Zorbę.

M.A.: Nie, nie był Zorbą. Był bardziej bezwzględny w poszukiwaniu szczęścia, mniej porywczy i nie aż tak skory do zabawy. Chłonął wszystko jak gąbka, dawał sobie radę z najtrudniejszymi kobietami, koił ich nerwy, zaspokajał pragnienia. Traktował je tak naturalnie i zręcznie, jakby obierał gruszkę albo oprawiał rybę nad brzegiem morza. W tym właśnie mężczyźnie, interesującym się tyloma rzeczami, dostrzegłem ową rzadko spotykaną obojętność egzystencjalną, którą odnalazłem znowu, jako dorosły człowiek, w fikcyjnej Olii.

Mélani: Sypiał z nią?

M.A.: Opowiem ci taką scenkę: Pewnego razu, o świcie, płynęliśmy łodzią, aby pokazać Margit zatopioną Elundę – ta starożytna mieścina znajduje się teraz jakieś dwa–trzy metry pod wodą. Planowaliśmy też zbierać ostrygi. George stał przy sterze, Mania i ja siedzieliśmy z tyłu i coś tam wyławialiśmy z morza. Zbliżyła się powoli do George’a, z szacunkiem, ujęła go żarliwie za rękę i patrząc mu głęboko w oczy, wyszeptała: „Było mi tak dobrze! Tak bardzo dobrze! George, dziękuję ci, dziękuję”. Nie powiedział ani słowa, widać było, że starał się zapanować nad zdziwieniem i zrozumieć treść jej słów, a Mania, natychmiast, automatycznie, odwraca się do mnie i powiada: „Ona myśli, że kochała się z moim bratem. To skończona wariatka...”.

Mélani: Czyli Mania potrafi czytać w cudzych myślach, a Margit... Kim jest? Niezaspokojoną blondynką?

M.A.: Nie... Myli senne marzenia z realiami codzienności – tak potem pomyślałem. Dwa dni później opowiadała nam z dumą, że wieśniacy przysłali jej do hotelu kwiaty i owoce, a rybacy langusty oraz homary. George nic nie mówił, choć wiedział, że nikt jej niczego nie przysłał. Od tamtej pory kupował najlepsze wyroby i zostawiał je w hotelu podpisane męskimi nazwiskami. W ten sposób dostosowywał rzeczywistość do jej imaginacji. Zabierał ją łódką na otwarte morze, na wysepki zamieszkane tylko przez mewy, do zapomnianych starożytnych ruin i morskich jaskiń. „George, już tu byłam, kochałam się z tobą w tej jaskini, wyjaśnij mi, wiem, że to absurdalne, ale już tu byłam". Wariowała za nim, ale on pozostawał wolny, samowystarczalny, łagodny i obojętny na jej szalone uniesienia.

Mélani: Obojętny? Kochanek doskonały? Coś mi tu nie gra...

M.A.: Wyobrażasz sobie pilota, który na równi z pasażerami odczuwa lęk albo wpada w panikę? Chirurga, który kieruje się obawami swoich pacjentów? Kucharza, któremu ślina cieknie nad garnkami? Prostytutkę, która zakochuje się w swoich klientach? Polityka, który pozwala, by rządziły nim tłumy? Powieściopisarza, który utożsamia się ze swoimi bohaterami i ulega ich chciwości, ich chęci wypełnienia mu całej jego przestrzeni i całego czasu, pisarza, który pozwala, by jego postaci zdominowały go i zniszczyły? Każdy z nich przegrałby w przedbiegach. Podobnie jak pilot, lekarz, kucharz, prostytutka, tak i kochanek – gdy kocha – niech zachowa dystans, wzrusza się, ale nie okazuje tego w pełni, niech będzie tam i zarazem gdzie indziej, niech oddaje się, ale nie całkowicie...

Mélani: Czy oszacowałeś to oddawanie się?

M.A.: Od dwudziestu pięciu procent w przypadku małej i pięćdziesięciu procent w przypadku wielkiej miłości. Wytrawny kochanek nie pije do dna, nie pozwala jednemu tylko uczuciu zawładnąć całym światem swej psychiki, uwalnia miłość od jej nieznośnego ciężaru, uzupełnia ją szczyptą nonszalancji.

Mélani: Kamuflaż w miłości? To proponujesz?

M.A.: Jeśli odsłonisz się w stu procentach, znajdziesz się tam, gdzie cię oczekują, i nie będziesz miał w zanadrzu żadnej niespodzianki.

Mélani: Bardzo wyrachowana, wręcz cyniczna postawa.

M.A.: Nie. Wytrawny kochanek, powiedzmy George, nie jest wyrachowany, nie zabezpiecza sobie tyłów, lecz balansuje na linie, igra z niebezpieczeństwem. Zarazem jest i go nie ma. Nie gustuje w zwodniczych gwarancjach miłości, w jej patologicznej skłonności do sięgania po wieczność i doskonałość... Zaprawia namiętne porywy odrobiną ironii i jeśli nawet sprawia wrażenie, że daje się ponieść uczuciom, zyskuje jedynie czas, by sprowadzić je do zwykłej sympatii. Gdy inni wygłaszają wielkie mowy o miłości, odgrywają dramatyczne role, chcą koniecznie wierzyć w ułudę wierności w łóżku, George spokojnie uprzedza koniec. Nie pomniejszając ani swojej miłości, ani swoich umiejętności, wie, kiedy zgasić uczucie i nie pozwolić mu zmarnieć.

Mélani: Nie ma żadnego szacunku dla miłości!

M.A.: Przecież miłość sama w sobie jest brakiem szacunku, jest świętokradztwem popełnianym przez wyznawcę religii miłości, kogoś takiego jak George.

Mélani: Ten twój George pachnie mi oszustem.

M.A.: George jest największym oszustem, jakiego wydał świat, ale kimże jest wielki kochanek? Wielkim oszustem!

Mélani: Żarty sobie ze mnie stroisz. Rzucasz wyzwanie okazywaniu uczuć, bo czujesz się wobec nich bezradny.

M.A.: Stroimy sobie żarty z tego, co kochamy, i na odwrót. Co to jest miłość, Mélani? To sympatia, gra, rewolucja i dowcip bez granic. George traktował więc Margit „obojętnie", dzięki czemu poprowadził ją ku całkowitemu spełnieniu, co nie udałoby się żadnemu gubernatorowi stanu Illinois ani ministrowi w rządzie Stanów Zjednoczonych.

Anonim: Jestem Moli. Pozwolę sobie przyłączyć się do waszej rozmowy – upoważnia mnie do tego moje „M". Przepraszam, Mélani, ale od dłuższego czasu twój rozmówca uprawia gierki słowne, opowiada bajkę za bajką, blefuje, a wszystkie te kłamstewka – niczym kręgi fal na wodzie – oddalają nas coraz bardziej od początkowego tematu.

M.A.: Nawlecz moje kłamstewka na nitkę, tylko nie pomyl kolejności, a dostaniesz prawdę!

Moli: Znowu blef.

M.A.: Napastliwość. Męska czy kobieca?

Moli: Sam sobie odpowiedz. Przecież już od jakiegoś czasu próbujesz stworzyć dwie nowe postaci do następnej powieści: Manię i Margit. To nie zabawa, ty pracujesz, a Mélani bezwiednie z tobą współpracuje, i to za frajer.

M.A.: O nie! Drugi raz nie powtórzę tego błędu. Użyczyłem bohaterom moich powieści – Olii, Mario, Christine, Monie – tego co niepowtarzalne w moich życiowych doświadczeniach, co było mi drogie. Pozwoliłem im skorzystać z moich najskrytszych tajemnic, prawdziwych i wyimaginowanych, które ogrzewały moje wnętrze, ale ledwie powieść powstała, jej ciepło stygło, magia bladła, a ja czułem się osierocony, pozbawiony korzeni, tak jakbym stracił rękę albo nogę. Więcej nie napiszę powieści. Piszesz po to, by ocalić od zapomnienia jakąś opowiastkę, a tymczasem tylko ją tracisz.

Mélani: Sam mówiłeś, bardzo górnolotnie, że po czterdziestce odczułeś potrzebę podsumowania swojego życia, spojrzenia na siebie oczyma osoby trzeciej, podjęcia próby zrekonstruowania mijającego czasu, czasu utraconego, i odzyskania go, jeśli się uda. Wszystko to, jak przypuszczam, spowodowało, że zabrałeś się do pisania.

M.A.: Wiedziałem jednak, że to daremny trud, i mówiłem o tym. Nie miał, jak sądzę, żadnych złudzeń w tej kwestii także Proust. Jednak, prawdę powiedziawszy, nie sądziłem, że pisaniem niczego się nie zyskuje, że przekładanie własnych fantazji na powieści jest bolesną stratą, pustoszeniem własnego wnętrza, które trzeba potem na nowo czymś wypełnić. Pomijając to, że denerwuje mnie ten staromodny literacki egzystencjalizm utraconego czasu.

Moli: Nie znoszę tych twoich sprzeczności. Świetnie wiesz, że to właśnie próbowałeś osiągnąć w *Utraconym bluesie*: wyrzucić coś z siebie, ulżyć sobie, zapomnieć. „Nostalgia to drugie oblicze otępienia; pamiętać znaczy starzeć się, zapominanie jest wyrazem duchowego zdrowia" – głosiłeś.

M.A.: Ach, Moli, mówimy, czego nie mówimy, i nie mówimy tego, co mówimy!

Moli: Filozofujesz!

M.A.: „Nie przykładaj wagi do tego, co mówię, bacz na to, co mam na myśli", zaleca swemu studentowi ostatni z wielkich fizyków, noblista Feynman. A pewien psychoanalityk, Lacan, powiada: „Słowo to śmierć rzeczy".

Moli: Zdaje się, że mówiliśmy o *Bluesie*, a nie o mechanice kwantowej.

M.A.: Bluesa śpiewali Murzyni, żeby zapomnieć, ale blues jest pełen pamięci. Podobnie *Utracony blues* jest jak utracona miłość – dla kogoś, kto kocha, miłość nigdy nie ginie.

Moli: Marzenia dotyczące sfery publicznej – długo przecież nimi żyłeś – zastępujesz powieściowymi. Utracone doświadczenia z lat naznaczonych buntem i polityką zastępujesz prozą. Powieść jest dla ciebie jedynie substytutem, nigdy nie była prawdziwą potrzebą.

M.A.: Zawsze była substytutem dla wszystkich. Dzięki niej przeżywasz to, co mogło się wydarzyć, ale się nie wydarzyło. Przywłaszczasz sobie życiowe szanse, które nie były ci dane. Dlatego właśnie powieść jest buntownicza – uwalnia nowe, nieznane dotychczas możliwości, przekształca świat...

Mélani: ...w coś, czego nie ma...

M.A.: ...ale co wcale nie jest drugorzędne w stosunku do tego, co jest. Fantazje i marzenia są częścią naszej rzeczywistości, i to nie w formie patologii jak u Margit.

Mélani: Żyjesz w ten sposób życiem innym niż twoje własne.

M.A.: Olia jest nową formułą kobiecości – mogła istnieć, ale nie istniała. *Utracony blues* pisałem w uniesieniu, raz jeszcze przeżywałem – i to do entej potęgi – zarówno prawdziwe zdarzenia z mojego życia, jak i potencjalne, niewykorzystane możliwości. Potem, jak ci powiedziałem, przyszła pustka...

Moli: Potem już ich tak nie przeżywałeś...

M.A.: Moli, zrozum: literatura, poezja, powieść to formy życia dla ludzi, którzy nie żyją, którzy uciekają od życia. Nie zamierzam zostać literatem. Literatura to imię życiowego niepowodzenia... Mówi się, że trzeba zburzyć gmach życia, by z jego kamieni wznieść gmach dzieła.

Moli: Dlaczego więc sięgamy po powieść i po poezję, chcąc stawić czoło problemom naszej egzystencji?

M.A.: Podwójne niepowodzenie, podwójne nieporozumienie. Zwracamy się do pisarza, żeby dał nam odpowiedź na pytania dotyczące sensu życia, a on usiłuje znaleźć jakieś wyjaśnienie w nas albo w swoich bohaterach. To samo dzieje się w relacjach z naszymi dziećmi. One spodziewają się, że odpowiemy na ich wielkie pytania, a my oczekujemy, że dzieci nadadzą sens naszemu życiu.

Mélani: Chwileczkę, Moli! Poprzez powieść pisarz zyskuje rzadką możliwość swobodnego wyrażenia samego siebie, odsłonięcia się, odbudowania swojego ja, umocnienia nadwerężonego narcyzmu.

M.A.: Ale wszystko, co osobiste, musi przeobrazić się w nieosobiste, żeby mogło przemówić do czytelnika. Twoje fantazje przyjmują kształt cudzych fantazji. Stajesz się kimś innym, jesteś i nie jesteś sobą, a to oznacza nowy rodzaj alienacji. Nawet jeśli niektórzy czytelnicy z chorobliwą podejrzliwością szukają w twojej książce twojej prawdziwej osobowości, twoich tajemnic i perwersji, ogólnie biorąc, zapisu twoich dolegliwości, to nawet wtedy, poprzez twoje dzieło, próbują odgadnąć samych siebie. Bohaterowie natomiast usiłują zająć twoje miejsce, żyć za ciebie. Tylko w złych powieściach pisarz jest sobą. Tak mówią.

Mélani: Wątpisz więc, że pisanie jest rodzajem terapii?

M.A.: Niektórzy, opowiedziawszy jakąś historię i przelawszy w nią nieco goryczy, odczuwają ulgę w cierpieniu. U większości zarówno pisanie powieści czy poezji, jak i czytanie wywołuje żal, bo intensywniej uwypukla to ograniczenia i niepowodzenia ich własnego życia. U wszystkich natomiast powieść pogłębia schizofreniczne rozdarcie.

Moli: Upieram się przy swoim. Powieść zastępuje ci działanie. Może nie została ci już żadna forma działania, która byłaby w stanie cię poderwać, zaspokoić twoje wewnętrzne potrzeby, zadowolić twoją żądną wyzwań naturę.

M.A.: Wygaśnięcie nadziei, że da się odzyskać to, co stracone – stracone na zawsze – odczułem tak boleśnie, jak śmierć. Potem jednak nastąpiło zaskakujące wyzwolenie i wtedy, tak, wtedy i ja dostrzegłem, że powieść daje mi możliwość ponownego uczestniczenia w sprawach ludzkich.

Ale bynajmniej nie w sposób skuteczny! Literatura może oddziaływać na rzeczywistość jedynie konspiracyjnie i długoterminowo. Na przykład taki Stendhal miał nadzieję, że będzie czytany po siedemdziesięciu latach, a dziś nie ma żadnego Stendhala ani Dostojewskiego – wszystko się w końcu przejada. Wpływ literatury jest ograniczony; niektórzy twierdzą wręcz, że już całkiem się wyczerpał.

Moli: A więc koniec powieści...

M.A.: Koniec, który nie ma końca.

Mélani: Podejrzewam, że ani nauka, ani racjonalizm nie spełniły twoich oczekiwań; zawiodłeś się na nich – nie pomogły znaleźć drogi w labiryncie ludzkich spraw, co...

M.A.: ...co zmusiło mnie do poszukiwania nici Ariadny w powieści? W sztuce? Przecież powieść tkwi w samym sercu nauki, a zwłaszcza – podkreślam – nauk ścisłych...

Moli: Paradoksy byłego matematyka, inżyniera...

Mélani: ...byłego lewicowca, polityka, byłego teoretyka...

Moli: ...a obecnie gościa w świecie powieściopisarstwa.

Mélani: Ależ on, droga Moli, wszędzie jest gościem. Jest wiecznym „byłym".

M.A.: Zaraz będę także byłym kochankiem, bo czuję się dzisiaj jak stary kogut w elektronicznym kurniku z kanapą psychoanalityka.

Moli: Uważasz nas więc za elektroniczne kwoki...

M.A.: To, że prowadzę o takiej porze rozmowę za pośrednictwem Internetu, zamiast być z wami całkiem gdzie indziej, to przejaw całkowitego niepowodzenia w kontaktach z kobietami.

Moli: Chcesz, żebyśmy się zamknęli we trójkę na osobności w jakimś elektronicznym pomieszczeniu? Czas spełnić twoje marzenia! Czy to nie ty pisałeś, że mając do czynienia z jedną kobietą, rozumiesz niewiele, a z wieloma nic – jedynie obcowanie z dwiema pozwala ci wyjaśnić kobiece zagadki? Czy nie tego poszukujesz w Mani i Margit? Zrób to samo elektronicznie z Mélani i ze mną! Z dwoma „M"!

Mélani: Daj spokój, Moli. Proponuję, żebyśmy dopuszczali do dyskusji tylko kobiety, których imię rozpoczyna się na „M". To będzie zasada tej zabawy. Zgoda?

Moli: Zgoda. Kiedy się spotykamy?

M.A.: Za tydzień o tej samej porze. Ach! „Jam był kogucik, co się zowie/ więc choć zaszedłem w lata/ i dzisiaj kwok dziobania/ nie zniesie serce moje".

Mélani: Znowu kwoki?

Moli: Lepsze pomysły rodzą się w łóżku niż przed ekranem komputera. Nie mam złudzeń! Surfowanie w środku nocy w Internecie to przejaw naszych kobiecych niepowodzeń. Prawda, Mélani?

Rozdział 2

Moli

M.A.: Cześć, Mélani!

Mélani: Cześć. Przez te wszystkie dni myślałam o Mani. Po co ona rozwija w sobie intuicję, umiejętność odgadywania tego, co niewypowiedziane?

M.A.: Zauważ, że nie zawsze z niej korzysta. Jedynie w ważnych chwilach, gdy jej na czymś szczególnie zależy.

Mélani: Może tylko wtedy, gdy wchodzą w grę sprawy seksu. Czy przypominasz sobie, by dowiodła tej umiejętności w innych sprawach?

M.A.: Teraz sobie nie przypominam...

Mélani: Ma wątpliwości dotyczące ojca, chce znać prawdę, dowiedzieć się tego, o czym się nie mówi. Od dziecka pielęgnuje dar pozawerbalnej komunikacji, rozszyfrowuje i automatycznie nadaje znaczenie spojrzeniom, ruchom rąk, brwi, warg, układowi zmarszczek, mowie ciała, barwie głosu, temu wszystkiemu, co my z ledwością zauważamy.

M.A.: Wątpliwości co do ojcostwa, powiadasz, przeradzają się w niezwykle silne „chcę wiedzieć”, które pokonuje barierę milczenia. Osobiście zetknąłem się z sytuacją, prowadzącą do czegoś wręcz przeciwnego, do „nie chcę wiedzieć", „odmawiam przyjęcia jakiejkolwiek wiedzy".

Mélani: Uwielbiam takie opowiastki. Zostaw więc literackie teorie dla Moli, która... i tak się spóźnia...

M.A.: Za studenckich czasów udzielałem korepetycji z matematyki kandydatom na politechnikę, zwłaszcza dzieciom zamożnych mieszczuchów. Zarabialiśmy w ten sposób na wynajem lokalu dla naszej tajnej organizacji. Jeden z moich ziomków, Kreteńczyk, archimandryta w Paleo Psichiko *, polecił moje usługi tamtejszym bogaczom. I tak rozpocząłem lekcje z kandydatką na architekturę – było to zarówno jej marzenie, jak i całej rodziny. Ojciec – znany przedsiębiorca, inżynier budowlany. Dziewczyna wykazywała zadziwiającą niechęć do matematyki, choć miała najwyższe oceny z chemii i fizyki, świetnie pisała, była osobą o nieprzeciętnej inteligencji. Spróbowałem innej metody nauczania, starałem się pokazać jej uroki matematyki, zachęcić, by się nią bawiła, ale ona była oczarowana mną, a nie matematyką. Stwierdziłem ze zdziwieniem, że potrafiła wymienić nazwiska najwybitniejszych greckich matematyków, ocenić ich dokonania, znała ich styl i kaprysy. Wyczekiwała mnie niecierpliwie, wreszcie bez mała u nich zamieszkałem, ale dziewczyna nadal nie mogła skoncentrować się na matematyce. Natomiast starała się uczynić ze mnie słuchacza niekończących się zwierzeń.

Mélani: Czyżby chciała cię uwieść?

M.A.: Tak, ale ja stawiałem opór nie do pokonania. W takich przypadkach wraca do mnie ostrzeżenie dziadka: „Tam, gdzie zarabiasz, fiuta nie wsadzaj". Jeszcze coś mnie dziwiło. Jedynaczka okazywała protekcjonalny szacunek,

* Paleo Psichiko, zamożna dzielnica Aten (przyp. tłum.).

niemal współczucie swemu silnemu i charyzmatycznemu ojcu, przy czym matkę ledwie dostrzegała i traktowała z wyższością, choć w codziennych sprawach miała bardzo dobry kontakt z obojgiem rodziców. Dzisiaj powiedziałbym, że dostrzegłem w tej sytuacji nieprawidłowe rozwiązanie kompleksu Edypa. Pewnego wieczoru ona plotła jakieś głupstwa, ja ograniczałem się do krótkich uwag, i wtedy jej się wyrwało: „On nie jest moim prawdziwym ojcem". Wierzyła, że jej ojcem jest przyjaciel mamy, kolega z gimnazjum, sławny matematyk. Nikt jej tego nie powiedział, nie dostrzegła niczego podejrzanego, nikogo też o nic nie pytała – była to całkowicie stłumiona, nieświadoma „wiedza". Coś, co w dzieciństwie gromadziła w sobie na podstawie jakichś scen, napomknień, szeptów, pogawędek matki z przyjaciółkami, a może nawet telefonicznych rozmów matki z matematykiem.

Mélani: Czy wiedziałeś wówczas cokolwiek o psychoanalizie?

M.A.: Kompletnie nic. Czułem jednak, że dziewczyna, nie zdając sobie z tego sprawy, przekłada: „Nie powinnam dowiedzieć się niczego o matematyku" na „Nie powinnam dowiedzieć się niczego o matematyce". Wyparcie pytania o matematyka-„ojca" przeradzało się w wyparcie matematyki. Byłem jednak pewien – choć nie wiedziałem dlaczego i nie potrafiłem tego wyjaśnić – że cała ta historia jest wytworem jej wyobraźni, konstrukcją wzniesioną poza świadomością. Odnalazłem więc rzekomego ojca. Człowiek omal nie oszalał, bo rzeczywiście był związany z matką dziewczyny, ale okazało się, że znajomość została zerwana z jej inicjatywy, ponieważ zakochała się w przedsiębiorcy cztery lata przed narodzinami dziewczynki. W końcu, mimo początkowych sprzeciwów, moja uczennica dała się namówić na spotkanie z domniemanym ojcem, co definitywnie rozwiało jej wszystkie wątpliwości. Rodzina nigdy się o niczym nie dowiedziała. Opór wobec matematyki powoli ustępował i z czasem dziewczyna zaczęła wykazywać szczególny zmysł analityczny. W każdym razie dostała się na architekturę.

Moli: Cześć! Widzę, że bawicie się psychoanalizą. Mam wrażenie, Mélani, że nasz przyjaciel zwodzi nas i odkłada opowieść o George'u na później. Czy byłeś zakochany w Mani?

M.A.: Mieliśmy się ku sobie, ale wystąpiło tłumienie...

Moli: Tłumienie? Dlaczego?

M.A.: Bo ja wiem? Istnieje takie zjawisko biologiczne: umysł jest genetycznie zaprogramowany na nieokazywanie seksualnego zainteresowania osobnikom, z którymi mieliśmy bardzo bliski kontakt w pierwszych trzydziestu miesiącach życia. Instynkt chroni nas w ten sposób przed kazirodztwem. Podobno. Tak twierdził Westermarck, ja nie bardzo w to wierzę... W każdym razie tłumienie odczuwałem.

Moli: Tłumienie i strach, że Mania odczyta twoje myśli...

M.A.: Tak. Sądzę, że podobny lęk pojawił się także u jej matki. Gdy Mania wyjechała z naszego miasta, cieszyłem się spokojem śmiertelnej straty. Podobne odczucie dotyczyło samego dzieciństwa – ustępowanie bólu, nie mające nic wspólnego z tęsknotą. Straciliśmy coś, co nigdy nie było naszym udziałem.

Mélani: Czyjeś odejście to twój mechanizm obronny? Wspomagane przez ciebie, naturalnie.

M.A.: Łatwiej, gdy ktoś odchodzi. Trudniej samemu odejść.

Moli: Rozumiem. Rzecz w tym, by kobiety bezlitośnie cię opuszczały akurat wtedy, gdy się nimi znudzisz, i w dodatku, żeby widziały, jak bardzo cierpisz.

M.A.: Tak, poczucie winy jest jak sól, dodaje smaczku „zdradzie".

Moli: Mania opuszcza więc Kretę...

M.A.: Pewna norweska nauczycielka, Ingrid, bardzo chciała wyjść za George'a, choć wiedziała, że nigdy go tak naprawdę nie zdobędzie. Poznała go na statku wycieczkowym, gdzie przez pewien czas służył jako drugi kapitan. Uszanował potrzebę tej kobiety, zrobił to wyłącznie dla niej, przyjął to z taką samą obojętnością, z jaką zatoka wchłania napór morskich fal. Jedyne, co jej zostało z tego małżeństwa, to Mania. Zabrała ją ze sobą do Oslo, wyrwała ją z nędzy, traktowała jak córkę, wykształciła. George'a widywały rzadko, pojawiał się niespodziewanie, zostawał parę dni, robił zakupy, gotował, zabierał je na spacery, gościł je i zabawiał, po czym znikał na dwa, trzy lata. „Jak przyjeżdżał, podawał nam rękę ruchem spokojnym i łagodnym, zwyczajnym, tak jak wtedy na Krecie, gdy pomagał nam wskoczyć do łodzi. Zupełnie jakbyśmy rozstali się nie dalej niż wczoraj" – opowiadała mi Mania trzydzieści lat później.

Moli: A więc piekło jest wtedy, kiedy ktoś inny w pełni nas rozumie, co widać na przykładzie Mani.

Mélani: Nawet gdy przeżywasz największą miłość, raz masz przed oczami wyidealizowany, urojony obraz drugiej osoby, a innym razem widzisz ją nagą, codzienną, pospolitą i nachodzą cię czarne myśli. W taki sam sposób postrzegamy nasze dzieci. Możesz sobie wyobrazić, że ktoś czyta w tobie jak w otwartej księdze?

M.A.: Ten jeden, jedyny jest zawsze sobowtórem kochanka idealnego, nieistniejącego, a zatem tego, z którym nie można rywalizować, wyobrażonego ideału, który towarzyszy ci od dzieciństwa. Ten drugi jest zawsze kolejnym wyborem. Nawet największa miłość niesie pewien niedosyt i niezaspokojenie, które ranią nasz narcyzm, gdy odczytujemy owo niezaspokojenie w oczach ukochanego.

Mélani: To smutek miłości...

M.A.: ...ale też przyczynek do naszej wolności, samowystarczalności, niezależności, a także do dystansu. Nawet największa miłość pozwala i mnie, i tobie być sobą; ani ty nie musisz być całkowicie moja, ani ja całkowicie twój. Oto psychiczny fundament tego, czego pragniemy: cud indywidualności przez duże I, a nie taniego indywidualizmu.

Mélani: Męskiej Indywidualności, bo to ona jest Wielką Indywidualnością w twojej książce *The Dream* *.

M.A.: W historii kultury indywidualność była rodzaju męskiego. Przebudzenie się kobiecej indywidualności będzie wielką nowością dwudziestego pierwszego wieku.

Moli: Wielkie słowa. Mogą stać się twoim alibi. Ty dasz odrobinę siebie, a ona ofiaruje wszystko. Zdobędziesz ją, ale sam nie dasz się zawojować, poznasz ją na wylot, ale ona będzie wiedziała niewiele, ona będzie twoja, ale ty nigdy nie będziesz jej.

Mélani: Zdobywanie wynika z tego, co robisz. Tworzenie i rozpowszechnianie idei jest ze swej natury zdobywaniem.

Moli: Za sprawą męskiego podstępu o kobiecej indywidualności zyskamy tylko tyle, że same będziemy płaciły rachunki.

M.A.: Uzasadniona przezorność, ale nie lekceważ zachodzących nieustannie mikroprzemian. Pewnego ranka, nie rezygnując z najgłębszych przekonań, osiągnę, mam nadzieję, nową fazę mojej osobowości i usłyszę wewnętrzny głos: Nie tylko nie chcę być „twój", ale nie pragnę być „twoim życiem", nie chcę też, żebyś ty była „moja" – bądź sobą! O siebie mogę zagrać w kości, mogę wystawić się na każde niebezpieczeństwo, ale jak mam wziąć odpowiedzialność za ciebie? Twoje życie stanie się dla mnie ciężarem nie

---

* Powieść M. Androulakisa z 1994 roku (przyp. tłum.).

do uniesienia. Bądźmy równi i solidarni, zostaniemy przyjaciółmi, ale niech każde z nas rozwija własną indywidualność.

Mélani: Tak, każda para kochanków skazana jest na wyczerpujące miotanie się pomiędzy dwiema skrajnościami, przeciwstawnymi biegunami: poczuciem bezpieczeństwa i wolnością. Bieguny te nigdy się do siebie nie zbliżą. Nawet we współczesnych tkwi silna potrzeba „stania się jednym", chrześcijańskiego „ciało z ciała". Starożytny mit o Androgyne jest nadal żywy.

M.A.: Podobnie jak mit o Hermafrodycie – pełnym zespoleniu tego co męskie i żeńskie. Żywe jest więc pragnienie zniesienia różnicy, tak mocno ugruntowane w historii, religii, mitologii, a zwłaszcza w nieuświadomionych popędach, w samej naszej dwupłciowości. Mężczyzna posiada kobietę, a kobieta przyjmuje to, czego sama nie ma – fallusa – zyskując, jak twierdzą niektórzy, pełnię. Osobiście, zamiast do „braku różnicy", która utrwala posiadanie kobiety, panowanie nad kobietami, skłaniam się do „różnicy" – autonomii, indywidualności i, naturalnie, współpracy.

Mélani: Zwracam ci jednak uwagę – podobnie jak na początku rozmowy – że ideologizowanie autonomii może prowadzić do uruchamiania na zapas mechanizmu obronnego u tego, kogo dręczy lęk przed rozstaniem, opuszczeniem, i kto z tego powodu nie pozwala sobie ani na to, by kochać, ani na to, by być kochanym.

M.A.: W przypadkach patologicznych schizofreniczna osobowość oddala się uczuciowo od obiektu miłości, upatruje zagrożenia w każdym ścisłym związku, wyzuwa z uczuć i zubaża kontakty z otoczeniem. Ale nie o tym mówię.

Moli: Dodam tylko, że sama twórczość ma w sobie coś z obojnactwa. Jest w niej i nasienie, i zapłodnienie, i ciąża, i poród.

Mélani: Pięknie! We wspomnianej przez ciebie „nowej fazie" mówimy zatem o kobiecie wolnej od żądzy posiadania, o Olii, która reprezentuje pozytywną wersję obojętności egzystencjalnej rozpoznanej przez ciebie w erotycznym awanturnictwie George'a.

M.A.: Wtedy nie dostrzegałem takiej relacji, choć może istniała poza moją świadomością.

Moli: Gadanie! Wytrzymałbyś z Olią? Albo z Manią?

M.A.: ...

Moli: Oczywiście, że nie.

M.A.: Moli, gdybym ci zaproponował, żebyśmy spali ze sobą, żyli razem przez trzy miesiące – ustaliwszy zawczasu dokładnie początek i koniec – wytrzymałabyś ze mną bez próby wzięcia mnie w posiadanie, stawiania żądań, przedłużenia wspólnoty w mało prawdopodobnym przypadku, gdybym ci się spodobał?

Moli: Czy tą okrężną drogą składasz propozycję Mélani? Spróbuj. W końcu „utożsamia się" z twoją Olią.

Mélani: Czy zniósłbyś – w tej nowej fazie, jak to nazwałeś – miłość idealnie przejrzystą, bez żadnych sekretów, kiedy nawet to, do czego bardzo nie chcemy się przyznać, zostaje wypowiedziane i wprzęgnięte w reguły gry tego związku?

Moli: ...związku z Manią...

M.A.: ...z Manią nie byłoby wzajemności. Ona potrafiła czytać w moich myślach, byłbym więc bezbronny wobec jej zagadki.

Mélani: Zniósłbyś czy nie...

M.A.: Teraz? Teoretycznie, tak! Praktycznie...

Moli: A więc Mania i Margit wprowadziły cię w latach młodzieńczych w tajemnicę kobiecości...

Mélani: Ku czemu zwróciłeś się, by rozświetlić mrok tej tajemnicy? Ku literaturze?

M.A.: Ku Nikosowi Kazantzakisowi, podobnie jak inni młodzi ludzie w latach sześćdziesiątych. Poza tym Kazantzakis był moim ziomkiem, pochodził z sąsiedniej wsi. Obudził we mnie rozmaite filozoficzne i egzystencjalne niepokoje, ale w dziedzinie „kobieta–erotyka" wyrządził mi sporo szkód. Najpierw budowniczy poświęca ukochaną, którą wmurowują żywcem w most, żeby dzieło było udane. Potem Kapetan Michał * własnymi rękami podrzyna gardło obiektowi swego pożądania. W *Zorbie* inteligent pozwala zamordować swoją kochankę, wdowę. Co do diabła, myślałem sobie, wznoszenie się ku szczytom wyklucza kobietę? „Zwycięż pokusy ciała, żebyś był wolny" – rozkazuje Kazantzakis. Dwie czy trzy sceny erotyczne, przedstawione w jego utworach, przypominają rzeź dzikich bestii, które ryczą i stawiają opór, póki nie wyzioną ducha. Spółkowanie równe jest gwałtowi i śmierci. Największej rozkoszy, jak powiada, zaznał w wieku czterech lat w Iraklionie, gdy zdejmowali z małą Turczynką, Emine, skarpetki i dotykali się bosymi stopami. Kazantzakis nawracał nas na metafizyczny i heroiczny mizoginizm. On sam dostąpił wtajemniczenia za sprawą wielkich postaci kultury światowej, ale w mizoginicznej metafizyce utwierdzała go osobista niezdolność do kontaktów seksualnych.

Moli: W jego życiu były przecież kobiety!

M.A.: Tak, jedna nawet ujawniła się – dla sławy – i zapewniała, że raz się kochali. Kobiety istnieją w jego życiu, ale jako bratnie dusze – wspierają bojownika i wycierają mu pot z czoła, gdy on walczy, by wspiąć się na szczyt. Kocha kobiety i ich towarzystwo, ale dręczy go, paraliżuje, lęk przed waginą. Tak oto, dzięki Kazantzakisowi, uświadomiłem sobie po raz pierwszy, że kultura jest na bakier z kobietą.

Moli: Nie wolno ci wyciągać wniosków dotyczących jego twórczości na podstawie życiorysu.

---

* *Kapetan Michał*, powieść N. Kazantzakisa (przyp. tłum.).

M.A.: Wiem. Buntujecie się, wy, ludzie kultury, gdy badamy żywoty pisarzy. Jestem jednak przekonany, że kiedy nawet życie i dzieło pozostają w wyraźnym konflikcie, istnieje między nimi pewna wewnętrzna więź. To obowiązuje, choćby poeta lub powieściopisarz przeżywał nie jeden, ale kilka żywotów w swoim dziele, choćby był rozczłonkowany na pięć, dziesięć, sto postaci, zmieniał maski i kostiumy.

Moli: Jesteś zbyt pewny siebie jak na samouka, gościa na łonie literatury. Czy to odwaga, czy zuchwałość człowieka, który przewinął się przez politykę?

M.A.: Ach, Moli, nawet Flaubert, który twierdził, że pisarz powinien całkowicie usunąć się ze swego dzieła, i wykluczył wyrażanie samego siebie poprzez pisarstwo, nawet on powiedział: „To, co przeszkadza pisarzowi w jego życiu, przeszkadza też jego stylowi".

Mélani: Oceniajmy ludzi, a nie ogólne teorie. A więc Flaubert...

Moli: Wątpisz, że dał nam niedościgniony wzorzec kobiecości, panią Bovary?

M.A.: *Pani Bovary* mnie oczarowała. Tylko Dostojewski dostarczał mi podobnych wzruszeń. Nareszcie, powiedziałem sobie, promyk światła w labiryncie kobiecego niezadowolenia i kobiecej autodestrukcji. Spadłem z obłoków, gdy przeczytałem później deklarację Flauberta: „Pani Bovary to ja!". Feministka taka jak Moli niech się złości: „Wobec tego Flaubert to ja!". Pomyślałem też, że powieściopisarz, poeta, jest tak narcystyczny, że poprzez kobiety występujące w jego utworach prezentuje samego siebie.

Mélani: Zostańmy we Francji i rozmawiajmy o Marcelu Prouście...

M.A.: Mógłby powiedzieć: „Lesbijka Albertyna to ja". W jego utworach zakochane kobiety są z reguły miłymi, perwersyjnymi chłopaczkami w spódnicach.

Moli: Jesteś nieznośny.

M.A.: Droga Moli, człowiek, który ofiarowuje samolot swemu kochankowi, Agostinellemu, by nakłonić go do powrotu, a w powieści zamienia ten samolot w rolls-royce'a i jacht, prezenty dla Albertyny, nie pomoże mi rozwiązać zagadki kobiecości. Może robić wyjątkowo trafne spostrzeżenia na temat bywalczyń arystokratycznych salonów i ich plotek, może dokonać rewolucyjnych przemian w pisarstwie, nie jest jednak ani nie usiłuje być naszym przewodnikiem po wszechświecie kobiecości. U Prousta życie i powieść pozostają ze sobą w bardzo ścisłej relacji.

Mélani: Dlatego że był homoseksualistą? Wykluczasz sytuację, że znajomość własnego pierwiastka kobiecego ułatwia mu rozumienie kobiet?

M.A.: Teoretycznie niczego nie wykluczam! Coś takiego może mieć miejsce, ale rzadko.

Mélani: Poza tym wszyscy jesteśmy dwupłciowi, mamy męską i żeńską „duszę".

M.A.: Uważaj, to jest pułapka. Moja „żeńska dusza" mężczyzny nie jest odpowiednikiem twojej kobiecej duszy. To błąd popełniany przez pisarzy płci męskiej. Także homoseksualna kobieta nie może utrzymywać, że lepiej rozumie mężczyzn.

Mélani: Stendhal, czyli nadal Francja.

M.A.: Mógłby powiedzieć: „Vana Vantsini (Vancini) to ja" albo „Matylda to ja", choć nie był homoseksualistą. Tak samo u Dostojewskiego – wszystkie jego Lizy i Katie, które pragną być dręczone i karane, by pozbyć się wyrzutów sumienia, to cząstki duszy – pełnej egzystencjalnego poczucia winy – zazdrośnika Fiodora.

Mélani: Honoré de Balzac – ojciec Francuzów.

M.A.: Żadnego związku z poprzednimi. Kogo pragnie ten maniakalny kobieciarz, kogo szuka bez powodzenia, nękany chęcią użycia, wśród starszych od siebie o dwadzieścia lat, poważanych i „upadłych"? Kobiety? Nie – matki, utraconej matczynej miłości. Oto rana, którą nieświadomie i daremnie stara się zabliźnić. Życie – ekstrawagancja, rozrzutność, długi, kobiety – oraz powieść to u Balzaca jedno. On sam jest dwutysięcznym pięćset piątym bohaterem *Ludzkiej komedii*.

Mélani: André Gide?

M.A.: „Geneviève to ja", dziewczynka, którą pokochał, koleżanka ze szkoły. Kształciłem się w „szkole żon", mógłby powiedzieć ten mieszczański esteta, arystokratyczny indywidualista, prawie komunista, homoseksualista i pederasta, André Gide.

Mélani: Jean Genet.

M.A.: „Divine, bezzębna starucha ze sztuczną szczęką i diademem na głowie – to ja". Przeklęty Jean, „święty Genet", znajda, uwielbia i nienawidzi nieznaną matkę – wszystkie kobiety są winne, nigdy się z nimi nie pojedna. Chce być kobietą, tak jak chce być królem, czyli fałszywie. Ponieważ nie jest synem, staje się potworem, wielbi zło, nie dla korzyści, ale jako wartość duchową, moralną, uczuciową. „Jestem bękartem, jestem śmieciem, jestem złodziejem, jestem ulepiony z gówna, jestem ciotą" – wykrzykuje, obracając świętokradcze piętno w splendor.

Moli: Prawdziwy donos. Akcja „miotła" w literaturze.

M.A.: Istnieje homoseksualny mizoginizm, Moli, deklarowany czy nie, który pomógł stworzyć arcydzieła. Tak jak istnieje mizoginizm u kobiet pisarek.

Mélani: Ostatni Francuz, najpierw towarzysz, potem gaullista, André Malraux.

M.A.: Jego córka, Florence, powie o kobieciarzu Malraux: „Mój ojciec kochał tylko jedną kobietę, de Gaulle'a". On sam twierdził, że nie jest mizoginistą pierwszej kategorii –

nie uważa, że kobieta jest istotą niższą. Jest mizoginistą „drugiej kategorii”, to znaczy ma do kobiet żal, że nie może się bez nich obejść. Liczba jego ofiar jest znaczna, zarówno w życiu, jak i w książkach.

Moli: Nikt tak jak poeta czy powieściopisarz nie potrafi uchwycić istoty kobiecości i pokazać jej w pełni.

M.A.: Pisarz nie jest kochankiem, jest Pandarosem, pośrednikiem: aż się trzęsie, żeby zaprowadzić innych do łóżka. Choćby Szekspir! Powieściopisarz jest raczej lubieżnym podglądaczem, a nie kochankiem. Ale czasami chce „się zabawić” i bierze swoje bohaterki od tyłu. Zbyt poważnie traktujesz pisarzy i literaturę, Moli.

Moli: Jak możesz powiedzieć coś takiego, skoro na przykład taki Goethe, jak na swoją epokę, wypowiada się o kobiecie w sposób zgoła nowatorski.

M.A.: I wyidealizowany! Już słyszę, jak głosi w *Fauście*: „Wieczna kobiecość nas pociąga hen” *. „Wieczna kobiecość”, wytwór męskiej poezji, pomija i lekceważy rzeczywistą kobietę, nie o niej mówi, w żaden sposób nie zajmuje się warunkami jej bytu. W tej samej chwili, gdy Werner umiera z miłości, jego twórca – pisarz, który idealizuje kobietę i razem z nią wznosi się „hen” – szuka rozkoszy z kobietami upadłymi, stojącymi o wiele niżej od niego, do których nie czuje ani krzty miłości. Goethe i tylu innych idealistów, poetów i powieściopisarzy, a także kompozytorów, jak Brahms czy Schubert, zakochują się w wydumanych postaciach kobiecych, ale zadowolenia seksualnego szukają na ulicy, u dziwek.

Mélani: Nie trzeba być do tego Goethem; to częsta praktyka. Jak kocham, to nie pożądam, jakby przeszkadzał temu jakiś zakaz będący blokadą dla seksualności.

---

* Johann Wolfgang Goethe, *Faust*, przeł. Feliks Konopka, PIW, 1962 (przyp. tłum.).

Moli: Czy możemy posuwać się do aż takich uogólnień? Osobiście uważam, że miłość, czułość, a nawet to wydumane idealizowanie mogą iść w parze z pożądaniem.

M.A.: Freud odpowiedziałby ci tak: „Owszem, miłość i pożądanie mogą wystąpić jednocześnie, ale przy założeniu, że aprobujemy uczucia kazirodcze". Czyli że możesz spać z tym lub z tą, którego/którą kochasz, tak jakby był/była bratem/siostrą albo ojcem/matką.

Mélani: Zgadzasz się z nim?

M.A.: Nie. Uważam, że to przesadne ograniczenie – objaw jego własnych zahamowań. Wiemy, że w praktykach seksualnych zakochani uaktywniają pochodzące z wyobraźni mechanizmy prostytuowania i pozbawienia świętości (jej lub jego), które wypierają na pewien czas kazirodcze widziadła. Ci, którym to się udaje, znajdują dziwkę w małżeńskim łożu, nie muszą jej szukać – jak Goethe – na ulicy ani w związkach pozbawionych wzajemnego porozumienia, miłości i sympatii albo, co gorsza, w związkach sadomasochistycznych.

Mélani: „Brak szacunku w miłości".

M.A.: W innych kulturach istniał rytuał defloracji. Dziewczynę rozdziewiczał w przeddzień ślubu szanowany członek społeczności: czarownik, starzec, wódz. Dzięki temu niedoświadczony małżonek dostawał ją pozbawioną świętości, co uwalniało go od kazirodczych niepokojów.

Mélani: Kafka – wrażliwy, delikatny wobec kobiet.

M.A. A jaki obraz kobiety wyłania się z jego utworów? Dziwka, istota upokorzona i zezwierzęcona, posługaczka i pomywaczka, tania kochanka „pana na Zamku". Brak sukcesu powieściowego w temacie „kobieta" idzie ramię w ramię z wyreżyserowanym na własne życzenie niepowodzeniem z kobietami w życiu. Przypadek bardzo charakterystyczny. Nic mu nie stoi na przeszkodzie: ani uwarunkowania życiowe, ani żadne zboczenie. Odczuwa potrzeby seksualne, ma poczucie humoru, gorzkie i rzadkie u literata, zna interesujące kobiety – wśród nich wspaniałą Milenę, znowu „M" – a jednak zadręcza się, doznaje przerażającego poczucia winy z powodu byle głupstwa. Postrzega miłość jako zagrożenie dla pracy pisarskiej, jak należy przypuszczać – miota się między samotnością a koegzystencją. Jego utwory – *Wyrok*, *Zamek*, *Przemiana* – są bardziej autobiograficzne, niż wskazywałaby na to ich abstrakcyjność. „Mógłbym żyć, a nie żyję" – powtarza nieustannie. Nie żyję znaczy piszę; gdy jestem szczęśliwy, nie mogę pisać. Książki powinny działać na nas jak nieszczęście. W pisarskim wszechświecie Kafki brakuje sił na badanie nieznanej planety o nazwie kobieta. Milena ostatecznie znika.

Moli: Prześladuje go kompleks ojca. Lęk przed ojcem.

M.A.: Częściej się zdarza, że pisarze, którym kiepsko idzie z tematem „kobieta", ucierpieli z powodu matek. W przypadku Kafki poczucie braku bezpieczeństwa pochodzi od ojca. Przy czym jest on tu raczej metaforą, symbolem, wytworem wyobraźni. Nie sądzę, by jego ojciec był aż tak odpychającym ciemiężcą, jak uważano.

Moli: Beckett.

M.A.: Gdzie jest miejsce dla kobiety w czymś takim jak: „Stała się cisza i się nie stała, nie ma nikogo i ktoś jest" w *Tekstach o niczym* albo w rozmowie Estragona z Władimirem w arcydziele *Czekając na Godota*? Nie tylko brak tu kobiety, ale i brak nazw dla kto?, gdzie?, kiedy? W przygnębiającym żarcie Becketta nie przetrwa „żadne Ja, żadne Mam, żadne Jestem" *. Ale, ale... że mi to nie przyszło do głowy... ty jesteś specjalistką od Becketta, Moli...

---

* Samuel Beckett, *Czekając na Godota*, przeł. Julian Rogoziński. W: Becketts.: *Teatr*, PIW, 1973, s. 5–131 (przyp. wyd.).

Moli: Co to znowu znaczy?

M.A.: Skąd się wzięła „Moli"? Pochodzi od Molloya, Molana czy od Mol – bohaterów Becketta...

Moli: Nawet o tym nie pomyślałam...

M.A.: Przecież „M" to jego ulubiona litera. No proszę, jaki zbieg okoliczności.

Mélani: Z powodu mamy?

M.A.: Lubi „M", bo się je wymawia wargowo, ale rzeczywiście Beckett ma obsesję matki. Molloy wraca do matki, powstaje między nimi nowa relacja, erotyczna i mityczna. „...śpię w jej łóżku. Robię do jej nocnika. Zająłem jej miejsce. Muszę być do niej coraz bardziej podobny".

Mélani: A kobieta?

M.A.: Nie parodiuje tylko kobiety, ale i samą miłość. Wyśmiewa każdy przejaw miłosnego liryzmu, każdej idylli. „...miała dziurę pomiędzy nogami" – powie Molloy o Ruth. „Nie taką jak w beczce, jak sądziłem, ale szparę, w którą włożyłem czy raczej ona włożyła moją tak zwaną męskość, nie bez wysiłku, a ja trudziłem się i męczyłem... Zabawa tyłka – moim zdaniem, nadmiernie męcząca – z czasem. Ale bawiłem się ochoczo, bo wiedziałem, że to miłość, skoro tak mi powiedziała".

Moli: Mamy też niejakiego Jamesa Joyce'a, który dokonał przewrotu w pisarstwie, zresztą przyjaciel Becketta.

M.A.: Joyce i... Molly w *Ulissesie*... zachodzę w głowę, jak to było z tą Moli... pisane przez dwa „l"... ty piszesz swoje imię przez jedno „l"... a zatem to pseudonim. Założę się, że zajmujesz się zawodowo teorią literatury... jeśli jesteś kobietą...

Moli: Dlaczego tak cię to ciekawi? Gdy nie wiesz, możesz swobodnie snuć domysły.

M.A.: A więc jesteś Moli, która miała dwudziestu pięciu kochanków! Teraz, kiedy wyszłaś za mąż, ograniczyłaś tę liczbę do dwóch, bo facet, który sypia obok ciebie, nie dość cię zadowala.

Moli: Dobra, dobra, wracamy do Joyce'a.

M.A.: Już za późno, nie tylko dla tych trzech: Kafki, Joyce'a, Becketta, ale i dla samej literatury, by podjąć badanie nieznanych kobiecych światów. Ci trzej wiedzą, że wszystko już było, poletko literatury jest wyjałowione, przegrana sprawa, pozbawiona sensu, podpisują się więc pod epilogiem i z humorem gorzkim, niezrozumiałym, absurdalnym burzą powoli nasz mizerny mikrokosmos i ostrzegają: Nic nie istnieje, niczego nie oczekujcie, jesteście skazani na czekanie na „nicość", jesteśmy sami, samotni pośrodku nicości.

Mélani: Czyżbyśmy nie mieli możliwości wyboru? Niezależnie od tego, czy jesteśmy kobietami, czy mężczyznami?

M.A.: Wyboru? „Są we mnie – zauważa Beckett głosem Molloya – między innymi dwaj weseli faceci – jeden pragnie tylko tego, by zostać tam, gdzie jest, a drugi wyobraża sobie, że trochę dalej może być nieco mniej ohydnie".

Mélani: Ideologia nicości. Próżnia jako nieobecność bytu.

M.A.: Nie rozumieją bogactwa nicości. Współczesna fizyka mówi, że próżnia ma w sobie niewyczerpaną energię, która zdolna jest zrodzić wszystko, nawet nowy wszechświat. „Nic nie jest bardziej rzeczywiste niż nic" – przewidział mądry Demokryt.

Moli: Co czułeś, gdy się dowiedziałeś, że Arthur Koestler był notorycznym gwałcicielem?

M.A.: Nie mogłem w to uwierzyć – nie zapominaj, jaką rolę dla mojego pokolenia odegrała *Ciemność w południe* – dopóki nie przeczytałem wspomnień żony przywódcy Partii Pracy w Wielkiej Brytanii, Jill Craigie. Michael Foot zbił ją i zgwałcił, goszcząc w jej domu. Zdaje się, że namówił też swoją żonę Cynthię, żeby razem z nim popełniła samobójstwo. Nie czułem się jednak specjalnie zaskoczony. Wiedziałem, że poprzez pisarstwo człowiek o podwójnej osobowości może tłumić popęd katastroficzny i maskując go, osiągnąć wrażenie spójności i jedności. U Koestlera mamy do czynienia z przemieszczeniem. Poczucie winy wobec kobiet, swoich ofiar, przenosi na Stalina i jego ofiary. Nie mogę walczyć z samym sobą, walczę więc ze stalinizmem, z totalitaryzmem. To jest psychologiczna kompensacja. Mrok wnętrza widoczny jest w mistycznych zakończeniach ostatnich utworów Koestlera.

Moli: Przeszkadza ci pewnie, że były komunista obrócił się przeciw Stalinowi, a skończył jako wielbiciel Thatcher.

M.A.: Pisarz George Orwell, socjalista i zatwardziały przeciwnik totalitaryzmu, wplątał się w dostarczanie informacji państwu brytyjskiemu w ramach walki prowadzonej z komunizmem. Jak wiesz, znaleziono spis artystów sprzyjających komunizmowi, sporządzony przez niego dla służb specjalnych. Można tam znaleźć różne nazwiska: od Charliego Chaplina po George'a Bernarda Shawa. W jednym z tekstów autobiograficznych George Orwell wyjawia proroczo, że mroczny charakter zawdzięcza temu, iż spędził dzieciństwo z dala od rodziców. Ale nie oceniamy go teraz z politycznego punktu widzenia. Naszym tematem jest niepowodzenie literatury w odkrywaniu zagadek kobiecości.

Mélani: Czas zająć się greckimi pisarzami, co będzie zapewne bardziej podniecające.

Moli: Jeszcze nie. Nie mówiliśmy o Amerykanach. Być może powieść jest produktem europejskim, ale jej amerykańska odmiana jest równie interesująca. Na przykład Henry James.

M.A.: „Izabela to ja".

Moli: Zgadzasz się z biografami, którzy uważają go za homoseksualistę?

M.A.: Nie, nie są wiarygodni. Próbowałem go rozszyfrować, czytając między wierszami powieści, i wychodzi mi, że był typem człowieka o nie w pełni wykształconym erotyzmie. Weź, dla przykładu, *Portret damy*, gdzie przedstawia nam zaskakującą Izabelę. Bohaterowie zwlekają z erotyzmem, są zazdrośni, a to, a tamto, a seksu nie ma. Szczególnie zajmowały go dwie kobiety. Jedną z nich była kuzynka – posłużyła za prototyp postaci Izabeli. Druga, przyjaciółka, rzuciła się z balkonu podobno z jego powodu.

Mealni: Dlaczego uważasz, że Izabela to rzadki typ kobiety?

M.A.: Ma wszystko czy raczej James daje jej wszystko: młodość, inteligencję, powab, niezaspokojoną ciekawość, żyłkę podróżniczą, niechęć do przywiązywania się i ulegania cudzym wpływom oraz wielu wartościowych wielbicieli. Przeszkody nikną jedna po drugiej: nie ma pieniędzy – dziedziczy sporą sumkę. Żadnych podstawowych problemów, żadnych przeszkód na drodze do szczęścia, a jednak dokonuje nieudanego wyboru – wychodzi za mąż za kompletne zero. Pociąga ją w tym facecie brak jakichkolwiek wartości, bo facet nie ma wdzięku ani majątku czy nazwiska ani zalet ducha. Kiedy bohaterka uświadamia sobie, że wpadła w pułapkę mierności męża na własne życzenie, mści się na podłej egzystencji, tkwiąc w niej, odrzuca wolność i możliwość wyboru alternatywnych rozwiązań – jej wolnością nie jest ucieczka, lecz zamknięcie się w swym nędznym więzieniu. James znał dość dobrze psychikę kobiet i nie miał złudzeń. „Nigdy nie bądź całkowicie pewien w sprawach kobiecego serca".

Moli: Teraz twój ukochany Faulkner. Zdaje się, że *Utracony blues* dedykowałeś dwóm „F". Ale nie powiesz mi chyba, że Faulkner był feministą!

M.A.: Popeye znajduje Temple i głupawego Tommy'ego w stodole pełnej myszy, gdzie szuka schronienia przed chcącym ją uwieść Lee. Zabija Tommy'ego, a potem gwałci Temple obraną z ziaren kolbą kukurydzy i ukrywa ją w burdelu. Erotyzm jest tu lubieżną rozpustą. Światem bez miłości, pełnym gwałtu, nienawiści, kazirodztwa i braku szacunku dla samego siebie. Faulkner, pisarz współczesny, omiata resztki amerykańskiego Południa spojrzeniem patriarchalnym, nie z tej epoki. Problem świata kobiecego nie występuje na Południu Faulknera. Addie, mama w *Kiedy umieram*, jest wyjątkową kobietą, pisarz pragnie więc widzieć ją martwą. Podczas długiej podróży na cmentarz w Jefferson członkowie rodziny rozpamiętują wzajemne relacje, a w szczególności z nieboszczką Addie. Zmora rodzinnych powiązań nad trumną matki.

Moli: I następne „F", Francis Scott Fitzgerald – pożeracz serc niewieścich.

M.A.: Fitzgerald, podobnie jak Hemingway, mógł pójść o wiele dalej w temacie „kobieta" niż Henry James, ale tak się nie stało z powodu słabości jego charakteru. Fitzgerald jest przykładem pewnej ogólniejszej cechy literatury: „za wcześnie – za późno", nigdy w porę. Fitzgerald – i jego sukces – wypłynął za wcześnie, temat kobiecy wydał mu się zbyt szeroki i zbyt męczący. Potem było za późno. Szybko nadeszły załamanie, utrata sił, samozagłada i przedwczesna śmierć spowodowana alkoholizmem. „Nie zdążałem myśleć" – powiedział autor arcydzieła *Wielki Gatsby*. Młodzi, bogaci i piękni, tańczący na niekończących się przyjęciach, niezadowoleni próżniacy doskonale oddają utracony „amerykański sen", ale nie utraconą kobietę.

Moli: Kerouac, Burroughs, Ginsberg – pokolenie bitników.

M.A.: A! Nigdy nie oczekiwałem, by ktokolwiek z tego towarzystwa wzruszył się losem kobiet. Ale, jeśli mam być szczery, doznałem szoku, gdy okazało się, że Kerouac był homoseksualistą czy raczej biseksualistą. Fakt ten poderwał spójność moich wyobrażeń o *on the road*, ich chłopięcej wolności, uchylającej się od wszystkiego, o ich jazzie i poezji. Kiedy Ginsberg opisał ze szczegółami, jak robili to wszyscy ze wszystkimi, nastąpiło pełne odmitologizowanie.

Moli: Burroughs był jednym z największych łobuzów... Zabił własną żonę. A inni Amerykanie od Salingera po Normana Mailera...

M.A.: Mizoginizm we wszystkich odcieniach. U Mailera mamy mizoginizm twardziela amerykańskiej nocy. U Salingera – mizoginizm faceta, który nigdy nie wydorośleje, faceta niedostosowanego. Mailer jest ważny, Salinger wniósł wiele nowego w stylistykę powieści książką *Buszujący w zbożu*, ale przecenia się jego zasługi – wiedzie, jak wiesz, ekscentryczny, pustelniczy żywot, mając dziwaczne erotyczne upodobanie do dziewczynek.

Moli: Literatura japońska a kobieta.

M.A.: Jedyna wyrazista kobieta to gejsza – kobieta domów rozkoszy. Istnieje cała kultura domów rozkoszy, czerwonych latarni. Poza tym mamy brutalność, perwersję i śmierć – jak kochasz, to zabijasz. Jest też tęsknota, żal po cywilizacji, która zamiera. Elegia, cicha pieśń żałobna nad ginącym światem przeplata się z tematyką i schematami egzystencjalnymi powieści europejskiej. A o kogo ci konkretnie chodzi?

Moli: Yukio Mishima.

M.A.: „Satoko to ja". Tu też osobowość pisarza przenika jego dzieło. Homoseksualny mizoginizm, uwielbienie męskości, reakcyjna obrona starych wartości i samozagłada, która wypełnia się w rytualnym samobójstwie Mishimy z jego kochankiem. Satoko i Kiyoaki w *Płodnym morzu* mają wszystko, by cieszyć się swoją miłością i wstąpić w szczęśliwy związek małżeński. Ale brak przeszkód zbija ich z tropu. Dopiero kiedy ona ma innego, gdy wchodzi w grę sekret, przewina, to, co zabronione – wtedy dopiero pojawia się pożądanie, niestety, za późno. Bohaterowie sami prowadzą miłość ku upadkowi, a życie ku katastrofie. Niepowodzenie z własnego wyboru. Wyreżyserowane przez nich samych. Co i kogo ci to przypomina, Mélani?

Mélani: ...

Moli: Znowu jakieś aluzje, ale cóż... Borges i kobieta – oto zagadka.

M.A.: Labirynt wielkiego Argentyńczyka jest wyjątkowo mroczny; ani krzty światła dla kobiety. Zarówno w życiu, jak i w literaturze. Pozbawiona miłości androfilia, której obiektem są *gauco*, dzielni chłopcy, wyjęci spod prawa w Ameryce Łacińskiej, zuchy zapatrzone w honor i śmierć. Mamy tu do czynienia z neurotycznym tłumieniem seksualności. Skrajnym tłumieniem homoseksualizmu – aż po aseksualność.

Moli: A inni latynoamerykańscy pisarze od Márqueza po Llosę?

M.A.: Odświeżyli literaturę i zainteresowanie literaturą, ale nie spojrzenie na kobietę. Było ono zbyt egzotyczne, magiczne, może nawet folklorystyczne, by ogarnąć świat współczesnej kobiety.

Mélani: Czy wiecie, ile już czasu minęło...? Proponuję skończyć na dziś.

Moli: Ależ ja jeszcze nie zaczęłam! Poza tym przeszkadza mi sposób, w jaki manipulujesz biografiami pisarzy. Octavio Paz mówi, że „poeci nie mają życiorysów. Ich praca jest ich życiorysem".

M.A.: Pisarze, a zwłaszcza poeci, pragną, by ich postaci otaczała metafizyczna atmosfera adoracji, wyidealizowany dystans. Pragną hagiografii, Grecy zwłaszcza, i czują wstręt do biografii – chyba że są pisane pod ich dyktando. Istnieją biografie arcydzieła. Ale są też biografowie marni i niewiarygodni. Fałszują obraz albo nie pojmują istoty tego, o czym piszą, bywa że zazdroszczą opisywanym lub ich nienawidzą.

Moli: Grzebią w nieczystościach.

M.A.: Spojrzenie przez dziurkę od klucza do cudzej sypialni stało się wyznacznikiem naszej kultury – usankcjonowaniem sekretu, tego, co zabronione w seksualności. Wszyscy więc chcemy się dowiedzieć, chcemy zobaczyć.

Moli: Kontynuujemy? Jest trzecia nad ranem...

M.A.: Kończymy. Ty świetnie wiesz, Mélani, że niespodziewane przerwanie sesji, rozmowy, zanim się skończy, wynosi na powierzchnię treści skrywane we wnętrzu naszej psychiki, osłabia nasz opór przed ich odsłonięciem, czyż nie tak? Piosenka przerwana w połowie wywołuje więcej skojarzeń i wspomnień niż ta wyśpiewana do końca.

Mélani: Co masz na myśli?

M.A.: Nieważne, spotykamy się w następnym tygodniu.

Mélani: Tylko nie w piątek. Może być poniedziałek?

Moli: *Monday* *, „M", czemu nie?

---

* *Monday* – (ang.) poniedziałek (przyp. tłum.).

Rozdział 3

Blanche

M.A.: Mélani, gotowa?

Mélani: Gotowa. Moli jeszcze nie odpowiada...

M.A.: Mówisz mniej, niż wiesz i niż chciałabyś powiedzieć.

Mélani: W ogóle nie muszę mówić, tylko uderzam w klawisze! Dlatego tak lubię porozumiewać się za pomocą Internetu, dowiadywać się historyjek i plotek.

M.A.: Rzadko coś wtrącasz do naszej rozmowy, pozwalasz mi produkować się przez cały czas. Czyżbyś się bała, że twoja wiedza zablokuje moje skojarzenia, potok moich myśli? Chcesz, żebym czuł się nieskrępowany na freudowskiej kanapie?

Mélani: Skądże znowu. Gdy uderzam w klawisze dłużej niż godzinę, zaczynają mnie boleć stawy palców. Nie ukrywam, że przeszło mi przez myśl, czy przypadkiem nie dyktujesz odpowiedzi jakiejś kobiecie, może sekretarce, co mnie rozzłościło. Poza tym brakuje mi głosu...

M.A.: Ja mogę sobie wyobrazić twój głos.

Mélani: Brakuje mi pochrząkiwania, szukania słów, błędów i potknięć językowych. One wiele mówią...

M.A.: Odczytujesz mnie jednak między wierszami. Ja miałem większy problem. Niczego o tobie nie wiedziałem, nawet tego czy jesteś kobietą. Czy jesteś stara, młoda, czy mieszkasz w Atenach?

Mélani: A teraz wiesz?

M.A.: Tak, wiem, że jesteś piękna. Słyszę twój głos, widzę wyraz twojej twarzy, wiem, w jaki sposób otwierasz i zamykasz usta, jak unosisz brwi, widzę twoje gesty; czuję twój zapach i zapach twojej kawy.

Mélani: Do licha, rzeczywiście piję kawę.

M.A.: O takiej porze? Ja nigdy nie piję kawy wieczorem. I źle, że palisz – Olia nie paliła. Będziesz miała suchą skórę.

Mélani: Coś takiego! Właśnie palę! A może podglądasz mnie przez lornetkę jak w amerykańskich filmach?

M.A.: Powinniśmy mieć jakieś wspólne doświadczenie, przeciągamy strunę z tym niebezpośrednim kontaktem.

Mélani: Co? Chcesz się ze mną umówić? Nie boisz się, że zniszczymy to, co już się między nami zawiązało? Myślę, że nasza dyskusja może być twórcza. Wydrukowałam sobie cały materiał z poprzednich rozmów i przeczytałam go jeszcze raz. Moli jest bardzo pomocna.

M.A.: Możemy czytać te same książki i chodzić na te same koncerty, do tych samych kin na te same filmy o tej samej porze tego samego dnia – będziemy przeżywać to samo, nie znając się osobiście.

Mélani: A gdybyśmy rzeczywiście znaleźli się w tym samym kinie, czy nie ma niebezpieczeństwa, że mnie rozpoznasz?

M.A.: Jeśli twoje włosy są takie jak włosy Olii...

Mélani: Mam je obciąć? Ona tak właśnie zrobiła. Znajdę sposób, by nie było ich widać. Proponuj.

M.A.: Obejrzyjmy *Oczy szeroko zamknięte* Kubricka na ostatnim seansie.

Mélani: Zgoda. Mogę jutro.

M.A.: Ja też.

Mélani: Wczoraj usiłowałam sobie wyobrazić George'a. Poznać tajemnicę jego postępowania z kobietami.

M.A.: Nie wiem, czy była jakaś tajemnica i czy nawet starał się ją mieć, ale gdy patrzył na kobiety, kiedy podawał im szklankę wody albo posiłek, gdy pomagał wskoczyć do łodzi, drżały im kolana – kobiety pragnęły jego bliskości. Nigdy się nie zdarzyło, by któraś pozostała obojętna. Przy każdej potrafił stworzyć atmosferę powściągliwej zażyłości, jakby stanowili znającą się od dawna parę. Nie był szczególnie urodziwy. Niewiele mówił. Niczego nie udawał. Nie dbał, czy budzi sympatię, czy nie. Nie przeceniał też swojego wdzięku. Żadnego samozachwytu. Był nieczuły na komplementy. Dodam jeszcze, bo doskonale to pamiętam, że nigdy nie entuzjazmował się swoimi erotycznymi sukcesami. Za żadną nie szalał, cieszył się głęboko i spokojnie wspólnymi chwilami. Nigdy też, jak to się mówi, nie uganiał się za spódniczkami.

Mélani: Inteligentny?

M.A.: Jego umysł pracował o wiele sprawniej, niż można by sądzić na podstawie tego, co mogliśmy zobaczyć.

Mélani: Co mogłeś mieć z nim wspólnego poza tym, że byłeś jego sąsiadem i kolegą ze szkoły jego młodszej siostry?

M.A.: Łączyło nas zainteresowanie sprawami ludzkimi. Ja szukałem wyjaśnień w książkach, on – u samego źródła: w życiu. On był człowiekiem ulicy, ja buntownikiem, ale przykutym do miejsca, mniej swobodnym.

Mélani: A jak się skończyło z Amerykanką, z Margit?

M.A.: Szalała, chciała zabrać go ze sobą, zerwać zaręczyny i przedstawić go swojemu bogatemu tatusiowi. „Chcę mieć z tobą dziecko" – aż tak była zaangażowana. Odpowiedział na to: „Jeśli pojadę z tobą, stracę wolność, nie będę tym samym człowiekiem. Proponujesz mi pożyczony dobrobyt". „Świetnie się rozumiemy, George, nasz związek jest wyjątkowy. Dlaczego tak bardzo szufladkujesz swoje zachowania?". „Wcale się nie rozumiemy. Nasza czterdziestodniowa znajomość opiera się na niewiedzy". Mania podsłuchiwała tę rozmowę podczas ich ostatniego spotkania. I tak się niby wszystko skończyło – nikt nie podejrzewał, że ta historia pozostawi po sobie trwały ślad.

Mélani: A co się stało? Czy to ma związek z Manią?

M.A.: Nie wiem, co powiedzieć. To bardzo skomplikowana sprawa.

Mélani: Wobec tego obiecaj, że kiedyś wszystko nam opowiesz.

Moli: Przysłuchuję się waszym nostalgicznym wspominkom i dochodzę do wniosku, Mélani, że wpadłyśmy w pułapkę mizoginizmu naszego przyjaciela. Przyjrzałam się jeszcze raz poprzedniej dyskusji i spostrzegłam, że nie przytoczyliśmy ani jednego kobiecego nazwiska z dziedziny literatury.

M.A.: Ja jestem winny? To ty podejmowałaś tematy i ty wymieniałaś nazwiska – to kolejny przykład feministycznego mizoginizmu! Pewnie i tobie, jak niektórym zagorzałym feministkom, wyrwie się czasem stwierdzenie: „Ja mam iść do kobiety ginekologa? Nigdy!".

Mélani: Dobrze, dobrze. Dlaczego sam nie wymieniłeś ani jednej pisarki? Uważasz, że nie istnieje znacząca literatura kobieca?

M.A.: Literatura kobieca kojarzy mi się z lekką, buduarową powieścią, czymś między harlequinem a mydlaną operą. Takie opowiastki wprowadzają kobiecy żywioł w stan uśpienia, oferują mu orbitę satelity, tożsamość niższego rzędu i, naturalnie, pogłębiają nieporozumienia na temat psychiki i seksualności kobiet. Bazują na naiwnym psychologicznie modelu, modyfikowanym w zależności od potrzeb: „Jest silnym mężczyzną, u jego boku znów stanę się dzieckiem". On bawi się czasami w czułego ojca – ma pięćdziesiąt lat, a ona dwadzieścia, szkolna koleżanka córki. On ją zdradza, ona mści się, idąc do łóżka z jego przyjacielem albo przełożonym. Dla niej liczy się tylko kariera, więc go zaniedbuje, on szuka rekompensaty w ramionach naiwnej i apetycznej kochanki. Niedroga, bo w miękkiej oprawie, recepta na powodzenie w miłości. Podobny styl naśladują teraz także pisarze mężczyźni, licząc na sukces komercyjny nawet w krajach o bogatej tradycji literackiej, takich jak Francja czy Włochy.

Moli: Oto jeden z niewielu przypadków, gdy się z tobą zgadzam. Ta literatura zwraca się wyłącznie do kobiet, jakby stanowiły one zamkniętą społeczność o specyficznych potrzebach.

Mélani: Skąd ci przyszło do głowy, że przez literaturę kobiecą rozumiem te bzdury? Próbowałeś nam udowodnić – i przyznaję, byłeś przekonujący – że powieściom nie udało się pokazać kobiecego świata. To porażka mężczyzn. Czy podajesz w wątpliwość fakt, że literaturę tworzą także znakomite kobiety, które uzupełniają ten niedostatek?

M.A.: Wspaniałe kobiety pisarki wzbogaciły twórczość literacką, ale w niewielkim stopniu rozjaśniły mrok kobiecego świata. Nie spowodowały radykalnej zmiany. Nie ma żadnego nowatorskiego pierwowzoru. Od wieków pisarstwo kobiet podlega konwencji, schematom i ograniczeniom męskiej twórczości. Jego historia jest jedynie dodatkiem do historii pisarstwa mężczyzn. Podlega cudzej władzy, świeci światłem odbitym. Są naturalnie kobiety, za których sprawą powstały pęknięcia w skorupie androkratycznej, zdominowanej przez mężczyzn kultury, i które w ten czy inny sposób przyczyniają się do obudzenia kobiecej podmiotowości, które nadają nową perspektywę naszemu postrzeganiu kobiet, nie eliminują one jednak naśladownictwa i zapożyczania schematów z męskich wyobrażeń o kobietach.

Moli: Istnieją oczywiście istotne przyczyny tego uzależnienia – historyczne, społeczne, moralne, religijne czy cywilizacyjne, ale nie podzielam twojego pesymizmu w kwestii pisarstwa kobiet.

Mélani: Nie tylko przyczyny społeczne, ale i inne, wewnętrzne, psychologiczne, powodują alienację kobiet.

M.A.: Naturalnie, głównym psychologicznym stereotypem pisarstwa kobiet jest: Stanę się tą, która zajmie widoczne miejsce w scenariuszu męskich wyobrażeń. Badam naturę jego pożądania i staję się taka, jakiej on pragnie, nakładam maski, gram role, staję się inna. Wszystko to, rzecz jasna, dzieje się w nieświadomości i w nieskończonej liczbie wariantów.

Moli: To ujęcie robi wrażenie, ale jest zgoła teoretyczne.

M.A.: Nie. Analizowałem dzieła uznanych pisarek i wyczułem w nich mechanizmy funkcjonujące poza świadomością, które osadzają twórczość tych kobiet w obrazach, wyobrażeniach i przekonaniach autorstwa mężczyzn.

Na przykład Szekspir bardzo dobrze zna te psychologiczne mechanizmy u kobiet. Helena pragnie Demetriusza, ale on pragnie Hermii. Helena chce zatem przeistoczyć się w Hermię, stać się inna, taka, jakiej on pragnie. Mówimy o *Śnie nocy letniej*. Czyż na tym schemacie nie opierają się slogany reklamowe?

Mélani: Nie doceniasz wyjątkowości kobiecego spojrzenia.

M.A.: Nieprawda. Wiem jednak, że pod kobiecym spojrzeniem kryje się oko mężczyzny. Kobieta patrzy oczyma mężczyzn, pisze językiem męskiego pożądania.

Moli: Możesz powiedzieć coś takiego, mimo grubej kreski nakreślonej przez Simone de Beauvoir i jej *Drugą płeć* oraz przez inne radykalne feministki?

M.A.: Właśnie przykład tej wywrotowej i inteligentnej kobiety daje silne umocowanie schematowi „staję się taka, jakiej on pragnie".

Moli: Daje dowód niezależności przez sam związek z Sartre'em.

M.A.: Wolałbym nic nie mówić – jest tyle pojęć, które trzeba pilnie odmitologizować! – ale retoryka i mitologia pewnego gatunku feminizmu, jak również deklaracja programowa de Beauvoir zachęcają mnie do powiedzenia wszystkiego. „Dałam przykład innym kobietom, jak żyć – mówiła. — Wiele kobiet utożsamiło się ze mną poprzez moje powieści i moją biografię. Wiele kobiet nakreśliło własną linię życia, zapożyczając z mojego życia".

Moli: No i?

M.A.: No i ta niezwykła, wybitnie inteligentna kobieta uczyniła ze swojego życia nieustanną walkę o centralne miejsce w scenariuszu Sartre'a. Jej dzieło i życie były pełną kompleksów daniną składaną Sartre'owi. Niesłusznie czuła, że nie dorównuje mu intelektualnie: przedstawiała samą siebie jako przedłużenie mężczyzny, demonstrowała żałosne i śmieszne naśladownictwo wszystkiego, co robił w sferze intelektu, polityki, seksu, a nawet jedzenia. Sartre ucieka i zdradza ją w Ameryce, ona robi to samo z amerykańskim kochankiem. Sartre adoptuje młodziutką kochankę, ona go naśladuje. On „się puszcza", ona też „się puszcza". Sartre z Olgą, ona z kochankiem Olgi, Bostem. Cierpi z powodu lęku przed opuszczeniem, przed skłonnością do przywiązania się i utraty swej tożsamości w związku. Nie czuje się dość bezpieczna i silna, żeby być sama, zadręcza się seksualną opieszałością Sartre'a w stosunku do niej i jego coraz to nowymi przygodami miłosnymi. Przeżywa odrzucenie przez Sartre'a jako powtórkę z odrzucenia, wyimaginowanego naturalnie, przez ojca. Kopiuje w związkach ze swoimi kochankami męską postawę. Traktuje je jak namiastki, wybiera te, które są od niej zależne, na przykład uczennice, te, nad którymi ma całkowitą władzę. Wyrazem jej „feministycznego" mizoginizmu jest pogarda dla macierzyństwa. Antropolog Claude Lévi-Strauss opisuje, z jaką nienawiścią de Beauvoir patrzyła na jego dziecko w kołysce. Jeśli przyjmiesz za wzór kobiecego intelektu i kobiecego pisarstwa Simone de Beauvoir, to musisz przyznać, że złapała się w pułapkę schematu „staję się taka, jakiej on pragnie".

Moli: Znowu podpierasz się biografią, niekoniecznie wiarygodną, by ocenić dzieło.

M.A.: Sama przecież powtarzała, że „człowiek jest tym, co czyni". Oparłem się na jej własnych słowach. Ale ona nie jest jedyną znaczącą pisarką, która stała się „taka, jakiej on pragnie". Zgodzicie się ze mną, że Agatha Christie to jedno z najważniejszych nazwisk minionego stulecia. Wzór niezależności, talentu i sukcesu.

Moli: Przygotowujemy się do kolejnego pochówku.

M.A.: Chociaż wie o kochance męża, mimo że on żąda rozwodu, a ich małżeństwo świeci erotyczną pustką, pada mężowi do stóp, upokarza się, traci twarz. Potem znika w taki sposób, by wszyscy sądzili, że popełniła samobójstwo. Tysiące policjantów z psami szuka jej ciała na terenie całej Anglii, samoloty przepatrują wybrzeża. Temat numer jeden we wszystkich gazetach. Bez rezultatu. Wreszcie jakiś dziennikarz odnajduje ją w hotelu pewnego uzdrowiska. Zarezerwowała pokój na nazwisko kochanki męża, uczesała się tak jak kochanka – zmieniła także sposób ubierania się, gra w karty i bilard jak tamta. Stała się inna, „taka, jakiej on pragnie".

Mélani: Mówiono, że Agatha Christie wyreżyserowała zabójstwo, którego sama miała być ofiarą, kochanka zaś sprawczynią. Kochanka miała bezwiednie nacisnąć guzik aparatu do fizykoterapii, w którym napięcie było dostatecznie wysokie, by uśmiercić Agathę. W ostatniej chwili udaremniono ten zamiar.

Moli: Przytaczasz skrajne przykłady, by podeprzeć swoją teorię.

M.A.: Wobec tego sama wybierz tę z wielkich pisarek, która twoim zdaniem w prawdziwie nowatorski sposób przedstawia naturę kobiety.

Moli: Morrison – laureatka Nagrody Nobla. Wspaniale portretuje kobiety.

M.A.: I samym swoim istnieniem przyczynia się do wzmocnienia podmiotowości kobiet. Zastanawiam się jednak, jako czytelnik jej książek, czyli korzystając ze swobód laika, czy jej spojrzenie na pamięć i los rasy czarnej, a zwłaszcza czarnych kobiet, jest rzeczywiście oryginalne? Czy raczej – kobiecą wrażliwością – łączy archaiczne męskie spojrzenie Faulknera z latynoamerykańskim magicznym realizmem? Podejmuje temat rasy czy płci? Zamierza dostrzec rasę poprzez płeć? Jej temat to czarna kobieta, ale z naciskiem na „czarna" czy na „kobieta"? Może pisząc swoje powieści, Toni Morrison zbyt intensywnie myśli o tym, że jako kobieta ma do spełnienia pewną misję, że jest przewodniczką czarnych kobiet, przez co płeć nie wydobywa się spontanicznie spoza jej świadomości. Wyzwolenie kończy się magiczną parodią jak w *Raju*. Odmienność jej bohaterek oznacza margines, wykluczenie ze społeczeństwa, katastrofę, śmierć. Czasami wydaje się, że radzi: „Dbajcie o to, by kochać męża i dzieci, dawajcie z siebie wszystko, poświęcajcie się, zajmijcie godne miejsce w męskim świecie, bo widzicie, czego doświadczają te wspaniałe, ale niedostosowane do otoczenia kobiety, które popadają w obłęd, podążając drogą wiodącą ku wolności". Słusznie rozumuję? Nie wiem. Ona sama jednakże powtarzała wielokrotnie: „Kochać to znaczy należeć do kogoś, a to z trudem pasuje do niezależności". Powiada też, że jest wyjątkowa – wśród znanych pisarek – bo żyje zwyczajnie: ma męża, dzieci, gotuje, troszczy się o dom. I to racja. Literatura kobieca bazuje w gruncie rzeczy na życiowych rozbitkach. Podobnie jak i męska.

Moli: Nie interesuje mnie, co ona sama mówi, ale to, co mówi jej twórczość.

M.A.: Wymieniaj tytuły i postaci.

Moli: *Sula*.

M.A.: A! Pamiętam pewną piękną scenę: Sula poderwała męża przyjaciółce od serca. „Dlaczego mi go zabrałaś?" – pyta Nel. „Przecież go nie zabiłam, tylko się z nim przespałam – skoro jesteśmy przyjaciółkami, to co w tym złego?". Między Sulą i Nel występuje wzajemne oddanie, wzajemny zachwyt, poczucie bezpieczeństwa w przystani kobiecej płci. W swoim zapamiętaniu obie dziewczyny porzucają i niszczą chłopaka. Sula obojętnie zostawia matkę, bez pomocy, jej własnemu losowi. Nel wychodzi za mąż. „Robić ciągle to samo to koszmar" – powiada Sula, przeklęta Sula, która obcuje z mężczyznami, by ich odepchnąć. Dla Nel „każda zmiana to koszmar". Co odkrywa pragnąca wolności Sula, gdy kradnie cudzego męża, gości go w swoim domu i może nawet zakochuje się w nim? Żądzę władania, posiadania? Kochać to znaczy należeć!

Moli: *Raj* – ostatnia jej książka.

M.A.: „Szkoła była nudna, rodzice głupi, Johnson to

potwór, policjanci świnie, mężczyźni bestie, chłopcy tępaki". Tak dziewczęta opisują swój świat. Weźmy za przykład jedną z nich – Mavis – nasza jest na „M". Mavis zostawia w cadillacu swoje maleńkie bliźniaki, które duszą się, umierają z gorąca. Porzuca pozostałe dzieci i porywczego męża, Franka, i jedzie w nieznane, poniewiera się, póki nie znajdzie schronienia w „klasztorze", przytulisku dla kobiet. W drodze Mavis nachodzą takie myśli o sobie: „Frank miał rację. Od samego początku miał całkowitą rację, byłam najgłupszą babą na tej planecie" *.

Connie, zgwałcona dziewczynka, wpada w ręce zakonnicy, siostry przełożonej, która „zakochuje się" w niej i zabiera ją do „klasztoru". Connie uczy się przy okazji wskrzeszać umarłych, a w końcu romansuje, po trzydziestu latach celibatu, z pewnym żonatym, pieprzy się z nimi na świeżym powietrzu, „z nimi", bo jej kochanek to byli de facto bracia bliźniacy. „Jej twarz powiedziała mu z pewnością to, co chciał wiedzieć"* – powie Toni Morrison o Connie. Oto i tajemnica, moje panie. Żebyście mówiły to, co chcą usłyszeć. Żebyście stawały się takie, jakich was pragną, ale też niech się trochę uczłowieczą, bękarty. Dopasujcie się do scenariusza męskiego szczęścia. Patrzcie, co się stało z biegającymi nago wariatkami z klasztoru. Wykończyli je! Morał: To wasze „wyzwolenie", ta „odmienność" może być czystym idiotyzmem, ale musi być tolerowane przez tępych czarnuchów, którzy szepczą między sobą: „Coś się tam dzieje i nie podoba mi się to ani trochę. Żadnych mężczyzn. Całują się wzajemnie. Ukrywają dzieci. Jezu! Kto wie, co jeszcze"*.

Moli: A zatem Toni Morrison zamyka dwudziesty wiek,

---

* Toni Morrison, *Raj*, przeł. Zbigniew Batko, Prószyński i S-ka, 1999 (przyp. tłum.).

ale – uwaga! – otworzyła go Virginia Woolf, która, jak sądzę, poszła w temacie „kobieta i pisarstwo" o wiele dalej niż wszystkie pozostałe.

M.A.: O wiele, wiele dalej! *Własny pokój*. Genialny tekst! Własny pokój i stały dochód w wysokości pięciuset funtów rocznie to pierwszy warunek kobiecego pisarstwa. Własne miejsce, czas i swoje pieniądze: bezczynność i zaduma. Czegoś takiego kobiety nie miały od wieków. Gdy inni dyskutują o wielkiej elżbietańskiej poezji, pisanej przez mężczyzn ma się rozumieć, Virginia Woolf w taki oto prosty sposób zapyta o informacje dotyczące kobiet tamtej epoki: „W jakim wieku wychodzą za mąż, ile mają zwykle dzieci, jak wygląda ich dom i czy mają własny pokój, czy gotują same, czy mogą zatrudnić służącą?". Życie kobiet zagubiło się w historii, rozsypało się w pył. Gdyby Szekspir miał siostrę równie utalentowaną jak on, równie genialną jak on, to ona nie miałaby szans, by stać się Szekspirem. Przez całe stulecia drzwi otwarte dla mężczyzn, przed kobietami były zamykane.

Mélani: Ciekawe jest to, że w dzisiejszych czasach, mimo ogromnego postępu w kwestii kształcenia kobiet, wielkiego wzrostu liczby kobiet mających dyplomy wyższych uczelni, mimo że kobiety zdobyły znaczną niezależność ekonomiczną i mają „własny pokój" i że pisarek jest może nawet więcej niż pisarzy, nadal istnieją niektóre z ograniczeń w ich pisarstwie, o których wspomina Virginia Woolf.

Moli: Weź pod uwagę nierówność szans kariery zawodowej po ukończeniu szkoły, dylemat kobiet: „dzieci i rodzina czy praca i sukces?".

Mélani: Na pewno, ale jest także coś więcej – przeszkody wewnętrzne.

M.A.: Virginia Woolf, która była skazana na żebranie o uciążliwe, drobne prace, by przeżyć, dziedziczy nagle spadek w postaci dożywotniej renty w wysokości pięciuset funtów rocznie i zyskuje własny pokój. Dlaczego jednak słowo kobiet artykułowane jest z takim trudem nawet wtedy, gdy spełnione są wspomniane warunki: zabezpieczenie materialne i wykształcenie? Kobieta zjawa przy twoim biurku, kobieta pisarka, chce kierować twoim piórem, udziela ci rad, naciska: „nie to, nie tamto", powstrzymuje cię przed sięgnięciem do źródeł twojej tajemnicy, zobowiązuje cię więc, poza świadomością, żebyś dostosowała kobiece pisanie do wartości, wyobrażeń, pragnień i konwencji kultury zdominowanej przez mężczyzn. Do jej estetyki. „Jeśli ja jej nie zabiję, ona zabije mnie". Czy Virginia Woolf zabiła kobietę zjawę? W chwilach optymizmu myślała, że tak. A co myślała, gdy pogrążała się w smutku i planowała samobójstwo? O bezsilności słów w sprawie wyzwolenia kobiet, bezradności wobec dawnego urazu, pierwotnego urazu z dzieciństwa, który powraca z uporem i pozbawia sensu postaci i wydarzenia? Virginia zabiła samą siebie, a nie kobietę zjawę. To kobieta zjawa ją zraniła, tak jak dawniej, w o wiele trudniejszych czasach, zraniła Jane Austen – nie mającą własnego pokoju – i Charlotte Brontë. „Sądzę – powie Virginia proroczo – że minie sporo czasu, zanim kobieta będzie mogła napisać książkę, nie napotykając zjawy, którą będzie musiała zabić". Wiek dwudziesty się skończył, a kobieta zjawa nadal żyje.

Mélani: Zasmuciłeś nas. Wyobrażam sobie, że schemat „staję się taka, jakiej on pragnie" funkcjonuje w znaczeniu pozytywnym i negatywnym, czyli zawiera w sobie także „nie staję się".

M.A.: Co znaczy, że kobieta jest determinowana przez czynniki zewnętrzne i pozytywnie, i negatywnie. Studiowałem literaturę kobiecą napastliwą wobec mężczyzn, teksty w rodzaju: „Z każdym dniem bardziej niegrzeczna dziewczynka". Przypomina to bunt dojrzewających dzieci wobec ojca i matki, czyli bunt wobec zależności i zewnętrznej determinacji. Kobieta, której jeszcze niedawno brakowało poczucia bezpieczeństwa, decyduje się na wielki skok, zostawia męża i pracę, rusza garbusem w podróż dookoła Europy, łowi codziennie nowego toyboya, faceta zabawkę, ale zazwyczaj po trzech miesiącach albo trzech latach uciekinierka wraca do klatki z podwiniętym ogonem i popada w marazm, pogrąża się w bagnie. Nie chcę niczego negować bez reszty – czasami taka literatura dodaje odwagi kobietom szukającym większej człowieczej autonomii, ale z zasady wynikający z niej morał to klatka i jeszcze raz klatka. Schemat „staję się taka, jakiej on pragnie" znajdziesz także w powieściach współczesnych kobiet o znacznej osobistej niezależności. Czytałem ostatnio książkę greckiej autorki, profesorki uniwersytetu, znane nazwisko, pociągająca uroda, udane życie seksualne, dzieci, niezależność finansowa. Jej bohaterka snuje wyobrażenia o swoim miejscu w życiu mężczyzny, Dimitrisa. Matka radzi córce: „Zaufaj męskiemu pożądaniu". Nie dalej jak przedwczoraj czytałem książkę współczesnej amerykańskiej profesorki, Joyce Carol Oates, *Man Crazy*. Motto tej powieści jest następujące: „Zakochujesz się w mężczyznach, którzy obchodzą się z tobą jak ze śmieciem. Bo tylko oni potrafią ci udowodnić, że kara słusznie ci się należy".

Moli: Uznana pisarka zostaje przyjęta do męskiego świata, zyskuje rozgłos, przywileje, bogactwo, szacunek, większą tolerancję dla dziwactw życia osobistego, czyli prawie to wszystko, co przysługuje mężczyznom. A zatem kompromis, podporządkowanie się wartościom androkracji zostają nagrodzone. Spojrzenie traci na ostrości, ogranicza się do tak zwanej kobiecej wrażliwości, do uwypuklania kobiecej odrębności.

M.A.: Pomyśl, jak się czuje praprawnuczka niewolników z Alabamy, Toni Morrison, która dostaje Nagrodę Nobla, staje się bajecznie bogata, rozmawia przez telefon z Clintonem, Marlonem Brando i Gatesem.

Mélani: Zachodzą też, jak sądzę, głębsze procesy, które podtrzymują alienację powieściopisarek.

M.A.: Dlaczego nic o tym nie mówisz? Freud i inni powiedzieliby, że kobieta, osiągając sukces w nauce, pisarstwie, polityce, zyskuje to, czego jej brak – penisa, że podświadomie pragnie posiadać fallusa. Nie powiem, pogląd niezwykle fallocentryczny, ale w kulturze wyobcowania kobiet ów element falliczny może stwarzać złudzenie u aktywnych, u tych, które odniosły sukces, że dołączają do uprzywilejowanej konstelacji wielkich mężczyzn.

Moli: Co ty pleciesz! Skoro tak, to dlaczego są tak cenione i wzbudzają swoimi powieściami tak silne emocje u mężczyzn? Literackim fallusem?

M.A.: Opowiem ci pouczającą, prawdziwą historyjkę. Pewien mężczyzna jest niezdolny do współżycia seksualnego. Przestaje mieć wzwody przy swojej ukochanej. Proponuje jej zatem coś ze sfery swoich marzeń. „Chcę zobaczyć, jak się kochasz z innym mężczyzną". Tej samej nocy ona śni sen i opowiada mu go następnego ranka, podczas śniadania, które jedzą przed wyjściem do pracy. „Śniło mi się, że miałam penisa, a jednocześnie pragnęłam mieć jeszcze jednego. Dobrze pamiętam, miałam penisa. Co to może znaczyć?". Słysząc to, mężczyzna czuje silny wzwód i rzuca się na kobietę. Jak to się stało? Spytaj Mélani albo Lacana, bo facet był jego pacjentem. Jak widać, gdy kobieta mówi „mam fallusa" i „chcę mieć fallusa", wzbudza silne emocje zarówno u mężczyzn, jak i u kobiet. Może to jedna z tajemnic sukcesu męskich kobiet.

Moli: Czy schemat „staję się taka, jakiej on pragnie",

który przenosisz do kobiecej literatury, zapożyczyłeś z psychoanalizy?

M.A.: Wziąłem go z własnego doświadczenia i z powieści. W rzeczywistości psychoanaliza podąża w stronę pradawnego problemu pożądania. Freud, nie łącząc tego, naturalnie, z naszym tematem, odkrywa, że Dora – słynna Dora – stara się zbadać pragnienia mężczyzny, a konkretnie, co takiego sprawia, że pani K. jest obiektem pożądania ojca Dory. Aby rozwiązać zagadkę kobiecości, utożsamia się z małżonkiem pani K. Umieszcza się nieświadomie w polu męskiego pożądania. Staje się taka, jakiej on pragnie. Zajmuje miejsce innej kobiety. Robi dokładnie to, co pisarka.

Moli: Co za bzdury znowu? Co cię tak ciągnie do tego Freuda? Czyżbyś miał problemy ze wzwodem? Dobre, nie, Mélani?

M.A.: Z pewnością zacznę mieć problemy, jak dłużej będę flirtował z tobą elektronicznie. Do Freuda zaczęło mnie ciągnąć po rozczarowaniu, jakiego doznałem u Kazantzakisa „w kwestii kobiecej". Szukałem wtajemniczenia, żeby zaspokoić moją ciekawość związaną z Manią i Margit. Co ja przeszedłem! Nie zdążyłem nawet sformułować pytań, kiedy się wściekł. „Daj mi pan z nimi święty spokój". Tak jak słyszycie – „z nimi". „Czego one chcą?". „Jeśli chce się pan czegoś o nich dowiedzieć, proszę zwrócić się do poetów albo do własnych doświadczeń lub zaczekać, aż nauka poczyni takie postępy, że odpowie na te wszystkie pytania". Krótko mówiąc, odesłał mnie do diabła. Doznałem szoku i...

Moli: ...zwróciłeś się ku własnym doświadczeniom. Ja proponuję, żebyśmy sięgnęli do poetów, i to greckich. „Przywołajcie na pamięć Solomosa, Papadiamantisa" – radzi Elitis. Ci dwaj to fundament kultury nowogreckiej. A zatem Dionisios Solomos i kobieta.

M.A.: Mama jest w alkowie, męża nie ma. Łóżko trzeszczy. Postękiwania i przyspieszone oddechy. „Wszystkie kobiety są dziwkami" – powie Solomos. Tę scenę z *Kobiety z Zakinthos* możemy z dużym prawdopodobieństwem uznać za pochodzącą z dziecięcych wspomnień. Przyspieszony oddech to oddech jego matki, która w ich domu obcuje z kochankiem. Za tą zdradą pójdzie następna. Dziecięce uwielbienie przeistoczy się w szaleńczą nienawiść. Solomos zaprowadzi matkę aż do sądu, bez żadnej litości. Nigdy nie ułoży się z żadną kobietą, nigdy żadnej kobiety nie dotknie. Udręka i alkohol definitywnie pozbawią go nadziei na jakikolwiek związek fizyczny. Jakie inne miejsce mogła zająć kobieta zarówno w tym mrocznym, zagadkowym świecie, jak i jego poezji? Obraz kobiety u Solomosa zawsze będzie miał cechy szatańskie, cechy degeneracji, zawsze będzie ponury. Idealizuje kobietę i przedstawia ją w postaci anioła tylko wtedy, gdy widzi ją martwą.

Moli: Kobiety u Papadiamantisa...

M.A.: Teściowe zatruwające życie swoim synowym; kobiety zgorzkniałe i godne litości, zarówno młode, jak i stare; dziewczątka uciemiężone, nieszczęsne...

Mélani: ...i naturalnie Zabójczyni...

M.A.: ...diaboliczna starucha mordująca niemowlęta, ot tak, bez przyczyny *. To arcydzieło literatury zła nie jest jedynie wytworem mizoginizmu starego kawalera. Wynosi ono na powierzchnię kanibalistyczne oraz prześladowcze niepokoje i fobie z przededypalnej fazy rozwoju dziecka, które wiążą się z ciałem matki, utraconymi wyobrażeniami, ukrytymi w głębi naszej nieświadomości. Czy nie tak, Mélani? Być może ani Papadiamantis, ani Solomos nie potrafią

---

* Janusz Strasburger w *Słowniku pisarzy nowogreckich* pisze: (...) *Zabójczyni* – rzecz o ciężko doświadczonej przez los psychopatce mordującej małe dziewczynki „dla ich dobra" (przyp. tłum.).

zmierzyć się z zagadką kobiecości, ale kanibalistyczny obraz kobiety u pierwszego z nich i nader mroczny u drugiego mogą być pomocne w tworzeniu na nowo i męskiego, i kobiecego spojrzenia na kobietę.

Moli: Nie rozumiem, dlaczego zwracasz się do Mélani – tak czy siak... Uważasz więc, że kobieta jest erotycznie nieobecna i w życiu, i w pisarstwie Papadiamantisa?

M.A.: Pasterz podgląda nagą dziewczynę. Scena przedstawiona jest z dużą odwagą i podejrzewam, że ujawnia twory fantazji spragnionego ciała. Jaki nieuleczalny uraz towarzyszy synowi popa z wyspy Skiathos? Czy to postać ojca – symboliczna i rzeczywista – napawa go poczuciem winy, przeraża i ostatecznie blokuje relacje z kobietą, popychając ku ascezie równie surowej jak ta na górze Athos? W każdym świętym, pijaku i każdym pisarzu znajduje schronienie „erotyczne truchło". Tak też jest z Papadiamantisem. Spośród rozbitków ukazanych w jego dziele – biedaków, wyrzutków, uciemiężonych – przeklęta jest jedynie kobieta. Spojrzenie Wiziinosa jest także mizoginiczne.

Moli: A Kawafis? Spodziewam się uprzedzeń. Pewnie znowu wrócisz do mizoginizmu u homoseksualistów?

M.A: Nie do mizoginizmu. U Kawafisa historycznego, erotycznego, ironizującego kobieta jest całkowicie nieobecna, jakby nie istniała. „Dwaj młodzi w wieku dwudziestu trzech, dwudziestu czterech lat" w domach rozkoszy. Żadnej młodej. Czy zwraca wzrok ku przeszłości, szukając poezji i nieprawej rozkoszy w świecie perskich oraz greckich wodzów i mędrców, czy plotkuje na temat historii, czy śledzi gesty i żargon miłosnych spotkań w peryferyjnych dzielnicach Aleksandrii – kobiety są nieobecne, nie ma ich w jego dziele. Fakt ten stanowi dodatkowy bodziec do dekonstrukcji poezji romantycznej z jej melancholijnymi, bladymi, wyniszczonymi kobiecymi postaciami stojącymi u grobu. Znajdujemy u Kawafisa pełne odrzucenie „złudy poezji/ którą wzruszałyby się eleganckie panie/, które byle czego wzdychają" – jak mówi pięknie w jednym ze swych utworów. Choć wydaje się to paradoksalne, brak kobiet staje się zbawczy dla jego poezji.

Moli: Owo spojrzenie w przeszłość mamy także u Seferisa, czy zatem nie powinniśmy oczekiwać odniesień do kobiecego świata w jego poezji?

M.A.: Jedyna kobieta, która była dla Seferisa źródłem poetyckiego natchnienia – pomijając Maró, jego żonę – to Grecja. Ale i ona jest wielką nieobecną, jest brakiem, „wielkim żalem". Jest tą, która go rani – gdziekolwiek on sam się znajdzie – wielbi ją i czuje do niej wstręt. Pamięć–zapomnienie to kolejna kobieta Seferisa. Pośród tylu „kamieni" – ze trzydzieści pięć, jeśli się nie mylę – „marmurów" – dwadzieścia jeden i co najmniej tuzina pomników, kobieta dematerializuje się w cieniu historii, w pejzażu ponad ruinami.

Mélani: Historia jest rodzaju żeńskiego...

M.A.: Historia to wybitnie męski mit, zawładnięty w całości przez mężczyzn. Zagłębianie się w historii przez poetów modernistycznych takich jak Seferis czy jego wielkich zachodnich poprzedników powoduje wykluczenie kobiet z pola widzenia. Seferis, dzięki dogłębnej wiedzy na temat starożytności i nadmiernemu symbolizmowi, tworzy własną mitologię dokładnie tak, jak robi to Yeats z mitami celtyckimi i Eliot, jego nauczyciel, z opowieściami o królu Arturze. Poza tym dla Eliota i Pounda teraźniejszość to po prostu podsumowanie przeszłości. Niestety, są bardzo modernistyczni estetycznie i tak wsteczni w swych obsesjach!

Moli: Rzeczywiście istnieje pokrewieństwo Seferis–Elitis.

M.A.: „Zażyłość" – powie Seferis – to wyrażenie Eliota określające jego relacje z poprzednikami, ale uważaj, Seferis nie jest mizoginistą w życiu. Eliot jest mizoginicznym kobieciarzem. Swoją żonę, Vivian, twórca *Jałowej ziemi* doprowadził do szaleństwa, zamknął w domu dla psychicznie chorych i nigdy jej nie odwiedził.

Moli: Helena dla Seferisa także jest nieobecnością, „pustą koszulą” *.

M.A.: Istotnie. Seferis entuzjazmował się poglądami Stesychorosa i Eurypidesa. Są one bliskie jego własnym intelektualnym i estetycznym przekonaniom: kobieta to nieobecność idealna.

Moli: U Ritsosa, twojego dawnego kolegi partyjnego, znajdujemy Helenę.

M.A.: Ale robi z niej staruchę pozbawioną seksualności. „Piękne kobiety, postarzałe, mityczne matki”. W pięciu słowach przedstawia Ritsos nie tylko swój poetycki program dotyczący kobiet, ale i tajemnicę wszystkich wielkich poetów. Sama poezja jest kazirodztwem. Pasją kazirodczą i jednocześnie poczuciem winy wobec świętokradczego pożądania.

Moli: Przesadzasz.

M.A.: Nie. Poeci chcą się stać własnymi synami, spać z matką, ale pożądanie wypierane jest przez poetycką fikcję mitycznej matki, wyidealizowanej, aseksualnej. Ciekawe, że i Baudelaire czerpał natchnienie ze starych kobiet. Z początku lesbijek, ale potem wyrzekł się ich i pozostał przy staruszkach.

Moli: Wrócimy jeszcze do poezji jako kazirodztwa. Teraz jednak musimy choć na chwilę zatrzymać się przy wielkim poecie związanym z Grecją. Byron i kobieta...

M.A.: Tu mamy do czynienia z kazirodztwem w sensie dosłownym. Jedyną kobietą, którą kochał, była jego przyrod-

---

* Odniesienie do wiersza Jorgosa Seferisa *Helena* (*Antologia poezji nowogreckiej*, przeł. Zygmunt Kubiak, PIW, 1970) (przyp. tłum.).

nia siostra, Augusta, z którą miał zresztą córkę, Medorę. W gruncie rzeczy to nie naiwna Augusta go pociągała, lecz żeńskie wydanie jego samego. W ten oto sposób mógł mieć samego siebie, on, biseksualny narcyz, który za wszelką cenę dąży do ekstremalnych doznań. Podobają mu się – jak sam twierdził – kobiety, które odnoszą się do niego tak jak jego ukochana, ale złośliwa siostra. Nieszczęśliwe dzieciństwo, pogarda dla matki, brak ojcowskiego wzorca odegrają decydującą rolę w kształtowaniu jego charakteru i twórczej sylwetki.

Moli: Amerykański powieściopisarz, John Updike, napisał kiedyś, że interesuje nas poezja Byrona, a nie jego życie – generalnie jest przeciwny posługiwaniu się biografiami.

M.A.: Sam Byron powie, że jego życie i pisarstwo jest ciągłą walką z odczuciami, które uczyniły jego dzieciństwo tak bardzo przykre. Jego bohaterowie naśladują Byrona, a on naśladuje swoich bohaterów. Okrutna samotność, wyzucie z własnego ja, poczucie daremności, powab grzechu i utracjuszostwa, cygańska skłonność do włóczęgi, nienasycona żądza silnych doznań i fatalizm – wszystko to spotykamy zarówno w jego życiu, jak i w poezji. Nieobecność ojca lekkoducha sprawiła, że gardził wszelkimi ojcowskimi wartościami, ojcowską władzą, zasadami i nakazami moralnymi. Dobrze napisana biografia jest bezcennym materiałem, który umożliwia nam wniknięcie w estetyczną, poetycką i prozatorską tajemnicę twórcy. Pisarze próbują nas nawet terroryzować, byśmy z lękiem i należnym dystansem stawali przed ich na wpół boskim obliczem. Zwłaszcza w Grecji poetów narodowych pławimy się do znudzenia w hagiografiach – co uderza i w samą poezję, i w krytykę. Biada jednak krajowi, który nie tylko u zarania swych dziejów, ale i w pełnej dojrzałości, nawet w roku dwutysięcznym, rozdaje tytuły „poetów narodowych" i odczuwa potrzebę traktowania poezji jako elementu narodowej mitologii i jednomyślności, narodowego samopoznania.

Mélani: Czyli powiadasz, że nie tylko powieść, ale i poezja odnosi niepowodzenia w temacie „kobieta"?

M.A.: Niepowodzenie jest cechą immanentną poezji, tej przynajmniej, jaką znamy – niereformowalnej. Gdy przyglądasz się jednemu poecie, znajdujesz w nim innego poetę, w tym innym jeszcze innego i tak dalej... Jak w rosyjskich matrioszkach. Gdzie jest miejsce dla kobiety w tym pochodzie poprzednicy–następcy? U Seferisa zobaczysz Eliota, u Eliota – Whitmana... i tak bez końca. Poezja ma jednego udanego poetę – Homera.

Moli: Myślisz, że zależność poety od poprzedników jest aż tak zniewalająca?

M.A.: Więcej niż myślę. Poeta, gdy zaczyna pisać, boryka się z cieniami, które rzucają na niego jego wielcy prekursorzy. Im silniej je odpiera, tym częściej wracają w coraz to innym kształcie. Zapomniane wraca. Mowa o nerwicy. Bo czymże jest poezja? Nerwicą o dużych walorach estetycznych i intelektualnych.

Mélani: Przedtem nazwałeś ją kazirodztwem, teraz nerwicą.

M.A.: To jedno i to samo: wyparcie poczucia winy przypisanej kazirodztwu. Uważaj teraz, zadam ci pytanie. Powiedz mi: Co za kobieta jest jedyną kobietą w życiu wielkiego poety?

Mélani: Co za kobieta?

M.A.: Muza. Poeta nie wie dokładnie, kim ona jest – jest i matką, i kochanką, więc chce ją posiąść, by narodzić się na nowo. Stać się synem samego siebie. Ona jest przypisanym poezji samookłamywaniem. Poeta wpada w panikę, gdy odkrywa pewnego ranka, że jego muza, jego matka i kochanka, puszczała się z niejednym i z niejednym się jeszcze puści, że jego poezja to cmentarzysko widziadeł, rywali, poprzedników i następców. Oto i nerwica. Jego matka jest dziwką.

Shelley powiedział: „Kazirodztwo to najbardziej poetycka sytuacja", nie mając bynajmniej na myśli swego przyjaciela Byrona. Znany teoretyk *Lęku przed wpływem* (*The Anxiety of Influence*), Bloom, przedstawia poezję jako „zdyscyplinowaną perwersję", jako tłumione, niekończące się kazirodztwo.

Mélani: Nerwica poety wynika z niepowodzenia w zrodzeniu samego siebie. Wobec tego, po co mu kobieta?

M.A.: Poecie ciągle się wydaje, że jest brzemienny – ale bez skutku. Jest parę ładnych parodii tej sytuacji, jak ta u Becketta: „A zatem nie jestem swoim synem". Norman Mailer z kolei wyśmiewa własne beznadziejne zmagania, które przejął, by uciec przed swoim poprzednikiem – Hemingwayem.

Mélani: Twoim zdaniem pisarzowi przeszkadza w odkrywaniu kobiety to, że kocha kobietę w swoim utworze?

M.A.: Kocha w swoich bohaterkach tylko to, czego im sam użyczył, czyli samego siebie. Nie może dostrzec prawdziwej kobiety. Przypomnij sobie Byrona: w gruncie rzeczy pragnie posiąść samego siebie.

Moli: Złote myśli – w sam raz pasują do twojego żartobliwego nastroju. Byłabym jednak ostrożniejsza.

M.A.: Pomyśl tylko, jaka jest kobieta wielkiej poezji. Albo wyidealizowana, albo demoniczna. Nigdy prawdziwa. Matka lub czarownica, anioł albo diablica, święta lub dziwka, uosobienie niewinności albo jędza, piękny kwiat lub trucizna, zjawa albo kanibalka, kobieta sfinks, kobieta pomnik Wolności, kobieta erynia. Gdzie są normalne kobiety? Czy kobieta musi być albo madonną, albo prostytutką? Co chcę przez to powiedzieć? Mamy tysiąc powodów, by czytać poezję, nawet tę, która umiera, pożerając samą siebie z nekrofilskim zapamiętaniem, ale nie wymagajmy od niej tego, czego dać nam nie może: rozwiązania zagadki kobiecości, recepty na powodzenie w miłości. Nie szukajcie w poezji czegoś, czego w niej nie ma.

Moli: Poeci tego nie wiedzą, a ty wiesz?

M.A.: Poeci traktują samych siebie z nadmierną powagą i nie widzą tego, co się wokół nich dzieje. Są jak zakochani – ci nigdy nie potrafią dać wiarygodnego opisu ukochanej.

Moli: Nie obawiasz się oskarżeń o nihilizm?

M.A.: Jeśli poezja ma zostać zbawiona – co nie wydaje mi się łatwe – to na pewno nie dzięki poetyckiej teologii i jej hierofantom, lecz za sprawą bezlitosnej rewizji własnych idei, dzięki lekkości ducha, która przeciwstawi się wyolbrzymionym cierpieniom i dramatom, z powodu szczypty sokratycznej ironii, która rozbija pompatyczne schematy, umie pocieszyć, odmitologizować, uleczyć, odmłodzić i – uwaga! – kochać.

Moli: Kochać? Czy to nie ośmieszanie poezji i – dlaczego mam tego nie powiedzieć – złośliwość wobec niej?

M.A.: Bądźmy dobrzy, ale przyjmijmy styl złych. Na tym polega dowcip. Nasza postawa wobec wielkiej poezji nie jest ani tragiczna, ani komiczna. Jest taka, że śmiech cichnie, a łzy wstydzą się płynąć. Taka akrobacja dała nam największych mistrzów ironii. Należę do ludzi, którzy najpierw udawali zakochanych w poezji, potem się w niej zakochali, a teraz wołają, że pełne bojaźni uwielbienie zabija osobistą zażyłość z poezją. Skrajna pompatyczność czyni poezję bezbronną, autoironia zwolni poetów od obowiązku ciągłego powracania do stylu epidauryjskiego i odnowi ich sztukę. W przeciwnym razie, choć wypełnimy Grecję pomnikami Seferisa i Elitisa, poezja umrze. Musimy przywrócić do łask ironiczny uśmiech i zdobyć się na postawienie kluczowych pytań poezji i powieści, tak jak to zrobił Sokrates wobec poezji tragicznej swoich czasów. I niech go Nietzsche nienawidzi, że rzekomo spowodował śmierć tragedii.

Moli: Poezja tragiczna Greków: Ajschylos, Eurypides, Sofokles, znakomite portrety kobiet, genialne przybliżenie kobiecej psychiki.

M.A.: Bajki! Żadne portrety kobiet, tylko archetypy męskich wyobrażeń o kobietach. Tworzone przez mężczyzn, odgrywane w teatrach wyłącznie przez mężczyzn, oparte na czysto męskiej mitologii. Powiedziałbym mizoginistycznej, ale nie powinniśmy wprowadzać do świata starożytnego kategorii, które wtedy nie były w użyciu, takich jak emancypacja kobiet czy mizoginizm. Gdy czytam tragedie, nie dostaję żadnej wiarygodnej informacji o kobietach ówczesnych Aten. Nie wiem, jaka była ich codzienność, jakie różnice w trybie życia wynikały z pozycji i dochodów ich małżonków. Czy uczyły się pisać i czytać? Uczęszczały do szkół żon w rodzaju szkoły Safony, gdzie miłość homoseksualna przygotowywała do heteroseksualnej. Czy wytwarzały produkty na użytek pozadomowy? Czy istniały jakieś zobowiązania moralne, które nakazywałyby małżonkom zadowalać seksualnie swoje żony i je kochać? Jak dalece kobiety zajmowała kwestia orgazmu? Czy biernie przyglądały się, jak mężowie szukają rozkoszy pozamałżeńskiej, odwiedzają hetery i oddają się „kontaktom poprzez uda" z chłopcami, czy też i one szukały kochanek i ukochanych i świadczyły sobie wzajemne usługi, posługując się olisbusami – fallusami sporządzonymi ze skóry, które wytwarzano w wielkich ilościach w ówczesnych Atenach? Czy chodziły do łóżka z niewolnikami i z niewolnicami? Tejrezjasz, który w kontaktach seksualnych przyjmował rolę albo kobiety, albo mężczyzny, zależnie od humoru, zapewniał nas, że kobiety czerpały z seksu większą przyjemność, były bardziej perwersyjne i miały intensywniejsze orgazmy. Dla Hipokratesa orgazm kobiecy jest powieleniem męskiego, jego drugim wydaniem! Los Hekuby, Elektry czy Antygony interesował ateńskie kobiety mniej, niż sądzimy. W ogóle nie należy uważać Hellenów za aż tak nierozsądnych, by poważnie traktowali swoje mity. Prawdziwe życie kobiet zostało wygnane ze sztuki i historii, a my, dwa i pół tysiąca lat później, powinniśmy uważnie wsłuchiwać się w to, co zostało z ich szeptów i sekretów.

Mélani: Zgoda, ale czyż stylu tamtej epoki nie postrzegamy poprzez etykę i logikę Arystotelesa?

M.A.: Na Boga! To tak, jakbyś mi powiedziała, że styl dwudziestego wieku – sposób, w jaki żyją, pracują i kochają się ludzie – widać w mrocznym dziele Heideggera! Arystoteles powiada, że zależność mężczyzna–kobieta to zależność rządzący–rządzony, podmiot–przedmiot, energia–bierność. U Arystotelesa męskość to aktywność nawet wtedy, gdy się jest „aktywnym homoseksualistą".

Moli: Rzeczywiście nie doceniasz Ifigenii, Antygony, Elektry, Medei, Klitajmestry? Czy tylko żartujesz i prowokujesz?

M.A.: Trzy pierwsze – przykłady pozytywne – cokolwiek robią, robią dla mężczyzn i za sprawą mężczyzn i czeka je godny politowania koniec. Eurypides modyfikuje mity ideologicznie, zgodnie z nowym – społecznym, prawnym i politycznym – ustrojem Aten i każe nieszczęsnej Ifigenii powiedzieć: „Lepiej, by przeżył jeden mężczyzna niż tysiące kobiet". W *Błagalnicach* Eurypides każe Ajtrze wyrazić następujący pogląd: „Przystoi kobietom, jeśli są pociągające, robić wszystko za sprawą mężczyzn". A więc, dziewczynki, siądźcie grzecznie przy krosnach, bo jak nie, spotka was takie samo albo i większe nieszczęście niż to, które dotknęło

Antygonę, Io i Kreuzę – ofiary złego losu, niosącego „szalone słowa i zadręczającego umysł wyrzutami sumienia".

Mélani: Czy wspomniane bohaterki nie służą wszakże za pozytywne przykłady dla kobiet tamtej epoki, czy nie przyczyniają się do ich emancypacji?

M.A.: Im bardziej są wyidealizowane, oddalone od rzeczywistości, obce, niepojęte, czysto poetyckie, tym słabiej oddziałują na prawdziwe życie kobiet. Historie wielkich bohaterek bardziej paraliżowały kobiety, niż służyły im za przykład. Podobnie jak żywoty kobiet świętych. Jeśli chodzi o pozostałe, czyli o przykłady negatywne, to jednej z nich, Medei, każe się zabić swoje dzieci, drugiej zaś, Klitajmestrze – męża. A zatem bohaterki tragedii nie tylko nie przyczyniają się do zmiany losu kobiet, ale przeciwnie, w tych faktycznie złotych czasach ateńskiej demokracji mamy do czynienia ze wstecznictwem w zakresie prawa, etyki i seksu w porównaniu z czasami homeryckimi. Demokracja kładzie kres swobodom małżeńskim w imię zabezpieczenia czystości krwi obywateli, a tym samym czystości służb publicznych. Nakaz dziewictwa jest surowo przestrzegany, czego nie było w czasach homeryckich. Podobna zmiana dotyczy zdrady – popełnionej przez kobietę, rzecz jasna. Prawa kobiet nigdy nie nadążały za politycznym i kulturowym postępem. Przypomnij sobie, jak idealizowała kobietę rewolucja francuska w tysiąc osiemset siedemdziesiątym dziewiątym roku, popatrz na obraz Delacroix: piękna kobieta z odsłoniętą piersią, w prawej ręce sztandar tricolore, w lewej karabin. Nazwano go „Wolność wiodąca lud na barykady". A tymczasem wolność i francuska demokracja nadal podtrzymywały polityczne i społeczne wykluczenie kobiety. Prawo głosowania dano Francuzkom dopiero w tysiąc dziewięćset czterdziestym czwartym roku, tuż przed zakończeniem drugiej wojny światowej!

Moli: W mitologii greckiej występują także kobiety wolne, które stały się wzorcem dla współczesnego feminizmu – mam na myśli Amazonki.

M.A.: Przebiegli greccy bajarze „wymyślili" te wojownicze, obywające się bez mężczyzn kobiety (nie znam żadnego wiarygodnego dowodu historycznego na ich istnienie), by przedstawiać je – zawsze w roli przegranych – padające pokotem na polu walki od niepokonanego męskiego miecza. Kobiety, patrzcie, co was czeka, jak podniesiecie głowy! Ciekawe jest także to, że w mitologii greckiej bogowie stworzyli rodzaj żeński jako karę na śmiertelnych. Ulepili z gliny kuszące ciało kobiety, dali jej duszę suki, charakter złodziejki, a w piersi umieścili kłamstwa i słodkie słówka. Oto i Pandora! Erynie – szalone, mroczne, odpychające, przywodzące do obłędu swe ofiary, popychające je ku samozagładzie – one też są kobietami.

Mélani: „Wymyślili" ująłeś w cudzysłów...

M.A.: Żaden pojedynczy ani zbiorowy wymysł nie staje się mitem. Nie znamy tajemnej alchemii sprzed tysięcy lat, która przekształcała nieświadome pojedyncze i zbiorowe wyobrażenia, lęki, wiedzę, religijne ułudy i sposoby współistnienia we wspólną wizję świata, we wspólną przeszłość, czyli w mit, który daje społeczności spójność, wiarę i określa perspektywę przyszłości.

Anonim: Pożyczam imię Blanche * z *Tramwaju zwanego pożądaniem*. Jestem aktorką, grałam tę rolę. Chcę panu powiedzieć, że zapomnieliście w swojej dyskusji o teatrze dwudziestego wieku. Czy to przypadek? Czy dlatego, że ten teatr przeczy schematowi „staję się taka, jakiej on pragnie"?

* Imię Blanche pisze się po grecku *Mplans*, czyli pierwszą literą jest „M" (przyp. tłum.).

Czy może pan pominąć wspaniałe kobiety Tennessee Williamsa: Blanche, Maggy, Almę, Amandę...

M.A.: Łaskawa pani, rolę Blanche mógł zagrać, może i lepiej od pani, młody zniewieściały mężczyzna – piękny i znerwicowany. Tennessee Williams tworzy wyjątkowe, kobieco-męskie teatralne postaci, idealne na scenę, ale nie potrafi naświetlić zagadki kobiecości. W postaciach napastliwych piękności przemyca własną namiętność do mężczyzn. To nie są autentyczne kobiety. Williams przedstawia w nich własną homoseksualność, utożsamia się z kobietami, a nie z mężczyznami swoich utworów, jak sam zresztą twierdził. Przeistacza swoją perwersję i swoje zmory w poezję. Nadaje teatralną oprawę rozpuście, homoseksualizmowi, zniewieścieniu, fetyszyzmowi, schizofrenii, nieszczęściom i nade wszystko śmierci. Prawdziwa kobieta w ogóle się nie liczy.

Mélani: Przyjmuję założenie, że jeśli chodzi o sztukę, o konstrukcję utworu, w żadnym wypadku nie stawiasz znaku równości między homoseksualizmem i mizoginizmem. Naturalnie przypadek Tennessee Williamsa jest skrajny i trzeba wziąć pod uwagę pochodzenie jego mizoginizmu.

M.A.: Siłą napędową Williamsa była nieubłagana nienawiść do matki. Nie kochał matki, a więc nie mógł jej wyidealizować, a następnie zastąpić innymi kobietami. W innych przypadkach homoseksualizmu przywiązanie do matczynej miłości blokuje drogę ku odmiennej płci, ale nie musi powodować postaw mizoginistycznych, jak u Williamsa. Nienawiść do matki – w powiązaniu z nieobecnością ojca, który ich opuszcza – udaremnia określenie tożsamości młodzieńca znad Missisipi i rozczłonkowuje jego świat. Rodzinna skłonność do schizofrenii pogarsza jeszcze sytuację, ale też tworzy Williamsa artystę. Czy prawdziwy ludzki świat nie ma mu nic do zaoferowania? Pozbawia go wszystkiego? Nie, to on odwraca się do niego plecami, uważa go za obojętny i umarły, buduje własny świat przesiąknięty namiętnością i gwałtem.

Blanche: Jest też Ibsen i Strindberg, obaj, jak sądzę, starają się rozwiązać rebus kobiecości.

M.A.: W jednoaktówce pod tytułem *Silniejsza* Strindberg potwierdza niezbicie schemat „staję się taka, jakiej on pragnie". Żona wyjawia kochance swego męża, że naśladowała jej ubiór i uczesanie, piła napoje, które tamta lubiła, zwłaszcza czekoladę, wybierała podobne pantofle, te same jeziora na wakacyjne wyjazdy, czytała książki tych samych pisarzy, naśladowała jej łóżkowe techniki. Posunęła się nawet do tego, że nadała synowi imię ojca kochanki. „Wszystko, wszystko zaczerpnęłam z ciebie, nawet namiętność" – wymierza miażdżący cios i mówi dalej: „Dziękuję ci, Amelio, za to, czego mnie nauczyłaś. Zwłaszcza zaś za to, że nauczyłaś mojego męża kochać. Pójdę więc teraz do domu cieszyć się jego miłością". Żona poznaje pragnienia męża dzięki jego kochance, naśladuje ją, staje się tamtą, „staje się taka, jakiej on pragnie" i go odzyskuje.

Blanche: Nie powiedział pan ani słowa o pisarzu, który jak żaden inny potrafił oddać kobiecy charakter, o Ibsenie! Czy można pominąć Heddę Gabler, Lonę, Norę, Elidę, Rebekę? A gdzie pani Alving, pani Inger, rozpustna Maja i święta Irena?

M.A.: Aż tak bardzo lubicie okłamywać same siebie? Ibsen jest wielki, zgoda, ale nie widzicie, u licha, że jego kobiety, jeśli nie popełniają samobójstw, to błądzą po omacku, upadają? Że zamiast bombonierek i weselnych migdałów * rozdają śmierć innym albo sobie?

---

* Nawiązanie do rozdawanych gościom podczas kościelnych uroczystości zaślubin, chrzcin itp. migdałów w polewie cukrowej zawiązanych w węzełek z kawałka tiulu (przyp. tłum.).

Moli: Nie mów nam, że i on był mizoginicznym homoseksualistą! Daj wreszcie spokój tej obsesji łączenia biografii z dziełem.

M.A.: Przecież w przypadku Ibsena życie i pisarstwo ściśle się wiążą. Jego tematy to małżeństwo, rodzina, czasami wątpliwe ojcostwo. Mały Henryk wzrasta z myślą, że jest bękartem. Jego nieświadomość tworzy inny rodzinny świat, który zastępuje jego własny – marny i pęknięty. Tak jakby ciągle szeptał w duchu: Nie jest moim ojcem nieszczęśliwy, samotny, srogi i cyniczny Knut Ibsen, moim ojcem jest poważany, energiczny i charyzmatyczny Tormund Knutsson. Sprawa pozostaje niewyjaśniona, ale młody Ibsen odwraca się od rodziny, wyobcowuje, opuszcza dom, by nigdy nie wrócić – nie pisze listów, nie stanie nawet przy łożu umierającej matki. Dziecięce wspomnienia nawiedzają wszystkie dzieła wykorzenionego, samotnego, lewicującego Ibsena. I jeszcze coś ważnego: w pierwszych szkolnych latach pisze wypracowanie na temat snu o krainie umarłych. Ostatnie jego dzieło powstało sześćdziesiąt lat później. *Gdy wstaniemy z martwych*, jest dokładnie takie samo, jak to pierwsze, dziecięce.

Mélani: Który z tych dwóch: Ibsen czy Strindberg trafniej wyraża osobowość kobiety?

M.A.: Obaj – żyli w tych samych czasach i ostro z sobą rywalizowali – występują przeciw skłonności mężczyzn tamtej epoki do traktowania kobiet jak lalki. W *Domu lalki* Ibsena Nora ucieka z klatki, ale sen o wolności okazuje się zmorą. W *Żonie pana Bengta* Strindberga Margit także ucieka z klatki, ale ogarnięta strachem wraca, miłość jest silniejsza niż pragnienie ucieczki. Wydaje mi się, że Strindberg wprowadza odrobinę parodii do kobiecego dramatu. Jeden obwiniał drugiego o mizoginizm, ale moim zdaniem Ibsen przesadza z przywiązaniem do równości płci, tworzy pewną filozofię małżeństwa, trochę pedagogizuje, podczas gdy Strindberg, ironiczny w swym androcentryzmie, wchodzi głębiej w temat „kobieta".

Blanche: Jednak ruch kobiecy na całym świecie uznaje, że feminizm Ibsena zamyka wiek dziewiętnasty i otwiera dwudziesty.

M.A.: Feminizm żywi się nieporozumieniami. Przytoczę tu migawkę z pewnej uroczystości. Norweskie feministki zorganizowały bankiet na cześć Ibsena za zasługi w walce o równość płci. Ibsen podniósł kieliszek, by wznieść toast, i błagał „Zwolnijcie mnie z zasług dla walki w sprawie kobiecej. Nie wiem nawet, co to dokładnie znaczy. Osobiście rozumiem to jako sprawę ludzką".

Anonim: Czekam i czekam, myślę sobie, coś powiedzą, a tu nic. Aż tak bardzo jesteście przywiązani do ateizmu, że w ogóle nie poruszycie w waszej dyskusji tematu „chrześcijaństwo i kobieta"?

M.A.: Jesteś mężczyzną czy kobietą?

Anonim: Mam na imię Magda – i nie jest to imię zapożyczone.

M.A.: Zadam ci pytanie i chciałbym, żebyś się nad nim zastanowiła. Dlaczego Bóg jest rodzaju męskiego? Ma element żeński czy nie? Dlaczego zesłał na świat syna, a nie córkę?

Moli: Nie, nie mogę wysłuchiwać tych głupot o wpół do czwartej nad ranem, bo taki kaprys ma jakaś Magdalena, która się pali do Chrystusa.

Magda: Jesteś arogancką lesbijką i ćwierćinteligentką. Cały czas śledziłam twoje wypowiedzi w tej dyskusji.

M.A.: Uspokójcie się, podyskutujemy o tym przy pierwszej okazji. Ty, Magdaleno, nie zapomnij o moich trzech pytaniach. Dobranoc. Mélani? Tak jak się umówiliśmy?

Moli: Chwileczkę. Czy twoim zdaniem żaden poeta nie

wyłamuje się ze schematu niepowodzenie w temacie „kobieta”?

M.A.: Ba! Homer...

Mélani: ...którego uważasz w *The Dream* za kobietę.

M.A.: I Safona...

Mélani: ...lesbijka. Dla niej napisałeś *Zagadkę Safony*! Ale czy jedna zagadka może stanowić klucz do drugiej zagadki?

M.A.: Do następnego poniedziałku.

Rozdział 4

Mariza

Mélani: Byłam tam z tobą, wierzysz?

M.A.: Tak, wyczuwałem w powietrzu twoją obecność, wydawało mi się, jakbym dotykał twojej ręki, jakbyśmy przegadali cały film. Nie mam jednak pojęcia, którą z kobiet mogłabyś być.

Mélani: Weszłam pięć minut po rozpoczęciu i wyszłam pięć minut przed zakończeniem. Nie chciałam, żebyśmy przerwali naszą grę.

M.A.: Gdzie siedziałem?

Mélani: W środku, po prawej stronie przy przejściu. Ja usiadłam z tyłu po lewej stronie. Podczas przerwy wstałeś i rozglądałeś się po sali. Zrobiło mi się bardzo miło.

M.A.: Mogłaś przysłać jakąś przyjaciółkę albo przyjaciela.

Mélani: Wiesz, że byłam. To proste. Przypuszczałam, że wybierzesz akurat to z trzech możliwych kin. Chcesz pogadać o *Oczach szeroko zamkniętych*? Ten film mnie poruszył.

M.A.: Daj spokój. Czuje się w nim zapach śmierci, który sztuka zostawia na miłości.

Mélani: Zmęczyła cię nasza gra? Powiedz...

M.A.: Nie, ale zastanawia mnie sen, który śnił mi się przedwczoraj.

Mélani: Miał tak wielkie znaczenie?

M.A.: Niepokój, który odczuwałem, śniąc, był nieporównywalnie mniejszy od niepokoju, który zacząłem odczuwać później. A to oznacza, że coś się kryje w mojej nieświadomości.

Mélani: Zamieniam się w słuch.

M.A.: Byłem w poczekalni gabinetu Weinbergera, eksministra obrony Stanów Zjednoczonych. W głębi dużego pokoju, gdy jego drzwi otwierały się i zamykały, dostrzegłem ministra, który był czymś bardzo zajęty – telefonował, wydawał polecenia. Podeszła do mnie jego sekretarka, Greczynka, sympatyczna dziewczyna około dwudziestu trzech lat, w krótkiej sukience, i powiedziała do mnie poufale, bez żadnych oficjalnych formułek: „Powiadomię pana, kiedy będzie pan mógł wejść". Poczekalnię przecinał korytarz, a właściwie ulica – Panepistimiju *, po której krążyli młodzi ludzie z książkami pod pachą. Zaniepokoiłem się, choć niezbyt mocno, że minister może mówić bardzo szybko i będę miał kłopoty ze swoim angielskim. Pomyślałem też, że jeśli będzie trzeba, pomoże mi jego sekretarka. Gdzieś tu sen się kończy albo po prostu dalszy ciąg zatarł się w pamięci.

Mélani: I co ci się skojarzyło? Z czym łączyłeś z początku ten sen?

M.A.: Mój młodszy brat będzie miał poważną operację biodra i zaniepokoiłem się, że widzę siebie siedzącego w szpitalnej poczekalni. Przełożona pielęgniarek przychodzi

---

* Panepistimiju, ulica Uniwersytecka, jedna z głównych ulic w centrum Aten (przyp. tłum.).

mi powiedzieć, żebym wszedł i dowiedział się od lekarza, jaki jest wynik operacji.

Mélani: Poza przełożoną, jakie masz inne skojarzenia z sekretarką?

M.A.: Pewna studentka prawa przypuszcza, że jest we mnie zakochana. Uważa, że pozostaje dziewicą z nienaturalnych przyczyn – odczuwa mianowicie histeryczny lęk przed penisem, który miałby znaleźć się w jej pochwie: spada jej wówczas ciśnienie i czuje, że traci przytomność. Wybrała sobie mnie, wierząc, że wyleczę ją z tego lęku i wejdę w nią. Sprawa pachnie mi przymusem psychicznym. Jej dotychczasowe życie seksualne utknęło w fazie przygotowań, mężczyzna znajduje się w poczekalni, nie wszedł jeszcze do głównego pokoju, tak jak ja w moim śnie. Erotyczne zafiksowanie na ustach – długotrwałe pocałunki bez dalszego ciągu – to znowu poczekalnia. Jak się później dowiedziałem, przeżyła traumatyczne odstawienie od piersi miesiąc po urodzeniu, gwałtowną rozłąkę z matką, która ją opuściła. Dlatego wykazuje takie przywiązanie do fazy oralnej.

Mélani: Czy „powiadomię cię, kiedy będziesz mógł wejść" powiedziała ci także studentka, nie tylko sekretarka?

M.A.: Wielokrotnie mówiła „powiem ci, kiedy będę gotowa, żebyś we mnie wszedł". Poza tym „wejść do pokoju" znaczy „wejść w kobietę". Tak się składa, że skojarzenie „pokój–kobieta" należy do samego Freuda. *Zimmer* znaczy po niemiecku pokój, a kobieta w sposób lekceważący nazywana jest *Frauenzimmer*.

Mélani: Ale dziewica nie jest „szeroka" jak pokój, więc twoja uwaga nie pasuje.

M.A.: Wolałbym jednak, żeby była kobietą, a nie dziewicą. Byłoby mi łatwiej z psychicznego punktu widzenia, dlatego moja nieświadomość szybko i sprawnie dokonuje takiej inwersji. Umieszcza obok dziewczyny pokój obszerny i głęboki.

Mélani: A zatem niepokój związany z operacją chirurgiczną – czy się uda? To samo, jeśli chodzi o operację seksualną z dziewicą – w obu przypadkach krew. A „angielski" i to, że minister będzie „mówił szybko", jakie ci nasuwają myśli?

M.A.: Po pierwsze „angielski" to coś, co zawsze wywoływało we mnie lęk. Jestem bardzo dobry w tłumaczeniach pisemnych, ale słowo mówione budzi we mnie opór, zwłaszcza że nigdy nie mieszkałem za granicą. „Mówi szybko" może wiązać się z ilością krwi utraconej podczas operacji, z czasem trwania zabiegu, z tym, czy brat szybko przebudzi się po narkozie, a także z wysokością rachunku w prywatnej klinice, również z tym, ile czasu i energii psychicznej będzie mnie kosztowała sprawa ze studentką.

Mélani: Oczekiwanie na pomoc sekretarki w tłumaczeniu to nadzieja, że studentka będzie współpracowała podczas zbliżenia, że nie dostanie napadu histerii. Czy łączyłeś już kiedyś w swoich myślach „operację" z „pozbawieniem dziewictwa"?

M.A.: Chyba tak, bo w *Utraconym bluesie*, jak pamiętasz, Marina traci ostatecznie dziewictwo za sprawą ręki chirurga, podczas operacji. Poza tym moja mama kpiła, nazywając nasze studenckie pokoje „salami operacyjnymi" i insynuując w ten sposób ich erotyczne przeznaczenie. A gdy dzwoniła do mnie z Krety i sekretarka mówiła jej, że nie może wejść, by mnie zawołać, mając na myśli posiedzenie Biura Politycznego, mama pytała z urazą: „Dlaczego nie możesz wejść, jest na sali operacyjnej czy co?".

Mélani: A skojarzenia z bratem?

M.A.: Urodził się w dniu, gdy zdawałem egzamin, by

wejść w poczet studentów politechniki. Lekki niepokój czy się dostanę...

Mélani: Odczuwałeś wstyd, który zazwyczaj towarzyszy dzieciom, gdy ich matki rodzą, będąc w starszym wieku? Czy to wywołuje u ciebie poczucie winy?

M.A.: Koleżanki trochę mi dokuczały i pewnie dlatego nieświadomie oczekuję tych samych drwiących spojrzeń, gdy pokazuję się ze studentką.

Mélani: Nienaturalnie młodszy brat, nienaturalnie młodsza kochanka, tak to postrzegasz. Czy jednak miałeś poczucie winy?

M.A.: Pewnie miałem, bo kolejne dziecko w rodzinie zawsze traktowane jest przez pozostałe rodzeństwo, choć nieświadomie, jako niepożądane. W tym konkretnym przypadku nie pamiętam, bym odczuwał dyskomfort, przeciwnie – poczułem ulgę, bo lekarze powiedzieli, że matka ma guz na macicy, podczas gdy ona była w ciąży! Niemniej nadmierna, pełna niepokoju ojcowska odpowiedzialność za brata z całą pewnością świadczy o poczuciu winy.

Mélani: Czyli brat i studentka mają ze sobą coś wspólnego?

M.A.: Tak. Powiedziałem jej: „Poznam cię z moim bratem, będzie ci się podobał".

Mélani: Zaskoczyłeś mnie Weinbergerem. Skąd ci przyszedł do głowy?

M.A.: Są możliwe liczne skojarzenia. Weinbergera utożsamia się z jastrzębiem. Kojarzy się go z interwencją, operacją zbrojną – połącz to z interwencją chirurgiczną i erotyczną – w Wietnamie, Chile, w Grecji, na Cyprze. Mówiono o nim „rzeźnik". Ale i profesor chirurg, gdy wyjaśniał mi szczegóły operacji, którą miał przeprowadzić na moim bracie, widząc moje zaniepokojenie, spytał: „Co ty sobie wyobrażasz? Że jesteśmy rzeźnikami?".

Mélani: A dziewczyna? Co ona ma wspólnego z Weinbergerem?

M.A.: Mówią na nią Ritsa. Kiedy mi powiedziała, że to zdrobnienie od Elefteriji, wykrzyknąłem z przerażeniem: „Wyobrażasz sobie, że ja odważę się zgwałcić wolność! Za wolność byłem prześladowany, siedziałem w więzieniu". Widzisz: wolność to tyle co walka z juntą, jak również nastawienie antyamerykańskie przeciw Weinbergerowi! Ponadto dziewczyna studiuje prawo międzynarodowe na Wydziale Prawa Uniwersytetu w Salonikach, chce „wejść" do Ministerstwa Spraw Zagranicznych, jej praca dyplomatyczna miałaby dotyczyć polityki zagranicznej Stanów Zjednoczonych wobec Cypru. Oto dlaczego moja nieświadomość umieszcza ją w śnie związanym z ministerstwem, i to Stanów Zjednoczonych.

Mélani: Czy w twoim śnie pojawia się osobiście?

M.A.: Nie, jako zbitka cech wielu sympatycznych kobiet, z którymi nigdy nie miałem do czynienia w sensie seksualnym.

Mélani: A jak ma na imię twój brat?

M.A.: Jorgos.

Mélani: Czyli George. Tak samo jak George z twojej opowieści, chyba że to tylko pseudonim.

M.A.: Nie. George jest rzeczywistą postacią z moich rodzinnych stron. Sen nawiązuje także do historii George'a, Mani i Margit, która ożyła we mnie pod wpływem naszej dyskusji. Biję się z myślami, czy słuszne byłoby „wejść" w samo sedno losów George'a, odkryć jego wielką tajemnicę.

Mélani: Wiem, ciągle przekładasz na później opowiedzenie nam zakończenia tej historii.

M.A.: A Margit...

Mélani: Właśnie. Powiedziałeś, że jej mąż został ministrem w rządzie Stanów Zjednoczonych.

M.A.: Ciągle dręczy mnie też ciekawość, w jaki sposób „wchodzi" do świadomości Margit senne marzenie albo, ogólniej, wyobrażenie powstające w nieświadomości, bo nie jestem całkowicie pewien, czy jej ułudy pochodziły z sennych marzeń. Mogły to być wyobrażenia powstające tuż przed zaśnięciem albo tuż przed przebudzeniem, a to naturalnie nie są sny.

Mélani: Co chcesz przez to powiedzieć?

M.A.: Marzenia senne występują w tak zwanej fazie paradoksalnej snu, REM, co wiąże się z obniżeniem temperatury mózgu, występowaniem w badaniu EEG fal typowych dla stanu czuwania, spadkiem napięcia mięśniowego, szybkimi ruchami gałek ocznych i wzwodem prącia. W przypadku Margit moją ciekawość budzi to, że „poczekalnia", czyli przedświadomość, nie filtruje nieświadomych wyobrażeń, zanim „wejdą" do głównego „pokoju", czyli do „świadomości". A więc znów „poczekalnia" z mojego snu. Dlaczego jednak w przypadku Margit nie funkcjonuje membrana – porowata i elastyczna – dzieląca nieświadomość i świadomość? Dlaczego pozwala, by „wchodziły" do świadomości takie wyobrażenia, które zaburzają równowagę w zachowaniu? I znowu „hymen" dziewiczy, membrana.

Mélani: Chwileczkę, mówisz o jakimkolwiek skutecznym oddzieleniu świadomości od nieświadomości?

M.A.: Jeśli powstaje bariera nie do pokonania, to znaczy, jeśli nieświadome wyobrażenia w ogóle nie przenikają do świadomego życia, człowiek staje się analfabetą w życiu seksualnym i, ogólniej, w życiu społecznym. Zmienia się w istotę niezwykle ostrożną, jednowymiarową, nieelastyczną, z którą trudno wytrzymać. Staje się bezbarwny, zdolny jedynie do sformalizowanych, rutynowych działań, a nie do działań twórczych. Membrana dzieląca świadomość i nieświadomość to zwykle elastyczny filtr umożliwiający komunikację pomiędzy różnymi obszarami naszej psychiki. Gdy funkcjonuje prawidłowo, człowiek jest pełen życia, ma bujną wyobraźnię, jego słowa wypływają z głębi różnych pokładów jego psychiki, jest zdolny do stymulujących dwuznaczności, do gry, a w aktywności erotycznej potrafi uwolnić większą część stłumionych wyobrażeń, co ułatwia wyzwolenie tłumionych wyobrażeń także jego partnerowi seksualnemu. U Margit ta membrana była dziurawa jak rzeszoto.

Mélani: A jeśli chodzi o ten pierwszy typ, typ człowieka bezbarwnego, czy musimy zakładać, że ktoś taki jest skazany na erotyczne niepowodzenia?

M.A.: Zdarza się, że ten pospolity, chłodny i pozbawiony fantazji osobnik szaleje za określonym typem kobiet. Zachęcone przez niego, sypiają z mężczyzną zimnym, mężczyzną z kamienia. Mamy spory wybór modeli bezbarwnych. Ale choć generalnie uważamy, że człowiek silny, piękny, bystry, o bujnej wyobraźni i naturalnie bogaty albo sławny jest najbardziej pożądanym kochankiem – nie zapominaj, jakimi afrodyzjakami są pieniądze i władza – niektóre kobiety wybierają słabych i nieudaczników. Zdarza się, choć naturalnie rzadko, że wolą najgorszego i najsłabszego, miernotę, eunucha. Z czym biorą ślub? Dokładnie z tym, czego nie ma „ten drugi". Co tu dużo mówić, każdy z nas poślubia swoją nerwicę. Może wychodząc za wyblakłą i marną namiastkę ojca, zostawiają w psychice wolne miejsce dla triumfującego ojca-kochanka – albo ogólniej: kochanka idealnego – co sprawia, że czują się wewnętrznie wyzwolone. Mężczyźni poślubiają czasem namiastkę matki. Mężczyźni częściej wybierają na małżonkę kobietę słabą i cichą, bo to daje im większe poczucie bezpieczeństwa. Ale dlaczego postępują w ten sposób kobiety?

Mélani: Ciekawe spostrzeżenie. Wszyscy przecież wiemy, jaką rolę odgrywają słowa w życiu erotycznym. Mowa jest wszystkim.

M.A.: „Zwiodło ją słowo" – powie Gorgiasz. I rzeczywiście, słowa kuszą, rozbudzają fantazję, są jednak ludzie, którzy wyzwalają się dopiero w całkowitej ciszy. Cisza potrafi być gadatliwa lub niema. Mam bliskiego przyjaciela, kolegę z politechniki, inżyniera chemika, który swoją małomównością i monotonią zachowań doprowadza pewien rodzaj kobiet do erotycznego szaleństwa – w ich wyobraźni staje się on zagadkowym uwodzicielem.

Mélani: Wróćmy do naszego tematu. Czy możemy połączyć twój sen z młodzieńczym niepokojem, który wywoływała u ciebie Mania? „Wejść w kobietę, która wchodzi w moje myśli". Czy nie to stało się przyczynkiem do naszej dyskusji?

M.A.: „Wejść czy nie wejść" w odniesieniu do Mélani? Niekoniecznie w sensie seksualnym. Mogę wejść do twojego biura, gdzie będzie na mnie czekała twoja sekretarka, wniknąć w twoje osobiste albo zawodowe tajemnice... Wrażenia z naszych dyskusji zaczynają, jak widzisz, wnikać i w moje sny.

Mélani: Wejdź lepiej w Magdalenę... Ale spróbujmy jeszcze z Weinbergerem. Jakie inne skojarzenia ci się nasuwają?

M.A.: *Wein*, wino i *berger*, befsztyk, czyli uczta, zabawa. Może to jest metafora seksualna. „Dobrze się z nią zabawisz". Może myślałem w tym śnie, że spotkanie ze studentką powinno zostać poprzedzone jedzeniem i piciem, by się rozluźniła. *Berger*, *berger*... przypomina mi się także psychiatra Berger, który badał elektryczną aktywność mózgu, odkrył fale mózgowe i otworzył nowe horyzonty przed badaniami snu i marzeń sennych. Facet popełnił samobójstwo. Zajmowałem się nim, próbując uporać się z ułudami Margit. Może miewała kryzysy narkoleptyczne...

Mélani: Czyli zapadała niespodziewanie, w ciągu dnia, w niekontrolowany sen, doznając przy tym zwiotczenia mięśni?

M.A.: Tak. Chciałem upewnić się, czy miewała ułudy senne, wiesz, te pełne szczegółów sny, całe opowieści, które mylimy z ostatnimi obrazami i pragnieniami występującymi przed zapadnięciem w narkoleptyczny sen. Wydaje się, że przypadek Margit nie powinien być zaliczony do tej kategorii. Chyba że miewała narkoleptyczne kryzysy podczas porannego onanizowania, w fazie przebudzenia.

Mélani: Inne hipotezy związane z „wchodzeniem do środka" jako źródła niepokoju?

M.A.: „Wejść w kobietę", lęk przed kastracją. „Wejść do pierwszej ligi piłkarskiej". „Dostać się na politechnikę". „Dostać się do więzienia". „Jestem w poczekalni prowadzącego śledztwo i czekam, aż wejdę do środka". „Wejść do polityki".

Mélani: Z okresu wczesnego dzieciństwa?

M.A.: Nie pamiętam. Wspomnienia żyją we mnie własnym życiem, ale jak opisać słowami sytuacje poprzedzające znajomość mowy, czysto przedwerbalne? Niemowlę w fazie oralnej chce wziąć w siebie sutek matki, kanibalistycznie zjednoczyć go ze swoim ciałem, traktuje go jak łup i chce go opróżnić. Jednocześnie niemowlę ogarnia lęk, że zniszczy obiekt swego pożądania. „Bierze go w siebie", ale też „wchodzi do środka", bo pierś, którą uważa za część siebie, „wchodzi" do jego ust. Mówimy o najpierwotniejszych lękach. Naturalnie później niepokoje te przeistoczą się w znane nam niepokoje wynikające z kompleksu Edypa, nie wiem jednak, jak i w jakiej mierze łączą się z tym konkretnym snem.

Mélani: To, że kojarzysz srogiego amerykańskiego ministra z *wine* i *berger*, oznacza, że czynisz go dobrym i ciepłym, czynisz go mamką. A zatem nic nie zagraża ani twojemu bratu podczas operacji, ani tobie podczas spotkania z dziewicą. Twoja obsesja dotycząca innej Ameryki – nie złej, nie imperialistycznej – daje ci symboliczne narzędzia, żebyś przypisał swojej nieświadomości dobrą kobietę, nie tę, która odziera cię z mocy twórczej, nie czarownicę, kanibalistyczną matkę, ale dobrą.

M.A.: Czyli powracam do dziecięcego przeciwstawiania dobrego, wyidealizowanego wizerunku matki, złemu, niebezpiecznemu. Do rozróżnienia dokonywanego przez niemowlę w fazie oralnej w pierwszym półroczu życia: pierś dobra, sycąca, miękka, ciepła – pierś zła i odpychająca. Taki jest pierwotny mechanizm obronny przed lękiem unicestwienia.

Mélani: W życiu niedojrzałego osobnika te pierwotne formy funkcjonowania psychiki przejawiają się w postawach typu: „albo kocham, albo nienawidzę", „albo święta, albo dziwka". Tu także mamy do czynienia z dwubiegunowością, którą w odniesieniu do kobiet w mitach i poezji wcześniej komentowałeś. Nie są to zatem czysto poetyckie konstrukcje; opierają się one na skłonności do przeciwstawień w niemowlęcej, pierwotnej organizacji naszej psychiki.

M.A.: Dlatego poezja nas zadowala, choć żadna kobieta nie jest „albo taka", „albo taka". Czy to jednak nie neuroza, że poeta nieświadomie ucieka się do pierwotnych mechanizmów obronnych? Jesteśmy więc, Mélani, bardzo blisko poglądów pewnej naszej wspólnej znajomej.

Mélani: Nie wiem, co masz na myśli, ale nie powinnam komentować twoich przypuszczeń.

M.A.: Rozróżnienie pomiędzy dobrym, wyidealizowanym a złym obiektem w wewnętrznym świecie niemowlęcia, choć potrzebne do jego wzrostu i rozwoju mechanizmów obronnych, może ewoluować w stronę patologicznego rozłamu jego osobowości.

Mélani: Przebieg tej dyskusji pokazuje, że masz uprzedzenie do wyidealizowanych obrazów kobiety.

M.A.: Skrajna idealizacja blokuje życie seksualne kobiety. Naszą miłością, naszymi gestami i słowami, umiejętnym zajmowaniem się jej ciałem powinniśmy sprawić, by kobieta czuła się pożądana i pociągająca, powinniśmy utwierdzać ją w jej narcystycznej pewności siebie. Dowartościowanie narcyzmu, wymagające od nas odrobiny bajania i idealizowania, jest niezbędne dla jej erotycznego szczęścia – przygotowuje i wspomaga wyzwolenie jej seksualności. Niedobrze jest jednak, gdy nasze uwielbienie unieruchomi ją w narcyzmie pozbawionym seksu, gdy wyidealizowana miłość sprawia, że kobieta uznaje współżycie fizyczne za coś taniego i marnego, gdy główny nacisk kładziony jest na aseksualny aspekt miłości. Nie tylko dewotki, ale i kobiety pawie, modelki, aktorki bywają zablokowane erotycznie, sparaliżowane przez narcyzm. Zajęte własną urodą gubią drogę do satysfakcjonującego seksu. Wprawny kochanek wprzęgnie jednak narcyzm kobiety w służbę jej seksualności.

Mélani: Czyli narcyzm jako afrodyzjak...

M.A.: Ale nie według ogólnie przyjętego schematu. Wiemy, jak pobudzająco działa na nas to, gdy ktoś delikatnie jątrzy dawne rany, narcystyczny uraz, by podtrzymać nie tylko swoją obecność, ale i swoją nieobecność w twoim życiu. Jeśli dzieje się to w ramach miłości, to wszystko w porządku... Jeśli jednak funkcjonuje w obojętności, w pogardzie i upokorzeniu, wtedy daje ci zadowolenie o charakterze masochistycznym.

Mélani: Mimo to poeci cię denerwują...

M.A.: Wcale nie! Denerwuje mnie skrajne idealizowanie – poetyckie, religijne, ideologiczne, erotyczne – które sprawia, że człowiek traci wiarę we własne możliwości, nie poddaje się własnym popędom, idzie ślepo za idealnymi wzorcami i oczekuje od nich zbawienia.

Mélani: Chyba wyczerpaliśmy temat twojego snu. Nie masz żadnych innych swobodnych skojarzeń?

M.A.: Mam, ale kiedyś trzeba skończyć te zwierzenia. Są pewne odniesienia do sytuacji rodzinnej Mani i studentki, ale nie wypada mi o tym mówić publicznie. Upewniliśmy się jednak, jak sądzę, że ten konkretny sen to zamaskowane urzeczywistnienie pragnień, zgodnie z interpretacją marzeń sennych Freuda.

Mélani: Tylko ten konkretny?

M.A.: Nie powinniśmy przyjmować jednego modelu marzeń sennych jako zamaskowanego spełnienia pragnień ani szukać jednego ich wyjaśnienia czy też traktować marzeń sennych jak strażnika snu – takie są moje podstawowe zastrzeżenia wobec interpretacji Freuda. Marzenie senne jak i mit zawierają wiele kodów. Daleko nam jeszcze do zrozumienia psychicznego, a zwłaszcza neurobiologicznego, elektrofizjologicznego, energetycznego i biochemicznego funkcjonowania naszego organizmu podczas snu.

Mélani: Sceptycyzm wobec postępu nauki, jeśli o tę dziedzinę chodzi, czy tak?

M.A.: Poświęciłem niejedne wakacje – może niesłusznie – by się czegoś dowiedzieć. Wiemy obecnie o wiele więcej niż Freud: o fazach snu, o fazie paradoksalnej, podczas której występują marzenia senne, o czasie trwania i okresowości marzeń sennych w zależności od metabolizmu i wielkości naszego mózgu, o programie genetycznym, w pewnym stopniu także o funkcjonowaniu psychiki i samym śnie, termoregulacji i neuroprzekaźnikach snu, o zużyciu glukozy podczas fazy paradoksalnej i tak dalej, i tak dalej... Przeprowadzono mnóstwo doświadczeń na kotach, żeby zobaczyć obraz bioprądów mózgu w czasie fazy marzeń sennych.... ale nadal nic nie wiemy ani o przyczynach, ani o funkcjonowaniu marzeń sennych. Zastanawiamy się, dlaczego nagle, po około dziewięćdziesięciu minutach od zaśnięcia, cztery do pięciu razy podczas snu, w sumie przez około sto minut, mózg zaczyna uwalniać nieświadome wyobrażenia, następuje obniżenie napięcia mięśniowego i mamy wzwód prącia także podczas aseksualnych marzeń sennych. Dlatego chowamy ogon pod siebie i powracamy do interpretacji Freuda, chociaż zdajemy sobie sprawę...

Mélani: Z czego?

M.A.: Że on robi to, co i my robiliśmy przed chwilą: fabularyzuje powiązanie między skojarzeniami i wspomnieniami, składa na nowo świat, który zniknął, który został wyparty. Coś bardzo podobnego robi powieściopisarz.

Mélani: A więc psychoanaliza to bajka.

M.A.: Bajka schizofreniczna. Rozczłonkowuje naszą psychikę na fikcyjne twory, takie jak świadomość i nieświadomość, id, ego, superego. Pewnie mi teraz powiesz: czy nie robi tego prawie każda nauka? Wypełnia luki, wiąże przedmiot swoich dociekań zarówno z fikcyjnymi hipotezami, jak i z naukową fantazją.

Mélani: Czy istnieje związek między powieścią i psychoanalizą?

M.A.: Prosty związek? Freud to genialny bajarz, pełną garścią czerpał z dzieł największych bajarzy wszystkich epok: Sofoklesa, Szekspira, Dostojewskiego – nie wiem, czy czytał Prousta, który jest mu bardzo bliski. Czyż Lacan, psychoanalityk, nie był przywiązany do Joyce'a, powieściopisarza, i nie uważał go za wzór umiejętnego łączenia rzeczywistości z symbolem i fantazją? Możemy nawet przyjąć, że nie istniałby Lacan psychoanalityk, taki jakiego znamy, gdyby jako młody chłopak nie znalazł się na pierwszej publicznej prezentacji *Ulissesa* prowadzonej przez samego Jamesa Joyce'a w pewnej znanej księgarni.

Mélani: Powieść i kobieta, o tym już mówiliśmy. A co się dzieje z kobietą w psychoanalizie? Wiemy na razie, że najpierw próbowałeś z Kazantzakisem i doznałeś rozczarowania, potem z Freudem – to samo, a gdy byłeś zmuszony zwrócić się znowu do poezji i powieści, rozczarowanie było jeszcze większe. A więc? Ponownie Freud?

M.A.: Nie. Chciałem czegoś nowszego i wreszcie nieżydowskiego! Przez większą część mojego intelektualnego życia obcowałem z wielkimi Żydami, naturalnie z centralnej Europy, niemieckojęzycznymi: Marksem, Freudem – cała psychoanaliza była żydowska – Kafką, Einsteinem, Wittgensteinem.

Mélani: Rzeczywiście. Jak sądzisz, dlaczego Żydzi zapoczątkowali psychoanalizę?

M.A.: Przecież to grzech pierworodny, bazowy mit ludzkości! Kompleks Edypa w wymiarze boskim, owoc zakazany, pełne winy pożądanie, Ojciec, wyidealizowany ojciec, poczucie winy wobec niego, instynkt życia i śmierci. Żyd musiał nieustannie szukać ukrytego znaczenia swego pożądania i umieścić się w polu pożądania Ojca. Ową tajemnicę pożądania, czyli to co wyparte, mógł wyrazić jedynie Żyd, i to ateista, człowiek zdystansowany, ktoś taki jak Freud.

Mélani: Aha! Stąd więc bierze się twoja idée fixe, żeby przespać się z Żydówką, co widać w *Utraconym bluesie*: Sara z Salonik. Do kogo zwróciłeś się po Freudzie?

M.A.: Do Lacana – tu dopiero było rozczarowanie. Kobieta nie istnieje, kobieta to imię nieobecności, nieobecności penisa.

Mélani: Fallusa?

M.A.: Chodzi o symbol. Nie tyle o sam penis, ile o penis i o ideę jego braku. Kobieta tkwi w obszarze symbolicznej kastracji, w rozumieniu Lacana jest niepełna, jest świadectwem kastracji.

Mélani: Czyli pełną parą za poczciwym Freudem?

M.A.: Nie jestem taki dobry w wiedzy książkowej na te tematy. Czerpię głównie z rzeczywistych przeżyć, swoich i cudzych, z żywych kobiet. Nie udaję oświeconego, jestem konsumentem teorii. Jednak doznaje się prawdziwego rozczarowania, gdy się okazuje, że rewolucjonista myśli, ktoś taki jak Freud, kto do tej pory przynajmniej zajrzał w ludzką duszę najgłębiej ze wszystkich, kto zburzył wszystkie stereotypy dotyczące ludzkiej psychiki, także czuł niepewność, lęk przed tajemnicą kobiecości i ochoczo przyjął wiele z męskich uprzedzeń oraz bajek o kobiecie.

Mélani: Dotyczących zwłaszcza kobiecej seksualności?

M.A.: W sprawie kobiecej seksualności ponosi kompletne fiasko! Czuje, rzecz jasna, że kobieca seksualność nie jest odpowiednikiem męskiej, ale nie potrafi pojąć strukturalnych różnic i „podobieństw" w seksualności obu płci. Dlatego nie tylko Freud, ale i cała historyczna psychoanaliza postrzegała seksualność kobiety jako dodatek do seksualności męskiej, a kobietę jako „niepełnowartościowego mężczyznę".

Mélani: Niepełnowartościowego w jakim stopniu?

M.A.: Mówimy o „wrodzonej niepełnowartościowości", wyobraź sobie! „Życie seksualne małej dziewczynki w zasadzie przybiera męską formę". „Łechtaczka jest odpowiednikiem narządu męskiego". To słowa Freuda!

Mélani: A ty nie widzisz w dziewczynce niczego męskiego?

M.A.: Nie. Dziewczynka od samego początku jest kobieca w przeciwieństwie do tego, co myślał Freud. Od samego początku jest instynktownie świadoma waginy, a nie dopiero w wieku młodzieńczym. Łechtaczka jest częścią kompletnego żeńskiego narządu. Fantazje wywoływane przez stymulację łechtaczki są kobiece także wtedy, gdy obejmują wyimaginowane pragnienie penetracji, „wejścia", wynikające głównie z okresu przededypalnego, okresu pragnień dotyczących wniknięcia w ciało matki.

Mélani: A więc kobieta jest kastratką.

M.A.: Chłopiec, powiada Freud, z przerażeniem patrzy na dziewczynkę, której brakuje penisa. Ta odraza i pogarda towarzyszy mu przez całe życie, wiodąc go, w skrajnych przypadkach, ku homoseksualizmowi. Także onanizm uważa Freud za praktykę czysto męską – dochodzi przy tym do wniosku, że dziewczynka przestaje się onanizować, gdyż jej łechtaczka ją zawodzi. To irytujące, bo przecież wiemy, że onanizm łechtaczkowy stymuluje waginę, jest częścią erotycznego życia kobiety.

Mélani: Ale zawiść z powodu penisa jest obecna w życiu dziewczynki.

M.A.: Rzeczywiście, Freud powiada, że w charakterze kobiety leży zawiść i zazdrość o penisa, co wywołuje głęboki narcystyczny uraz. Ta zazdrość to literacki wymysł, wyciągnięty na siłę z greckiej tragedii i żydowskiej mitologii. Nie chodzi bowiem o zazdrość, lecz o pożyteczny, całkowicie fizjologiczny mechanizm tłumienia pragnień związanych z penisem ojca, mechanizm, który przyczynia się do wyidealizowania ojca i do zastępowania go innymi mężczyznami. Jest to jedyna droga kobiety do penisa, inaczej zgubiłaby szlak wiodący ku drugiej płci.

Mélani: A zatem pragnienie penisa występuje u dziewczynki bardzo wcześnie?

M.A.: Po okresie oralnego zjednoczenia z piersią – bo to jest najpierwotniejszy wzór zbliżenia fizycznego – następuje przeniesienie z piersi matki na penis ojca, ciągle oralnie, i mamy do czynienia z fantazjami brania do ust penisa, które towarzyszą jej przez całe życie. Naturalnie Freud się z tym nie zgadza. Przypisuje dziewczynce dłuższe przywiązanie do matki, żądzę posiadania członka, by posiąść matkę i zrobić jej dziecko. Dopiero później dziewczynka, rozczarowana swoją niemocą w tym względzie, przechodzi w wynikające z kompleksu Edypa pragnienie ojcowskiego członka.

Mélani: Czy zgadzasz się z freudowskim pojmowaniem dwupłciowości?

M.A.: Nie całkiem freudowskim. Przed stu laty, w sierpniu tysiąc osiemset dziewięćdziesiątego dziewiątego roku, Freud pisał do serdecznego przyjaciela Fliessa: „Dwupłciowość! W tej sprawie masz oczywiście rację. I ja powoli zaczynam traktować każde zbliżenie seksualne jako zdarzenie, w którym biorą udział cztery osoby". Ale od samego początku pojęcie dwupłciowości było niejednoznaczne. Inaczej rozumiał je Freud, inaczej Fliess – Fliess ujawnił później schizofreniczną homoseksualną skłonność do Freuda, co wprowadziło tego ostatniego w stan istnej paniki. Dwupłciowość to passe-partout, wytrych, wszystko i nic, kolejne pustosłowie potrzebne do wypełnienia luk w psychoanalizie i w nas samych. Jeśli jednak sławny psychoanalityk mówi: „W mężczyźnie jest kobieta, a w kobiecie mężczyzna", to jest to uproszczenie, właściwie paraliteracka psychologia kolorowych magazynów. Ta męskość, którą masz w sobie, Mélani, nie oznacza mężczyzny. Ani naturalnie moja kobiecość nie oznacza kobiety.

Mélani: Dwupłciowość jest bardziej widoczna u kobiet?

M.A.: I znowu elastyczność pojęcia „dwupłciowość". Rzeczywiście, mamy odczucie, że droga do kobiecego homoseksualizmu jest łatwiejsza i prostsza. Ponadto częstsze są fantazje homoseksualne w życiu erotycznym heteroseksualnej kobiety, zarówno jeśli chodzi o onanizm, jak i stosunek płciowy. U heteroseksualnych mężczyzn zdarza się to znacznie rzadziej. Wyparcie jest u nich o wiele silniejsze. Dlaczego? Jeśli powiemy za Freudem, że „dwupłciowość u kobiet zaznacza się silniej", to będzie to tautologia, nie wyjaśniająca kobiecego homoseksualizmu.

Mélani: W *Zagadce Safony**, zgadzasz się z koncepcją, że dziewczynka może zgubić drogę prowadzącą do odmiennej płci, gdy stworzy w swej nieświadomości odpychający, wyimaginowany obraz ojca, który następnie przeniesie na wszystkich innych mężczyzn. W konsekwencji przywiązuje się do matki, idealizuje ją, a w przyszłości zastępuje innymi kobietami.

M.A.: Taki mechanizm może, ale nie musi zostać uruchomiony. Mamy zapewne więcej dostępnych danych, byśmy zrozumieli predyspozycje do homoseksualizmu kobiecego rozwijające się jeszcze przed fazą edypalną. Pierwsze cztery lata życia mają istotne znaczenie dla naszej późniejszej aktywności seksualnej, ale – na Boga! – nie możemy przecież ograniczyć wszystkiego do tego jednego okresu i do jednego schematu wyjaśnień. Teoria i tu jest doktrynalną pułapką i może okazać się niebezpieczna, gdy psychoanalityk skupia uwagę na ogólnych schematach, a nie na konkretnej potrzebie konkretnej osoby.

Mélani: Wniosek.

M.A.: Kobiecie niczego nie brakuje. Ciało kobiety, które jest kochane przez nas i przez nią samą, staje się wielkim członkiem. Całe jest strefą erogenną. Kobiece narządy płciowe są jak najbardziej kompletne. Orgazm kobiecy jest bogatszy od naszego. Fantazje kobiety są powieścią, wystarczy,

---

* Tekst z książki Androulakisa *Sosijas kie i démones tu pathus* (*Dubler i demony namiętności*) z 1995 (przyp. tłum.).

by je oswobodziła, by pokonała zahamowania, a zwłaszcza poczucie winy. Kobiety i mężczyźni powinni wybierać się nawzajem zgodnie z nieświadomymi pragnieniami i realizować te pragnienia w erotycznej grze zamiast tłumić je w sobie za cenę nerwic.

Mélani: A Freud?

M.A.: Przełóż jego własne lęki – i naturalnie lęki androkratycznej kultury przed kobiecą seksualnością – na fallocentryczną hipotezę. Prawdopodobnie odegrały tu też pewną rolę jego stłumione, uśpione skłonności homoseksualne. W psychoanalizie, podobnie jak w powieści, życie ma wpływ na dzieło. Losy badacza oddziałują na jego teorie. W przypadku psychoanalizy wpływ ten jest szczególnie silny.

Mélani: Powiedziałabym, że wręcz przeciwnie. Mówimy przecież o nauce, nie o powieści. Pojęcia psychoanalizy są chłodne i obiektywne.

M.A.: Kto zostaje psychoanalitykiem? Prawdopodobnie ten, kto szuka źródeł własnej nerwicy albo rozwiązania swoich schizofrenicznych problemów. Taki ktoś pragnie się dowiedzieć, więc psychoanaliza nieodparcie go pociąga. Psychoanalityk wszakże nie obcuje z wyimaginowanymi postaciami, jak powieściopisarz, ale z chorymi, i nie wolno mu czerpać własnych neurotycznych i schizofrenicznych przyjemności ich kosztem.

Mélani: W psychoanalizie jednak wyróżniły się kobiety, które wyszły daleko poza męskie uprzedzenia.

M.A.: Skąd to wiesz? Są takie same albo i gorsze – przyjęły za swoje, z małymi wyjątkami, wszystkie schematy męskiej psychoanalizy, odnoszące się do kobiecej seksualności. „Staję się taka, jakiej on pragnie" króluje niepodzielnie na kobiecym dworze Freuda, Junga, a potem Lacana. Na wpół zakochane w nauczycielach, na wpół córki, na wpół kochanki! Były pogrążone w zazdrosnej rywalizacji między sobą, w przerażającym pragnieniu akceptacji i legitymizacji przez guru, w klikowości nie mniejszej niż w Międzynarodówce Komunistycznej, w stałej czujności, by nie dać się wykluczyć albo nie popaść w herezję. A jednak, w tym samym czasie i w tych samych kręgach poczyniono rewolucyjne kroki na drodze rozwoju myśli ludzkiej dwudziestego wieku.

Mélani: Poza córką Freuda, Anną, znam Marię Bonaparte – żonę greckiego księcia, Jerzego.

M.A.: Była pacjentką Freuda, a potem jego wierną uczennicą. Wspierała go na wszystkie sposoby. Dzięki niej Freudowi udało się uciec przed nazistami do Londynu, a jego archiwum przemycono pocztą dyplomatyczną ambasady Grecji w Wiedniu. Rzeczywiście wspaniała kobieta, choć księżna, ale cóż – wypowiedziała wojnę własnej łechtaczce! Doszło do tego, że chciała się poddać operacji, by uporać się ze swymi problemami seksualnymi.

Mélani: Dlaczego była taka zawzięta na tę swoją łechtaczkę?

M.A.: Uważała ją za okaleczony męski organ, nieużyteczny, skazany na zniknięcie, jak grasica czy coś w tym rodzaju. Dziewczynka powinna opłakiwać swoją łechtaczkę, radzi Maria Bonaparte. Łechtaczka jest odpowiedzialna za kompleks męskości, który objawia się u dziewczynek od samego początku, i za waginalną oziębłość kobiet czerpiących rozkosz z łechtaczki! Wyobraź sobie, jaki ubaw miały ateńskie arystokratki, które poddawały się psychoanalizie u Marii Bonaparte albo słuchały jej wykładów! Inna kobieta, Groot *, uznaje prawdziwość zależności: aktywność to mężczyzna, bierność to kobieta. Różnica między kobietą a mężczyzną

* Jeanne Lampl de Groot (przyp. tłum.).

zasadza się, jej zdaniem, na przeciwieństwie aktywny–bierny; mężczyzna kocha, a kobieta pozwala się kochać!

Mélani: Musisz jednak przyznać, że kobieta ma większą skłonność do bierności.

M.A.: Weźmy pod uwagę, w jakim stopniu bierność ta zależy od historycznych, społecznych, kulturowych i moralnych cech androkratycznej cywilizacji – a zatem może podlegać zmianom – a w jakim stopniu są to trwalsze, biologiczne i anatomiczne uwarunkowania, których zmienić się nie da.

Mélani: Istnieją takie biologiczne różnice między płciami?

M.A.: Tak. Ja podczas każdego wytrysku uwalniam sto milionów plemników, a ty dysponujesz jedynie czterystoma komórkami jajowymi, z których tylko dwadzieścia może rozwinąć się w zdrowe niemowlę. Rola mężczyzny kończy się w momencie zapłodnienia – facet kopuluje i znika, kobieta inwestuje o wiele więcej w dzieło rodzenia. Mężczyzna jest znacznie swobodniejszy. Kobieca bierność seksualna manifestuje się także poprzez biologię w patriarchalnych cywilizacjach. Gdybym spotkał kobietę z Dahomeju, to ona pozwoliłaby swej krótkiej spódniczce opaść, gdyby mnie pożądała. A zatem byłaby aktywna mimo swoich biologicznych uwarunkowań, bo jej społeczność nie interesuje się, kto jest ojcem, lecz kto jest matką. To społeczeństwo mitrylinearne.

Mélani: O Hélène Deutsch słyszałeś?

M.A.: A ty skąd o niej wiesz? Ja podziwiałem ją za jej życie. Polka-Żydówka, rewolucjonistka, była blisko z Różą Luksemburg, potem opuściła Marksa dla oczu Freuda, przy którym odkryła nową rewolucję i stanęła na czele ruchu psychoanalitycznego w Ameryce. Wierna wielbicielka inteligentnego socjalisty, swego ojca, zakochana w nim, szuka jego namiastek w o wiele starszych, żonatych mężczyznach, którzy kochają się w niej, ale nie rozbiją dla niej własnych rodzin. Wymarzona kobieta dla dojrzałych mężczyzn! Jak mogłem zapomnieć! Dokładnie to samo zboczenie – zakochiwała się wyłącznie w żonatych starszych panach, by przeżywać odrzucenie, to, które wynika z kompleksu Edypa. Miała wielką prekursorkę kobiecego pisarstwa, George Eliot, która jako Marian * zostaje odrzucona i napiętnowana przez społeczeństwo swojej epoki.

Mélani: Czy prace Hélène Deutsch nie przyczyniają się do rozwikłania zagadki kobiecej seksualności?

M.A.: Deutsch uczepiła się kobiecej oziębłości, moim zdaniem bez większego sukcesu. Choć feministka za główny wyznacznik kobiecości uznaje bliźniaczy związek masochizmu z narcyzmem. Według niej kobieta może odnieść jednocześnie sukces w działalności zawodowej i w macierzyństwie tylko wtedy, gdy potrafi wykorzystać alchemię masochizmu i narcyzmu. Oto, Mélani, dramat kobiety psychoanalityczki: „Bez właściwego człowiekowi pociągu do drugiej płci, który jest niszczący dla kobiety – pisze Deutsch – bez łechtaczki i męskich skłonności, jakże proste i łatwe byłoby dla niej osiągnięcie równowagi w życiu". „Bez... bez...". A więc bez tego wszystkiego, co daje kobiecej seksualności bogactwo i nieprzebrane możliwości, kobieta osiągnęłaby równowagę w życiu? Jeżeli rewolucjonistka i feministka, Hélène, głosi, że „łechtaczka odgrywa rolę hamulca, jest narządem zbędnym" i że „orgazm jest męski", to wszelkie moje nadzieje związane z kobiecą psychoanalizą upadają. Nie zostaje nic.

Mélani: Nic to może nie. Były dwie, trzy o wiele ważniejsze kobiety.

M.A.: Które? Anna, córka Freuda?

Mélani: ...

* Mary Anne Evans. Pisała pod pseudonimem George Eliot (przyp. tłum.).

M.A: Dolto. Niech będzie. Była wyjątkowa, cenię ją wysoko, ale główne zasługi położyła w psychoanalizie dziecięcej, a nie kobiecej. Dolto i jeszcze jedna, równie dobra... No mów, dlaczego nie wymieniasz jej nazwiska...? Zajmowały się głównie dziećmi i psychotykami, którzy w swoim szaleństwie wracają do schematów i urazów z okresu wieku dziecięcego. Dlaczego jednak te zasłużone psychoanalityczki pomijają temat „kobieta"? Dlaczego zajmują się nim na marginesie? Klucz do zagadki zwykłej kobiety trzyma w rączce niemowlę między narodzinami a pierwszym rokiem życia czy też może histeryczna, psychotyczna kobieta? Nie, to przecież uproszczenie. Ładny moment u Dolto znajdujemy w *Autoportrecie psychoanalityczki*, gdzie opisuje niewierność swego męża i podejmowane przez niego próby wzbudzenia w niej zazdrości. „Nie wystarczam mu, i nic w tym dziwnego. Jest w nim taka pełnia męskości, takie bogactwo, że jedna kobieta, jak ja, to dla niego za mało. Na szczęście istnieją inne! Zdolny jest uszczęśliwić wiele kobiet. A mnie niczego nie ubędzie, jeśli pokocha jeszcze jedną".

Mélani: Czy i ona miała taką możliwość? Czy mogła mu się odwzajemnić?

M.A.: Była zdecydowanie monogamiczna. Zanim go poślubiła, erotyczne przygody zdążyły ją zmęczyć, a nawet wprawić w zakłopotanie. „Coś złego działo się z mężczyznami, których znałam – chcieli popełniać samobójstwa! Kochaliśmy się, wszystko było dobrze, ale potem chcieli popełniać samobójstwa, bo nie wychodziłam za nich za mąż".

Mélani: Dowcipna psychoanalityczka, bardzo ładne.

M.A.: I rzadkie. Mélani, nadeszła godzina prawdy dla ciebie. Która kobieta zajmująca się psychoanalizą rzeczywiście otworzyła przed nami nowe horyzonty?

Mélani: ...

M.A.: Co od niej zapożyczyłaś?

Mélani: Już na samym początku postanowiłam nie reagować na twoje aluzje i przypuszczenia. I to mi dogadza.

M.A.: Zapożyczyłaś od niej imię...

Mélani: Nie. Imię mam po babci.

M.A.: Mélani nie jest greckim imieniem. Zapożyczyłaś od niej zawód i poglądy.

Mélani: I co jeszcze?

M.A.: Jej osobowość, jej psychikę?

Mélani: Utożsamiam się z Olią z *Utraconego bluesa*. Jestem do niej podobna prawie we wszystkim. Różnią nas jedynie okoliczności i wiek.

M.A.: We wszystkim? Także w jej dziwacznym erotyzmie?

Mélani: Tak. Takim, jaki opisałeś, owej letniej nocy.

M.A.: A zatem różnisz się od tamtej Melanie psychicznie.

Mélani: Jaka była tamta?

M.A.: Dobrze wiesz. W młodości była bardzo melancholijna. Potem jej życie wypełniło się żałobą, trudnymi do zniesienia stratami. Rodzeństwo umiera przedwcześnie, syn ginie podczas wspinaczki wysokogórskiej. Ty także miałaś bolesne doświadczenia. Niechciana ciąża będącą wynikiem gwałtu to głęboki wstrząs dla twojego narcyzmu, czyli żałoba, tak jak w jej przypadku.

Mélani: Przypomnij sobie Olię: przeistacza żałobę w macierzyństwo oraz w naukową i zawodową aktywność. Jej narcyzm zostaje silnie dowartościowany, ponieważ samotnie wychowuje syna.

M.A.: Wyobrażam sobie, że wypowiadasz słowo „syn" z dumą. Ma więc rację fallocentryczny Freud, gdy mówi: „Kobieta pozbywa się zazdrości o penisa tylko wtedy, gdy urodzi syna"! Czy zatem jedyny związek, który tworzy pełnię, to związek matki i syna, jak zakładał Freud? Tak czy owak, macie coś wspólnego z tamtą, od której zapożyczyłaś imię. Tamta poświęciła się psychoanalizie, będąc w żałobie, tak jak ty.

Moli: Powiedzcie, u licha, kim jest tamta! Denerwujecie mnie tymi waszymi gierkami i półsłówkami.

Mélani: Nareszcie, Moli. Co się z tobą działo?

Moli: Czekałam, aż do dyskusji włączy się Magdalena, ale już mi się znudziło. Poza tym okropnie boli mnie głowa. Czekam na nazwisko. Melanie... No!

M.A.: Powiedz, Mélani.

Mélani: Ty powiedz.

M.A.: Melanie Klein, do diabła!

Moli: A! Skąd ją wzięłaś, koleżanko? Czy i ona powiedziała coś nowego na interesujący nas temat?

M.A.: Freudyzm, podobnie jak judaizm, na centralnej pozycji stawia ojca. Ona zaś, choć żydowskiego pochodzenia, była katoliczką i przypisała matce pierwszorzędne znaczenie w konstrukcji psychicznej niemowlęcia. Miałem możliwość wnikliwego obserwowania rozwoju mojego syna i dostrzegłem, jeszcze zanim zacząłem czytać Melanie Klein, że formułował swobodne skojarzenia, tworzył sceny i sensowne opowiastki bardziej poprzez zabawę niż za pośrednictwem słów. Ponadto przekonałem się o dziecięcej wszechmocy, wielkim zaciekawieniu niemowlęcia tym, co nieznane, orientacją na przedmioty. Zauważyłem u tego małego dziecka psychiczne konflikty, pierwotne niepokoje i mechanizmy obronne, których nie potrafiłem wyjaśnić tezami Freuda o seksualizmie dziecięcym ani sprowadzić ich do kompleksu Edypa. Melanie Klein otwarła przede mną nową perspektywę i zacząłem rozumieć, że każde przeżycie niemowlęcia, takie jak ból, głód, personifikowane są w jego świecie wewnętrznym poprzez kształt wewnętrznego przedmiotu dobrego albo złego.

Moli: Nie rozumiem. Powiedz, czym różniła się od tego, co mówił Freud w temacie „kobieta"?

M.A.: Powiedziała, że dziecko płci żeńskiej przechodzi podczas fazy oralnej od piersi do penisa i tu tkwi sedno wczesnych konfliktów wywołujących kompleks Edypa, że od samego początku dziewczynka ma żeńskie popędy, że ma dwoisty stosunek do penisa, który umieszcza w świecie wewnętrznym jako dobry, i którego pożąda, oraz jako zły, który wywołuje lęk przed unicestwieniem. Wszystkie te pierwotne konflikty wpłyną na przyszły rozwój seksualności dziewczynki. Wybór towarzysza, poszukiwanie dobrego penisa i zadowolenie z seksu niwelują lęki i niepokoje kobiety, które pochodzą z pierwszych lat życia. W przeciwnym razie, jeśli uwewnętrzniła w fantazjach złego penisa, będzie czuła silny niepokój podczas zbliżeń seksualnych, co może prowadzić do oziębłości.

Moli: Co ty znowu opowiadasz? Że niby w czasie niemowlęctwa wzięłam w siebie dwa wyimaginowane fiuty, które pozostają w konflikcie? Jeśli dobry pokona złego, to będzie mi dobrze w łóżku? Dajże spokój! Dlaczego większość wykrzykuje „rżnij mnie!". Zły im się podoba. Dopiero jak się złemu uda, to jest dobry. Idealna krzywa wygląda tak: dobry → zły → bardzo zły → bardzo dobry. Mélani, wybacz, że obrażam twoje alter ego.

Mélani: Dobra, widzę, że już się od niego zaraziłaś.

M.A.: Melanie Klein mogła szeroko otworzyć okno, przez które lepiej byłoby widać kobiecą seksualność, ale skończyło się na tym, że tylko je uchyliła. Wątpię nawet, czy miała takie aspiracje, poruszając się w granicach, jakie wyznaczył mizoginizm psychoanalizy. Sama była w depresji, odczuwała ogromny niepokój wynikający z braku harmonii z nauczycielem. Była urażona, że nie uznaje oficjalnie jej zasług. Ale jak Freud mógł ją docenić, mając tak zazdrosną córkę? Skąd więc Melanie Klein miała czerpać odwagę, pójść dalej niż Freud, by zbadać nieznany ląd – kobietę?

Mélani: Mówisz tak, jakby utrapienia mogły odwrócić jej uwagę od kwestii „kobiecej". Nie dostrzegasz, że człowiekiem kierują dwa przeciwstawne popędy – miłości i śmierci.

M.A.: A! Instynkt śmierci! Poetycki wymysł, całkowicie niezbadane pojęcie, puste słowa, wypełniacz luk w wiedzy. Lęk przed śmiercią – tak, skłonność do samounicestwienia – tak, ale nie popęd śmierci równy i przeciwstawny popędowi życia! Skoro miłość otoczona jest takim nimbem śmierci, to z pewnością orgazm kobiecy jest zbędnym luksusem, podobnie jak badanie kobiecych światów. Ta żałobna inwencja Freuda wiąże się z pewną anegdotą: Rosjanka, Sabina, z zaburzeniami schizofrenicznymi, rozpoczęła kurację u Carla Junga. Później studiowała medycynę pod okiem Freuda i Junga i została psychoanalityczką. Zakochana w swoim pierwszym terapeucie, Jungu, namawiała go, by miał z nią dziecko. W końcu, w tym ibsenowskim trójkącie, nie Sabina rodziła, tylko Jung i Freud. Jung – metafizyczne koncepcje na temat cienia i duszy, a Freud na temat popędu śmierci wymyślonego przez na poły szaloną Sabinę.

Mélani: Szydzisz z popędu śmierci, bo się go boisz. W ten sposób go zaklinasz. Jednak zdajesz sobie sprawę, że tkwi w nim wielka siła.

Moli: A zatem także psychoanaliza ponosi – jak dotychczas – porażkę w temacie „kobieta". Chcę jednak, żebyśmy wrócili do literatury. Zastanawiałam się, czy schemat „staję się taka, jakiej on pragnie", który, twoim zdaniem, tkwi podskórnie w kobiecym pisarstwie, nie pochodzi z wyboru, nie jest po prostu idée fixe kobiet pisarek.

Mélani: Kobieta pragnie mężczyzny, któremu towarzyszy inna kobieta. Jaki jest pierwowzór tego trójkąta? Dziewczynka, która nieświadomie pożąda ojca, ale on jest z inną kobietą, z matką. Bada wnikliwie to pożądanie i próbuje w fantazjach zająć miejsce innej kobiety, zastąpić ją. Pierwotny model „staję się taka, jakiej on pragnie" to dziewczęcy kompleks Edypa, powiedzmy kompleks Elektry.

M.A.: Nasze dyskusje mogą bulwersować środowisko literackie, ale jedna ze współczesnych psychoanalityczek, feministka, a ostatnio także powieściopisarka, słynna Julia Kristeva, nie waha się powiedzieć: „Pisanie jest fallicznym uzupełnieniem, jeśli nie samym fallusem" oraz „W kobiecie pisarce ideał ego podtrzymywany jest przez kazirodczego ojca albo jego ekwiwalent".

Moli: Głowa mi pęka. To, co słyszę, jak ostrze przeszywa moją biedną głowę.

M.A.: Czy często miewasz bóle głowy?

Moli: Nie pamiętam, kiedy nie bolała mnie głowa albo brzuch. Tylko nie zaczynaj swojej psychoanalizy: winne są geny. Po matce mam bóle głowy, a po ojcu kolkę.

M.A.: Jakim typem człowieka była matka?

Moli: Czułym potworem. Owładnięta wewnętrznym przymusem zawsze i we wszystkim musiała mieć ostatnie słowo.

M.A.: Biedactwo, czyżbyś żyła w rodzinnym trójkącie histerii? Jego wierzchołek to histeryczna matka ze swoimi bólami głowy, która chce manipulować mężem, wpędzić go w poczucie winy swoją słabością i nieświadomie sprawić sobie przyjemność. Bóle głowy to forma seksualnego protestu, krzyk ranionego narcyzmu, wojna zaborcza i bolesny, nieświadomy orgazm. Ojciec przenosi na jelita rozbicie psychiczne i nieuświadomioną obronę przed potworem. Ty konkurujesz z matką w bólu głowy, uciekasz się do jej sztuczek, żeby mieć przestrzeń dla siebie, oczarować i zdobyć ojca. Utożsamiasz się z nim dzięki kolce, dzielisz z nim toaletę, w której jesteś zmuszona siedzieć godzinami. Uważaj teraz: twoje twarde jak kamień jelito to symboliczny ojcowski penis, uczucie wzdęcia podczas kolki to twoja pseudociąża, nieświadoma fantazja, że nosisz jego dziecko! Nie geny są odpowiedzialne za twoje bóle. Jestem pewien, że nie ma mowy o żadnym organicznym niedomaganiu, winne jest naśladowanie rodziców będące nieuświadomionym mechanizmem obronnym, co jednak, w miarę upływu czasu, przekształca się w dolegliwość somatyczną i szkodzi funkcjonowaniu twojego organizmu.

Mélani: Musisz wiedzieć, że takie otwarte, napastliwe wyjawienie nieświadomego mechanizmu może spowodować uraz. Sam zainteresowany powinien krok po kroku nazywać wszystko po imieniu. Z punktu widzenia psychoanalizy popełniłeś duży błąd.

Moli: Nie bój się, nie doznałam urazu, powiem mamie, żeby mu wysłała brytfannę szpinaku z ryżem.

Mélani: Rozumiem, że uważasz histerię za typowo kobiecą przypadłość.

M.A.: Psychoanaliza tak uważa, nie ja. Przez pewien czas obracałem się w świecie polityki i widziałem, jak funkcjonuje męska histeria, jak wnika do ogólnie przyjętych mechanizmów konkurencji, kariery, dominacji. W naszym fallokratycznym społeczeństwie męska histeria maskowana jest przez wiele dziedzin aktywności, dlatego uwidacznia się jedynie histeria kobieca.

Anonim: Mam na imię Mariza. Jestem z Salonik, moje „M" jest prawdziwe. Czy mogę się wtrącić? Już trzeci raz śledzę wasze poniedziałkowe dyskusje. Pracuję jako programistka w prywatnej klinice. Jedna z przyjaciółek namówiła mnie, żebym weszła na ten adres, gdzie podobno w kanale „M" kobiety wymieniają doświadczenia i poglądy.

M.A.: No i proszę, jaki pomysł: kobiecy kanał „M" w Internecie. Grupa założycielska już jest: Mélani, Moli, Blanche, Magdalena, Mariza... Ja się wycofuję.

Mariza: Chciałam zapytać, dlaczego nie zwrócicie się do kobiet, żeby z pierwszej ręki usłyszeć, czego one chcą, zamiast teoretyzować uczenie o mizoginizmie albo o szaleńcach, którzy, między nami mówiąc, mają nas gdzieś?

Moli: Dobra, tobie podeślemy Derridę.

Mariza: Jak tak dalej pójdzie, to gotowiście powierzyć problem kobiecy Weltsosowi *.

Moli: Droga Tesaloniczanko, ten zafunduje ci taki seks, że zobaczysz gwiazdy.

Mariza: Niech przemówią kobiety, a nie teorie. Nie zawaham się być pierwsza.

Mélani: Chwileczkę! „Pierwsza ręka" nie zawsze jest dla nas rękojmią. Często się zdarza, że mówimy jedno, a chcemy drugiego. Język jest pełen ułudy i zafałszowań. Nie mówimy tego, co mówimy.

Mariza: Czyli ja nie wiem, czego chcę, a Freud wie i dlatego pyta: Czego one właściwie chcą? Zaczynam moją spowiedź: Od roku jestem mężatką, od dwóch lat jesteśmy razem, nie mamy dzieci. Mój mąż jest trenerem znanego w Salonikach klubu młodzików koszykówki. Przystojny, silny, szanowany w naszej społeczności, lewicowe poglądy, zwolennik równouprawnienia kobiet, bardzo opiekuńczy wobec mnie. Jest między nami wzajemna fascynacja i miłość, czyli wszystko, co potrzebne do szczęścia, a jednak... Zdarzają mu się ataki bardzo gwałtownego zachowania – rzecz jasna rzadko – w ciągu tych dwóch lat trzykrotnie, ale podczas ostatniego zajścia wpadłam w panikę. Wróciłam trochę później do domu. Nie zdążyłam nawet otworzyć ust, żeby cokolwiek powiedzieć, gdy zobaczyłam w jego oczach rozpacz i nienawiść. Łapie mnie za włosy, ciągnie do toalety i wypycha na zewnątrz przez wąskie okienko – połową ciała

* Weltsos Jergos, socjolog grecki (przyp. tłum.).

wisiałam nad przepaścią studni podwórza. Potem ściąga mnie z powrotem i zostawia oniemiałą. Byłam sparaliżowana strachem, nie mogłam nawet wołać o pomoc. A on jak gdyby nigdy nic. Nie wspomina o tym zajściu ani słowem, tylko próbuje nadać naszemu życiu normalny rytm.

Moli: Uważaj, to może być paranoidalna zazdrość kamuflującej się cioty. W *Dublerze* czytałam o osobniku, który wolał okazać się szalonym zazdrośnikiem niż gejem. „To nie ja gustuję w mężczyznach, to ona w nich gustuje". Nie mówiąc już o tym, że jeśli jest amatorem piękna, a w dodatku jest dobrze umięśniony i pracuje z chłopcami, to nie można wykluczyć tłumienia skłonności homoseksualnych, co objawia się napadami agresji. W gwałtownym zachowaniu twojego męża dopatrywałabym się lęku przed waginą.

M.A.: Jest pitbullem czy kobrą?

Mariza: To znaczy?

M.A.: Pitbull to fajny facet, póki się nie zakocha. Gdy się zakocha, uzależni uczuciowo i zaczyna odczuwać przerażający lęk przed opuszczeniem, wyzwala się w nim bestialstwo.

Mariza: To by się zgadzało.

M.A.: Tak, ale powiedziałaś, że wybucha „nagle". Pitbull planuje, śledzi każdy ruch kobiety, „powarkuje", póki nie straci nad sobą kontroli i nie kłapnie szczęką.

Mariza: Mój mąż mnie nie ostrzega, wszystko toczy się normalnie.

M.A.: Typ kobry jest typem zimnym, atakuje znienacka. Spokojny, wyrachowany, wolny od uczuciowych uniesień. Niełatwo traci kontrolę nad sytuacją, ale gdy jego wszechmoc zostanie przez kobietę zakwestionowana, uderza bez uprzedzenia, co najwyżej znajdziesz martwego własnego psa albo kota. Uderza i uspokaja się. Policja albo sąsiedzi – jeśli się zjawią – widzą trzeźwego, poważnego, w pełni panującego nad sobą mężczyznę i rozhisteryzowaną, wrzeszczącą kobietę – wszystko spada na nią. W Ameryce przeprowadzono badania, które wykazały, że u mężczyzn typu pitbull wszystkie wskaźniki (rytm serca, ciśnienie krwi, odruchy neurologiczne, szerokość źrenic) są podwyższone, podczas gdy u kobr wszystkie są niewiarygodnie niskie.

Mariza: Nie, nie jest aż tak zimny. Znajduje się pośrodku.

Moli: Dlaczego się z nim nie rozejdziesz? Liczysz, że coś się zmieni? Zabije cię. Dzieci nie masz, zagrożenia ekonomicznego także nie, bo pracujesz. A więc? Zawiadomiłaś przynajmniej wasze rodziny, bliskich, przyjaciół?

Mariza: Nie.

Moli: Brawo, dowiemy się o twojej śmierci z telewizji.

Mélani: Twój mąż jest typem schizofrenicznym, ma skłonność do zastępowania dobrego podmiotu, który kocha, podmiotem dla siebie niebezpiecznym. Wtedy czuje się zagrożony, boi się unicestwienia, stara się więc go zniszczyć. Dlaczego Mariza go nie oskarża? To typowa reakcja. Często jest tak, że ofiary przemocy na tle seksualnym lub innym – kobiety i dzieci – nie są skłonne do ujawniania swoich dramatów. Sprawiają wrażenie, że mają poczucie winy i wyrzuty sumienia, zwłaszcza gdy akty przemocy zdarzają się w szeroko rozumianej rodzinie.

Moli: Chcesz przez to powiedzieć, że Mariza lubi obrywać lanie, że czerpie z tego masochistyczną przyjemność?

Mélani: Dziecko czuje, że jest zdane na łaskę dorosłych. Dlatego tworzy sobie następującą linię obrony moralnej: Świat dorosłych nie jest zły. Ja jestem złe, nic niewarte. Złe dorosłych uwewnętrznia jako swoje własne i czuje wyrzuty sumienia oraz wstyd, czuje się winne. To samo może zachodzić w przypadku kobiet ofiar. Nie jest zły ojciec, brat, wujek, małżonek, że stosuje wobec mnie przemoc. To ja jestem zła.

Moli: Dobrze robisz, Mélani, że rozwijasz temat, ale

myślę, że w przypadku Marizy sprawa jest prosta: albo się z nim rozejdzie, albo nieświadomie gustuje w gwałcie. Może wybrałaś go, Marizo, właśnie dlatego, choć nawet o tym nie wiedziałaś.

M.A.: Powiem tak: Mariza musi to wszystko sama przemyśleć. Czy kobieta ofiara jest zawsze niewinna? Może nieświadomie kusi, a nawet spośród wielu wybiera tyrana. Może czuje się nieznośnie winna i nieświadomie szuka kary, która złagodzi ból i wyrzuty sumienia. To moralny masochizm, gdy kobieta oddycha z ulgą, doznając przemocy. Przypomnijcie sobie Lizę w *Braciach Karamazow*: „Chcę poślubić takiego, który będzie mnie tyranizował i dręczył, który mnie opuści". A zatem taka osoba osiąga spójność poprzez ból i poniżenie. Istnieje też masochizm seksualny, gdy ból jest środkiem do osiągnięcia rozkoszy. W takich przypadkach często występuje sadystyczna skłonność danej osoby wobec własnego ego, wewnętrzna napastliwość wobec siebie, z której są dwa wyjścia: albo tyranizuję samego siebie, albo zlecam wykonanie tego dzieła komu innemu. Sadyzm zamienia się w masochizm. Błagam o cudzą agresję.

Moli: Dobra, Mariza, nie obwiniamy cię o to, że obrywasz od męża, to byłoby podejście na wskroś fallokratyczne. Wiem jedno: agresja to głównie męski sport.

Mélani: A cierpienie to sport kobiecy?

M.A.: Masochizm jest kobiecą specjalnością, twierdzi Freud. Normy współżycia społecznego zmuszają kobietę do bardzo silnego tłumienia agresywnych instynktów.

Anonim: Nie zgadzam się z tym ostatnim stwierdzeniem. Mam na imię Meri, jestem filolożką, uczę w szkole. Moje dzieci, córka i syn, okres dojrzewania mają już za sobą. Rozmawiacie w taki sposób, jakby od wieków nic się nie zmieniło. A tymczasem dziś dziewczyny wiele zyskują dzięki swojej agresji: na studiach, w pracy, w miłości. Roszczą sobie pretensje do sukcesów, chłopcy natomiast są zakłopotani takim obrotem spraw, przechodzą kryzys tożsamości, gubią się w ustaleniu granic między płciami. Widzę to w szkole i słyszę od moich dzieci. Jestem przekonana, że dziś trudniej jest stać się mężczyzną niż kobietą.

M.A.: Rzeczywiście zachodzą znaczne zmiany, ale w każdej epoce męskość wymagała trudnego wtajemniczenia. Nie zapominaj, że mężczyzna wychodzi z kobiety, musi się od niej oderwać, później ten nieszczęsny penis – przeceniany przez historię, mitologię, psychoanalizę, generalnie przez cywilizacje zdominowane przez mężczyzn – musi codziennie zdawać egzamin, by się sprawdzić. „Stań na wysokości zadania jak mężczyzna!". To dopiero strach!

Meri: Mówię także o agresji przestępczej. Obserwujemy teraz, że kobiety dopuszczają się typowo męskich zbrodni. Na przykład ta kobieta, która zastrzeliła archimandrytę, swojego kochanka – takich zbrodni w przeszłości nie popełniano.

Mélani: Syndrom Salome. Ceną jest jego głowa.

Moli: Ta na górze czy ta na dole? Nie zapominaj, że Salome natchnęła Oscara Wilde'a, homoseksualistę, który miał prawo obawiać się kobiecej pochwy. Salome, droga Mélani, to bajka stworzona przez męski lęk przed utratą genitaliów.

Meri: Pewna matka udusiła swoją dorastającą córkę, bo, jak powiedziała, córka się szlajała. Nie mówcie mi teraz o Medei i tym podobnych dziennikarskich truizmach. Ta zbrodnia mną wstrząsnęła. Myślę, że ona wiele mówi.

M.A.: „Zniszczyłam samą siebie" – powiedziała zabójczyni podczas aresztowania. Pogrzebała samą siebie, a nie córkę. Wiele dni po zbrodni jej żałoba nawet jeszcze się nie zaczęła. W rzeczywistości chciała zabić siebie, ale nie mogła się uśmiercić, póki nie zobaczyła córki martwej.

Mélani: I to jest właśnie, proszę pana, skłonność do unicestwienia samego siebie, popęd śmierci, dokładnie to, z czego się naśmiewałeś. W miłości tej kobiety tkwi bezbrzeżna nienawiść, co niebezpiecznie obciąża jej poczucie winy i lęki rodzajem manii prześladowczej. Kobieta odczuwała przerażające zagrożenie.

Moli: Lęki i zagrożenie? Z jakiego powodu?

M.A.: Przyczyna jest niby znana: córka może zostać dziwką, mąż ją opuścił, i tak dalej... Zło i niebezpieczeństwo przybierają w jej wnętrzu postać wielogłowego potwora, hydry lernejskiej, ale w rzeczywistości mamy do czynienia z niszczycielskim nieznanym niepokojem – przerażającym, bo niedoświadczonym.

Mélani: Chodzi o łańcuchową reakcję, która rozwija się gwałtownie, póki nie osiągnie szczytu w napadzie paniki. Wtedy kobieta ulega psychicznej ślepocie, a napastliwość, która w niej drzemie, wyładowuje się gwałtownie na przykład w formie zabójstwa córki.

Moli: Jest więc schizofreniczką, o czym tu mówić...

Mélani: Nie, dokonując zabójstwa, kobieta nie straciła poczytalności. Nie była całkowicie nieobecna. Nie mieliśmy do czynienia z sytuacją ewidentnie psychotyczną ani z halucynacjami, ani z depresją. Nie mówimy nawet o podejrzeniu schizofrenii.

Moli: Czyli co, powiecie teraz, że wszystko z nią było w porządku?

M.A.: Oczywiście, że nie, ale także u osób zdrowych w potocznym rozumieniu tego słowa znajdujemy ogniska psychotyczne, które mogą się uaktywnić i spowodować psychiczną ślepotę. Mówimy wtedy: „On? Nigdy bym nie pomyślał”.

Moli: W przypadku tej chorej kobiety niepokój, że córka zostanie dziwką, uaktywnił jakiś inny, głębszy uraz.

Mélani: Tak, uaktywnił w niej głębsze, dawne pęknięcie, pierwotny lęk przed opuszczeniem i unicestwieniem. Mamy wokół siebie dość dużo osób o psychotycznej konstrukcji, ale ponieważ żadne symptomy nie ujawniają się, ludzie ci żyją spokojnie pośród nas.

Moli: Wariaci, którzy nie demonstrują swojego szaleństwa? Kobiety kanału „M" z pewnością je demonstrują: spójrzcie na zegarki albo wyjrzyjcie za okno. Dnieje.

M.A.: Wobec tego ciąg dalszy naszej terapii w następny poniedziałek.

Rozdział 5

Maja

Mélani: Opowiedz mi o George'u.

Moli: Właśnie. Dajcie wreszcie spokój psychoanalizie.

Mélani: Opowiadasz o nim jak o odległej przeszłości. Co się stało, że Mania wyjechała z jego żoną do Norwegii? Czy George wtedy żył?

M.A.: Tak, ale straciliśmy ze sobą kontakt – to długa historia. Minęły dwa, może trzy miesiące od upadku junty. „Ten list przyszedł na twoje nazwisko" – powiada do mnie naczelny *Rizospastis* *. Był nim wówczas Zenon Zorzowilis, rzadko spotkasz tak miłego człowieka, też zresztą dopiero wyszedł z więzienia. Utkwił we mnie wzrok – najwyraźniej zżerała go ciekawość – znak, że chce, żebym otworzył kopertę w jego obecności. „To list z Chile, z Valparaiso" – dodał. Widać było, że jest poruszony i wyobraża sobie Bóg wie co. „Może jakieś wiadomości od uwięzionych towarzyszy?" – usprawiedliwiał niecierpliwość oczekiwania. „Za pośrednictwem poczty? Niemożliwe..." – uciąłem. Pamiętaj-

* Gazeta codzienna, organ komunistycznej partii Grecji (przyp. tłum.).

cie, że w tamtych czasach święcił triumfy Pinochet – cały kraj zamienił w jedno wielkie więzienie.

Moli: Właśnie pisali w gazetach o sprawie Bergera, zaginionego podczas przewrotu w tysiąc dziewięćset siedemdziesiątym trzecim roku.

M.A.: Wsadzili ich do helikoptera i zrzucili do oceanu z dużej wysokości.

Mélani: Jak się nazywał ten zaginiony?

Moli: Berger – dzisiaj czytałam w gazecie.

Mélani: Pamiętasz swój sen? Kolejne skojarzenie. Co ci to mówi?

M.A.: Do diabła, Berger to także doradca Clintona do spraw bezpieczeństwa narodowego, niedawno była o nim mowa w związku z Kosowem, popatrz tylko...

Moli: Dajcie spokój tym psychoanalitycznym głupotom. Mów dalej...

M.A.: Otwieram więc ten list ostrożnie przy biurku Zenona. Wyleciało pięć zielonych setek. „Pięćset dolarów!" – wykrzyknął. Nie sposób tego opisać... Oczy mu zaczęły latać, ja cały czerwony, ledwie żywy z nerwów. CIA, prowokacja bezpieki, dawni towarzysze, którzy marzyli o Ameryce Łacińskiej, koledzy ze szkoły, a obecnie marynarze – o czym ja jeszcze nie pomyślałem!

Moli: Były od George'a?

M.A.: Nie. W tamtych czasach mieszkał na Krecie. Po wydarzeniach na Cyprze i upadku junty.

Mélani: Często przyjeżdżał? Pływał na statkach, zdaje się...

M.A.: Nie tylko. Był kapitanem na statkach wycieczkowych, ale też prowadził rozmaite interesy za granicą – głównie w branży morskiej i turystyce. Gdziekolwiek był, zawsze przyjeżdżał na święto Theofania, żeby wyłowić krzyż rzucony do morza. Chłopcy walczyli wyjątkowo zażarcie i wzajemnie się podtapiali. Zawsze zwyciężał George, od dwunastego do pięćdziesiątego roku życia. Potem obnosili z ojcem Nikolasem krzyż po domach. Jesienią tysiąc dziewięćset siedemdziesiątego czwartego roku, przed wyborami, spotkałem się z nim na Krecie. Było to tak: Gotował głowiznę i nóżki. „Posłuchaj – powiada – to śpiewa Kalsún...”. Słuchaliśmy, jak zwykle, Kairu – w ten sposób poznałem erotyczny smutek Wschodu. „Chciałem się z nią zaznajomić, ale okazała się lesbijką...”. Podkłócaliśmy się trochę, bo George miał mi za złe, że wstąpiłem do partii. Nagle mówi: „Nie masz nawet pojęcia, jak tam się żyje!”. Zaczął mi opowiadać o różnych niedogodnościach, głównie o brakach towarów konsumpcyjnych w Związku Radzieckim, a ponieważ kontrargumentowałem, wybuchnął: „Będziesz się ze mną spierał? Ja mam rodzinę w Nowosybirsku”. Nie chciał tego powiedzieć, wyrwało mu się niechcący, ściągnął brwi.

Mélani: A więc nie tylko w Norwegii? Oficjalne małżeństwo?

M.A.: Od smarkacza pływał na „Joannie” należącej do Mamidakisa, na tankowcu, który przywoził ropę naftową na Kretę. W tamtych czasach zbiorniki do jej przechowywania znajdowały się w Agios Nikolaos. Teraz powstała na ich miejscu wioska turystyczna, Tzinas. Tak, oficjalne małżeństwo. Dzięki temu ją znalazłem, ma na imię Masza, jest lekarką i pracuje w Wydziale Zdrowia Urzędu Miasta. Ładna, wesoła, niezależna, wychowała córkę George'a, także lekarkę.

Moli: I jak Masza znosiła takie małżeństwo?

M.A.: Była szczęśliwa. Miała kogoś drogiego, na kogo czekała. Tam także, podobnie jak w Oslo, powroty George'a były prawdziwym świętem. Ale z Maszą rozumiał się chyba lepiej niż z Norweżką. Masza znała wiele jego tajemnic. Ani ona go niczym nie wiązała, ani on jej, nie było między nimi pouczucia wzajemnego posiadania, żadnych złudzeń, żadnej wyłączności. Była natomiast miłość. Wzięła ślub z jego nieobecnością, a taki związek jest najsilniejszy ze wszystkich. Gdziekolwiek się znalazł, wysyłał paczki do Maszy i córki. Wielkich potrzeb nie miały, bo opieka zdrowotna i edukacja były finansowane przez państwo.

Moli: Wracajmy do listu z Chile.

M.A.: Powiedziałem George'owi o pięciuset dolarach, obiecał rozejrzeć się w tej sprawie. „Dobra okazja, bo nigdy nie byłem w Chile" – rzekł. Ale nic, żadnej informacji. Dolary, rzecz jasna, wpłaciłem do partyjnej kasy. Minęło następne dwadzieścia pięć lat, a ja wciąż czekałem, by dowiedzieć się, kim był nieznajomy nadawca. To oczekiwanie, jak się zdaje, stało się osnową mojej egzystencji. Zrozumiałem – także na podstawie własnych bezpośrednich doświadczeń – że sprawy ludzkie ulepione są z oczekiwania. Mitologie, wielkie religie, ideologie, ale też samo życie, miłość i śmierć. Żyjemy, a więc na coś czekamy; czekamy na coś, a więc żyjemy. *Czekanie na Godota* stało się moim tematem przewodnim.

Mélani: W twojej powieści *Tajemniczy listopad* Nikos Dimitriju także dostaje pieniądze od nieznanego nadawcy.

M.A.: W tamtej powieści przedstawiam istne szaleństwo oczekiwania, które kończy się dramatyczną farsą, ale i w *Utraconym bluesie* pojawia się nieznajomy nadawca. Żaden z tych wątków nie był zamierzony, nigdy nie łączyłem ich z listem z Chile. Dopiero po jakimś czasie, gdy już się wszystko wyjaśniło, te nieuświadomione wówczas połączenia dotarły do mojej świadomości.

Moli: A więc dowiedziałeś się dopiero po dwudziestu pięciu latach?

M.A.: Wtedy, kiedy powiedziałem sobie – teoretycznie, egzystencjalnie, politycznie – „do diabła z czekaniem", gdy wyzwoliłem się z nadziei, od czekania na cokolwiek, i kiedy zaczynałem się tym cieszyć, wtedy właśnie, zupełnie niespodziewanie, pojawiło się rozwiązanie chilijskiej zagadki. Dzięki kapitanowi Mimisowi, mojemu imiennikowi i przyjacielowi, wspaniałemu kucharzowi. Zwykle razem spędzaliśmy lato, bo nasze letnie domki stoją po sąsiedzku. Kapitan Mimis od wielu lat pływa po Pacyfiku na trasie między Toyohashi w Japonii a Valparaiso w Chile. W japońskim porcie ładuje samochody marki Toyota dla Chile, a stamtąd zabiera w kontenerach-lodówkach Subamericana owoce i mięso dla Japonii i Europy. I tak, po wielu podróżach i poszukiwaniach, przyjaciel od pięciuset dolarów został odnaleziony. Ma jedno z największych przedsiębiorstw nocnej rozrywki w Ameryce Łacińskiej. Kawał ziemi – cały półwysep – dziesięć mil za Valparaiso, z bungalowami, kasynem, barem, dyskoteką, restauracjami i naturalnie kobietami. Skazany na śmierć uczestnik wojny domowej, żołnierz demokratycznej armii opuścił Grecję w tysiąc dziewięćset czterdziestym ósmym roku. Najpierw pojechał do Konstantynopola, potem z fałszywymi cypryjskimi papierami zaciągnął się na statek, włóczył się po morzach, by wreszcie zakotwiczyć w Chile, z dala od czegokolwiek, co miało związek z Grecją. Jeszcze wiele lat po upadku junty w Grecji ukrywał swą tożsamość i nie utrzymywał żadnych kontaktów z konsulatem greckim. Po okresie rządów Pinocheta bał się z kolei chilijskich władz, a musiał być przecież z nimi w dobrych stosunkach. Ale jakoś mu się udało: założył rodzinę i zbił fortunę.

Moli: A co z tymi dolarami?

M.A.: Całkiem przypadkowo zwrócił uwagę na gazetę, którą czytał grecki marynarz w jego restauracji. Wiecie, że greckie gazety docierają drogą pocztową do portów w różnych częściach świata. I ta właśnie gazeta zamieściła ze mną wywiad: wydarzenia na politechnice, aresztowania, przymusowa emigracja, wielkie tragedie – dwa, trzy miesiące po upadku junty. Dopiero wtedy dowiedział się, że junty już w Grecji nie ma, wzruszył się i przysłał mi, na adres redakcji, pięćset dolarów.

Mélani: A George?

M.A.: Posłuchaj teraz, co się stało, gdy kapitan Mimis natknął się na don Spirosa – tak nazywali w Valparaiso starego partyzanta. Gdy siedzieli i popijali drinki, don Spiros popatrzył ze zdziwieniem i powiedział: „Ależ, panie kapitanie, jakieś dziesięć lat temu pewien mężczyzna przepytywał w porcie o te pięćset dolarów. Wprawdzie nie zdążyłem poznać go osobiście, ale powiadomiłem jego rodzinę. Nic pan o tym nie wie?".

Moli: Następna rodzina? W Valparaiso?

M.A.: Gdy ją poznał, była bardzo młoda, chodziła do szkoły do sióstr zakonnych. „Trudno znaleźć piękniejszą kobietę niż najmłodsza córka Rosarii i Juanita. Cygańska uroda" – powiedział don Spiros. Dziewczyna postarała się szybko skończyć szkołę, została nauczycielką i czekała na niego. Ożenił się z nią i mieli dwoje dzieci, Sokratesa i Atenę.

Moli: Wierny greckości, jak widać.

M.A.: Wszystkim swoim partnerkom, stałym i tymczasowym, opowiadał o greckiej mitologii i historii, uczył je greckiego. Scenariusz erotyczny miał podobną konstrukcję, modyfikowaną stosownie do okoliczności.

Mélani: Jak miała na imię?

M.A.: Maja, Marta, jakoś tak, nie jestem pewien.

Moli: Niech będzie Maja, wciągnijmy ją na listę „M".

M.A.: Jej wieloosobowa rodzina żyła w wielkiej biedzie. George założył im przedsiębiorstwo zaopatrujące statki dalekomorskie w żywność, wodę, alkohole. Pracuje w nim cała rodzina – rodzice dziewczyny, rodzeństwo, kuzyni. Dzięki George'owi są niezależni finansowo. „Trzymają się razem i solidarnie pilnują interesu – mówił don Spiros. – A swojego Greka traktują jak boga!".

Mélani: Ze wszystkimi kobietami postępował w ten sposób?

M.A.: Gdy zachodziła potrzeba – tak. Nie dawał zapomogi, organizował miejsca pracy. Podobnie było z kreteńską Turczynką, Meral.

Moli: Co? Ma żonę Turczynkę?

M.A.: Mój dziadek złożył śluby, że odszuka ziomków z naszej wsi, muzułmanów, których zmuszono do wyjazdu do Turcji podczas wymiany ludności. Ilekroć o nich wspominał – płakał. „Kochałeś się w jakiejś Turczynce?" – dokuczałem mu. „Ach, wy, nieszczęśni, znacie tylko kłamstwa, które piszą w książkach. Tamci Turcy to nasza krew, nasi krewni". Przysiągłem, że wypełnię śluby dziadka, ale mi się nie udało, i nie pytajcie dlaczego. W młodości wyobrażałem sobie, że poślubię kreteńską Turczynkę na przekór greckiemu nacjonalizmowi. George wzrastał w tej samej atmosferze, pomijając fakt, że jego ojciec i mój dziadek spędzili siedem lat w Azji Mniejszej jako jeńcy. Mieliśmy wszyscy idée fixe, żeby połączyć się znowu z kreteńskimi Turkami.

Mélani: Ostatecznie George zrealizował to, co dla ciebie pozostało sferą marzeń. Ale nie powiesz mi, że nauczył się także tureckiego.

M.A.: Tego nie wiem. Miał jednak niezwykłe zdolności językowe, tak samo zresztą jak jego siostra, Mania. Wyjątkowa pamięć, wyjątkowa inteligencja... trudno powiedzieć. Błyskawicznie przyswajał konstrukcję języka, jego rytm, łapał w lot zależności, skojarzenia między różnymi językami. Trzeba natomiast pamiętać, że uchodźcy używają dawnego języka kreteńskiego, przynajmniej starsi Turcy kreteńscy. Tak czy siak zadał się z tą kobietą – była rozwódką – i otworzyli dużą agencję turystyczną. Pod szyldem potężnej niemieckiej spółki, mającej sieć hoteli w Turcji, zorganizował przybrzeżną komunikację rosyjskimi wodolotami. W Nowosybirsku otworzył spółkę z mężem córki Maszy, która to spółka dostarczała wodoloty na rynek turecki. Z Turczynką ma syna.

Moli: Już cztery rodziny – jednocześnie.

Mélani: Pięć, bo wspominał coś o kobiecie w Hawanie.

M.A.: Tak, o Alicji. Cztery to nie byłoby jeszcze tak źle. Co ci mam powiedzieć...

Mélani: Dlaczego przestaliście się ze sobą kontaktować?

M.A.: To on przestał się kontaktować. Nie tylko ze mną, ale i z Manią. Czy nie podobało mu się, że grzebiemy w sprawie Valparaiso? Czy zorientował się, że Mania wpadła na trop całej siatki jego rodzin? Nie wiem.

Mélani: Widziałeś się z nią?

M.A.: Dwa albo trzy razy od czasu, gdy wyjechała do Norwegii. Raz na pogrzebie jej matki. Ostatnim razem przyjechała i sama mnie znalazła. Ja napomknąłem o Valparaiso, ona opowiedziała mi o innych sprawach. Wyglądała na zaniepokojoną. Pomyślałem: Zapyta mnie o niebezpieczeństwa wynikające z układu Schengen? I natychmiast słyszę, jak mówi: „Czy wskutek układu Schengen nastąpi wymiana informacji o małżeństwach i urodzeniach?". Jakby nadal potrafiła czytać w moich myślach.

Moli: Jakim cudem mógł zawrzeć tyle związków małżeńskich?

M.A.: Na książeczkę marynarza. Nic nowego – spytaj kapitana Mimisa. Wielu marynarzy ma rodziny w portach, do których ich statki regularnie zawijają. W każdym porcie czeka na nich dom i serdeczny uścisk. Tacy nigdy nie schodzą ze statku. „Wypada taniej niż z prostytutkami, nie mówiąc o tym, że unikasz syfilisu, a ostatnio AIDS". Pewien bosman pływał na statku, który przywoził do Pireusu mięso z Argentyny, a banany i kawę z Ekwadoru. Miał rodzinę w każdym porcie, w sumie trzy. Sprawa wyszła na jaw, gdy umarł na atak serca i wdowa z Argentyny wystąpiła o rentę do greckiego Funduszu Marynarki Handlowej. Byłem wtedy posłem z okręgu Pireus. Przyszły do mnie dwie jego córki i pytały zrozpaczone, co mają robić. George naturalnie nie należy do tej kategorii. Kierują nim zupełnie inne pobudki.

Mélani: Dlaczego ujawniasz sprawę George'a? Chcesz go sprowokować, by się znów pojawił?

M.A.: Tak. Mania ma poważny problem, któremu tylko on może zaradzić.

Anonim: Jestem Sylwia, na potrzeby sieci „M" przyjmuję imię Michelle. Tak miała na imię moja francuska koleżanka, z którą mieszkałam podczas studiów. Jestem nauczycielką akademicką na wydziale filozofii. Zaskakuje mnie nagły zwrot w waszej dyskusji. Czyżby poszukiwacz przygód z międzynarodowym haremem znał kobiety lepiej niż wielcy myśliciele?

M.A.: Nie interesuje go, czy je lepiej zna. On nie stoi przed takim problemem, idzie za swoimi naturalnymi skłonnościami. Jeśli kobieta, do której żywi odwzajemnioną miłość, bardzo pragnie zawarcia ślubu, to jej nie odmawia. Jemu samemu związek małżeński nie jest potrzebny, tak jak i żaden inny związek. Nie będzie etatowym małżonkiem, nie będzie odbijał karty obecności. Ale tak, skoro pani tak chce, George zna kobiety sto razy lepiej od wszystkich Freudów.

Michelle: Chyba nie przypadkiem pominęliście w dyskusji wielkich filozofów?

M.A.: George jest największym filozofem, choć nie myśli i nie dyskutuje jak filozof.

Michelle: Czy zamierzacie zlekceważyć intelektualne zasługi ośrodków akademickich, które od wieków przyczyniają się do emancypacji człowieka – zarówno kobiet, jak i mężczyzn?

M.A.: Obcięte jądra Petrusa Abelarda, ojca Uniwersytetu Paryskiego to emblemat środowisk akademickich. Wykastrowany człowiek filozofii. Kastracja jako pierwsze fundamentalne dzieło najnowszej filozofii.

Moli: A to co znowu?

M.A.: Środowisko akademickie narzuciło swoim członkom bezżenność i pogardę dla kobiet. Mizoginizm był w szkołach filozoficznych i na pierwszych uniwersytetach prawem zwyczajowym. Gdy ogłoszono ślub Abelarda z Heloizą, Abelarda schwytano i wykastrowano. Członkom uniwersytetów w Oksfordzie i Cambridge nie wolno było się żenić aż do tysiąc osiemset osiemdziesiątego drugiego roku. Grosseteste, czołowy myśliciel Średniowiecza, zajmujący wyjątkowe miejsce w historii nauki, kanclerz uniwersytetu w Oksfordzie, był żarliwym piewcą życia idealnego, z którego wykluczone były kobiety – doskonała duchowa społeczność miała być światem wyłącznie męskim.

Moli: W jaki sposób kobiety wyrzucono?

M.A.: Słyszałaś o trzech „p"? Uniwersytet *, pedalstwo, prostytucja. Kto nie wytrzymywał ascezy albo homoseksualizmu, miał prawo odwiedzić dziwkę, ale związać się z kobietą nie mógł. Oto dlaczego w pobliżu uniwersytetów powstawały największe domy rozpusty dla profesorskiej i studiującej klienteli.

---

* Po grecku *panepistimio* (przyp. tłum.).

Michelle: Nawiązuje pan do Średniowiecza, by ominąć filozofię grecką – Platona, Arystotelesa – a nade wszystko wielki moment w ludzkiej emancypacji, Oświecenie?

M.A.: Idealny świat Platona to mężczyźni, którzy flirtują ze sobą, filozofując podczas sympozjonów. Idealizacja homoseksualizmu, świat bez kobiet. Arystoteles uważał was za głupie, niższe duchowo, upośledzone na umyśle, za istoty nie w pełni ludzkie. Jak Aleksander Wielki mógł nie kochać mężczyzn, mając takiego nauczyciela? Średniowieczny, jaśniejący wielkim blaskiem mizoginizm to wynik połączenia neoplatonizmu i arystotelizmu z chrześcijaństwem. Przypomnijmy sobie Tomasza z Akwinu...

Michelle: Deprecjonuje pan i pomija rozwój nauki prowadzący ku Oświeceniu...

M.A.: Co też pani mówi... Od Platona i Arystotelesa po Hegla, od Tomasza z Akwinu po Kanta, po Rousseau i po dzisiejsze czasy, wszyscy filozofowie uważali was za nieistniejące intelektualnie, niezdolne do wyższej twórczości artystycznej, do uprawiania nauki, do racjonalizmu, do filozofii. Mogłyście co najwyżej napisać parę frywolnych wierszyków albo wzruszających romansów, jak powiadał Rousseau.

Michelle: To samo powie pan o Kancie?

M.A.: *Co widział Kant w swoich marzeniach sennych?* – oto tytuł powieści, którą chciałbym napisać. Czy istniały w jego marzeniach kobiety inne niż matka? W życiu Kanta kobiet nie było. Jak miał zagłębić się w kobiecy świat pustelnik, stary kawaler z Królewca, skoro przez pięćdziesiąt lat nic nieoczekiwanego nie zmąciło powtarzanych bez końca rutynowych czynności: zawsze te same pedantycznie zaplanowane szczegóły codziennego życia, to samo podczas śniadania, to samo podczas kolacji, to samo w gabinecie, gdzie pracował, zawsze ten sam widok na pobliski zamek i sąsiednie topole, ci sami służący, ci sami rozmówcy, te same, płynące z wewnętrznego przymusu, zabiegi o zdrowie, ta sama trasa popołudniowych przechadzek odbywanych o tej samej porze po ciągle tym samym mieście. Żadna pasja nie zmąciła nigdy wstrzemięźliwości jego żywota, żadne miłosne westchnienie, żaden dziecięcy głosik nie zakłócił grobowej ciszy jego domostwa. Tak więc Kant wierzył, że nauka i filozofia powinny mieć „styl właściwy mężczyznom" i zwrócony przeciwko kobietom, które ośmieliły się postawić stopę na nieprzebytej ścieżce poznania. Wołał, że należą się im długie porody, „bo długi poród w najlepszy sposób wyraża istotę ich zmagań". Gdzie indziej znowu pisał: „Słaba płeć może zostawić wirowanie Descartesa, by kręciło się, ile dusza zapragnie, nie powodując zawrotu głowy". „Absolutne prawa" Kanta, jego „absolutna moralność", „absolutna wola, intencja", „nakaz bezwarunkowy, imperatyw kategoryczny", owo „czego pragniemy dla siebie, pragnijmy i dla innych" nie dotyczą kobiet. „Człowiek absolutny" jest rodzaju męskiego lub raczej w ogóle nie jest człowiekiem. Jedyny rzeczywiście absolutny człowiek, to zdaniem Kanta, „absolutny władca" Prus.

Michelle: Dajmy spokój żywotom, zajmijmy się dziełem Hegla...

M.A.: Hegel nie pozostawia najmniejszej wątpliwości co do swoich przemyśleń. Jego zdaniem kobiety może i mają olśnienia, dobry gust i poczucie elegancji, ale nie są stworzone do wyższych nauk, do filozofii i sztuk pięknych. Jak twórca dialektyki mógł zapomnieć o zdolnościach kulinarnych kobiet? „Różnicę między mężczyzną a kobietą można porównać do różnicy między zwierzęciem i rośliną. Zwierzę bardziej odpowiada charakterowi męskiemu, natomiast roślina, przeznaczona do mniej zróżnicowanego rozwoju, pasuje do natury kobiety”. No i proszę, największy z filozofów nazywa was „roślinami”!

Moli: To i ja zgłoszę mojego ukochanego Schopenhauera.

M.A.: To największy mizoginista wszech czasów, jeśli wykluczyć niezrównane w tym względzie bliźnięta Platon, Arystoteles. Jego choroba to awersja do matki – na wpół osierocony chłoptyś słyszał, jak matka współżyje z mężczyzną w sąsiednim pokoju. A jednak Schopenhauer mizoginista, który grzebie kobiety za życia i uważa je za niezdolne do aktywności intelektualnej oraz twórczości artystycznej, bezwiednie wywyższa je, mówiąc, że żyją teraźniejszością, są pogrążone w bieżącej chwili, postrzegają intuicyjnie, idą do celu najkrótszą drogą, nie karmią się, jak mężczyźni, iluzjami. O którym z największych mędrców mam mówić najpierw? O Newtonie? Skrajny mizoginista, umarł jako prawiczek, mówi się też o neurotycznym tłumieniu homoseksualizmu. O Descarcie? O Leibnizu? O Spinozie? O którym?

Michelle: Co pan powie o Rousseau? Czyżby nie istniały kobiety w jego życiu i dziele? Proszę sobie przypomnieć *Heloizę*.

M.A.: U Rousseau podoba mi się bogactwo życiowych doświadczeń. Był naturalny i uczuciowy i nie miał nic wspólnego z filozofią. „Koszmary senne przedstawiają nam za filozofię” [ks. VI] * – pisał. Szczególnie jednak wzrusza mnie tym, że jako jedyny w historii myśli ludzkiej odkrył swoją duszę i swoją legendę – przeczytajcie *Wyznania* – uwalniając się w ten sposób od wszystkich wielkich grzechów. Ale w temacie „kobieta” nie ma nam do powiedzenia nic szczególnego. Jaki jest obraz kobiety w jego życiu?

---

* Jean Jacques Rousseau, *Wyznania*, przeł. Tadeusz Boy-Żeleński, PIW, 1956 (przyp. wyd.).

W dziedzinie seksu pragnął powtórek pewnej sceny z dzieciństwa: jakaś panna karci go, daje mu lanie, a on odczuwa rozkosz. Osierocony przez matkę, nieustannie szuka jej zamienników. „Przebywać u kolan despotycznej kochanki, ulegać jej rozkazom, żebrać przebaczenia – było dla mnie najsłodszą rozkoszą". [Ks. I] *. Może obraz kobiety to uboga służąca, którą oskarżył jednym z nieprzeliczonych dziecięcych kłamstewek, wskutek czego dziewczynę odprawiono? Czy jest kobietą ta, której w ciemnym zaułku pokazuje genitalia, w nadziei, że mu spuści lanie? „Posiadałem też w życiu kobiet bardzo niewiele; mimo to przeżyłem wiele na swój sposób, przez wyobraźnię". [Ks. I]*. A gdy współżył z panią de Warens, powie: „Nie doznawałem przy niej uniesień ani pożądań... zawsze zostaliśmy »małym« i »mamusią«...". [Ks. III]*. Mateczka zaspokajała naturalnie swoje potrzeby z innym kochankiem, skoro Rousseau był tak przywiązany do onanizmu, ale gdy go w końcu rozdziewiczyła, powiedział: „Miałem uczucie, jak gdybym spełnił kadzirodztwo. Tuląc ją z uniesieniem w ramionach, skrapiałem równocześnie jej łono łzami". [Ks. V]*. Kiedy zaś poślubi naiwną Teresę – „myśląc jedynie o zaspokojeniu zmysłów, uczyniłem cenny nabytek dla mego szczęścia" [Ks. VII]* – namówi ją, by oddali do ochronki pięcioro własnych małych dzieci, by je wychowywało państwo. Rousseau odczuwał przyjemność, parodiując swoją żonę na salonach podczas zabawiania dam z wyższych sfer, które, rzecz jasna, wspierały go i użyczały mu swoich letnich domów. Mówił o niej, że jest taka, „czym uczyniła ją natura" [Ks. VII]*, nieskażona kulturą, nie umiejąca pisać, czytać i liczyć, nie znająca się na zegarku. Ale takie cechy, podkreślał, brak obycia i wykształcenia, są właściwe kobiecie. Naturalnie,

* Tamże.

ów nędzarz Rousseau, który zarabiał na chleb wygadywaniem głupot w salonach wielkich dam, proponował, by dyskusje na poważne tematy prowadzić w wyłącznie męskim gronie. Pomyślcie tylko: człowiek, który napisał *Rozprawę o pochodzeniu i podstawach nierówności* oraz *Umowę społeczną*, inspirator walki o równość i sprawiedliwość, oddał pięcioro swoich dzieci do ochronki i nie dowiadywał się, co się z nimi dzieje. Jak wyjaśnić rozziew między miałkością jego żywota a uduchowionym i ważkim dziełem? „Niepodobieństwo dosięgnięcia rzeczywistych istot wtrąciło mnie w krainę urojeń. Nie widząc na świecie nic istniejącego, co by godnym było mego szału, syciłem go w świecie idealnym, który twórcza wyobraźnia zaludniła niebawem istotami mego serca". [Ks. IX] *.

Mélani: Nietzsche i kobieta. Mam nadzieję, że nie pogrzebiesz i swojego faworyta.

M.A.: Nietzsche należy do kategorii ludzi, którzy rodzą się długo po swojej śmierci. Powróciwszy do nas w *The Dream – Cienie w Atenach*, obiecuje, że będzie głosił wiedzę radosną, uniesie się jak wolny ptak ponad dobro i zło, zastąpi filozofię duchów zmartwychwstaniem ciał. „W pierwszym moim życiu zabrakło kobiety. Teraz nie zniosę miłości bezcielesnej. Chcę ją wykraść, wziąć ją i posiąść jak dionizyjski kozioł" – powiada. Tym razem Zaratustra się ożeni. Nadczłowiek może być kobietą. Nietzsche, zrozpaczony, neurotyczny, samotny, zakochiwał się bezcieleśnie, platonicznie w kobietach swoich przyjaciół. Dionizos sypia z kobietą Tezeusza. Wielką tragiczną miłością Nietzschego była czarująca Lou Salomé, z którą niestety sypiał jego przyjaciel Rée, a która potem została uczennicą Freuda. Następnie kochał skrycie, platonicznie, Cosimę, żonę swego bliskiego

* Tamże.

niedyś przyjaciela, kompozytora Wagnera. Nietzsche to pęknięte serce.

Michelle: A więc także Nietzsche nie ma nam nic do powiedzenia o kobiecie. Może przynajmniej Kierkegaard, do którego tak często się pan odwołuje.

M.A.: Kierkegaard powiada nam, że „gdy dwoje ludzi zakochuje się w sobie i czuje, że są dla siebie stworzeni, nadchodzi czas rozstania. Jeśli zostaną ze sobą, niczego nie zyskają” *. Jedyna kobieta, która jest czegoś warta, to ta, którą tracimy, z którą się rozstaniemy, zanim pójdziemy z nią do łóżka. Czyli ta, której nie ma, nieobecna. A zatem, logicznie rzecz biorąc, nigdy nie zdążymy jej poznać.

Michelle: Którego z filozofów dwudziestego wieku pan by wyróżnił? Który z nich poszedł, pana zdaniem, trochę dalej w temacie „kobieta”?

M.A.: Żaden.

Michelle: A Wittgenstein? Co pan o nim powie?

M.A.: Wyróżniam go i cenię za jego osobowość i za bezgraniczną awersję do filozofii.

Moli: *Time* ogłosił go najciekawszym filozofem dwudziestego wieku. Co proponował w temacie „kobieta”?

M.A.: Po przyjeździe swojego przyjaciela, François, Wittgenstein pisze: „Stałem się lubieżny, niegodny. Poszedłem z nim do łóżka dwa, trzy razy. Zawsze jednak na początku czułem, że nie ma w tym nic złego, potem zaś odczuwałem wstyd”. Jest homoseksualistą, dręczy go poczucie winy, nic go nie cieszy. Chce się uniezależnić od ludzi, stać się mizantropem, ale nie może pracować bez obecności bratniej duszy – mężczyzny, najlepiej młodszego – a gdy znów ma

---

* Parafraza licznych sformułowań paradoksu o niższości małżeństwa wobec „estetycznie” pojętej pierwszej miłości, zawartych w traktacie Sørena Kierkegaarda *Estetyczna wartość małżeństwa* (przeł. Karol Toeplitz, w: *Albo-albo*, t. II, PWN, 1982).

taką duszę obok siebie, traktuje ją jak nieznośny ciężar. „Miłość potrzebuje rozstania" – powiada. Jest najbogatszym człowiekiem w Europie, ale wyrzeka się swego majątku i żyje skromniej niż asceta, nienawidzi filozofii, lecz ją uprawia, to samo dotyczy logiki; gardzi uczelnią w Cambridge, ale się z nią zwiąże; jest Żydem, ale głosi antysemickie poglądy czy raczej deklaruje niezadowolenie z Żydów; oskarża przyjaciela i dawnego protektora, Russella, że zadaje się z bolszewikami, ale sam też się z nimi zadaje; dostaje wysypki na samą myśl o świecie doskonale prosperującego, genialnego i przywiązanego do dóbr materialnych ekonomisty Keynesa, lecz będzie go wspierał aż do końca.

Michelle: Czy był mizoginistą? To, że ktoś jest homoseksualistą, nie znaczy, że nie interesuje się kobietami.

M.A.: „Wszystkie, które znam, są głupie i flirtują z profesorami" – powie. W młodości Wittgenstein uległ wpływowi teoretyka mizoginizmu, także Żyda i homoseksualisty, Weiningera, który głosi, że istotą kobiety są jej narządy rodne, że mężczyzna jest wyrazem świadomości, a kobieta nieświadomości, i inne tym podobne okropieństwa. Podejmie jednak próbę ożenku, pod warunkiem, że nie będzie w nim seksu ani dzieci. Plan spalił, rzecz jasna, na panewce. Jego młoda przyjaciółka, Margarita, uciekła.

Michelle: Jest jednak pewien filozof dwudziestowieczny, który uwielbiał kobiety: Jean Paul Sartre.

M.A.: Ach, te mity i oszustwa lat sześćdziesiątych! Sartre uważa za zagrożenie dla samoświadomości Podmiotu – który zawsze, rzecz jasna, jest rodzaju męskiego – „lepki otwór", „wilgotny kobiecy wir", który stanowi „chorą, słodką kobiecą zemstę". Wszystkie „dziury" odbierają Podmiotowi rozum, czynią go ciałem, które ma wypełnić dziurę. I dalej powiada Sartre uroczyście: „Nikczemność płci żeńskiej to nikczemność wszystkich tych, które krążą szeroko otwarte.

Cała kobieta jest wyzwaniem rzuconym obcemu ciału, które ma ją przemienić w pełny byt, wnikając w nią". To w słynnym *Byciu i nicości*, który wychwalali, choć nigdy go nie czytali, ćwierćinteligenci lewicy.

Moli: No dobra, jest okropny. Ale jak Simone de Beauvoir mogła sypiać z facetem, który nazywał ją „dziurą"?

M.A.: Nie sypiała, tylko biegała za nim jak piesek – symbol radykalnego feminizmu.

Mélani: Chwileczkę! Chodzi o obsesyjnego kobieciarza, który ma harem i powtarza to samo, co najbardziej mizoginiczni homoseksualiści.

M.A.: Dokładnie tak. A oto piękna historyjka na ten temat: Guy de Maupassant, zajadły kobieciarz, uganiający się za wszystkim, co rodzaju żeńskiego, wychodzi pewnego wieczoru z burdelu i powiada: „Ach, mój nauczyciel, Schopenhauer, miał jednak rację". W ten oto sposób obsesyjny uwodziciel, który oszalał wskutek syfilisu i umarł w domu wariatów, wreszcie podzielił mizoginizm Schopenhauera. Jest jeszcze jeden kobieciarz Russell, matematyk, logik, filozof, literat, przywódca ruchów pokojowych, który kochał kobiety, uganiał się za nimi aż do późnej starości. Zawsze chory z miłości, nie zdążył uogólnić swoich doświadczeń i zostawić nam czegoś interesującego na temat „kobieta". Ani poprzez celibat jak Nietzsche, ani poprzez dziewictwo jak Solomos – nie rozgryziesz kobiety. Mając do czynienia z jedną, jak Seferis, pojmujesz mało; z niezliczoną liczbą, przy ciągłej zmianie kochanek, też niewiele – narcystyczny Don Juan nie rozumie kompletnie nic, szuka samego siebie w kobiecie zwierciadle. Jednak z dwiema kobietami, jak powiedzieliśmy, zaczynasz coś rozumieć.

Michelle: Wobec tego zostawiam pana z Mélani i Moli, nie mam tu nic do roboty...

M.A.: Filozofia nam się nie przyda, ale pani – tak.

Michelle: Upiera się pan zatem, że cała filozofia jest mizoginistyczna, że nie ma w niej miejsca dla kobiety?

M.A.: Nie ma w niej miejsca dla prawdziwego człowieka czy to płci męskiej, czy żeńskiej. Występuje ktoś abstrakcyjny, istota transcendentna, zjawa. Filozofia to sonata zjaw. Zastępuje historię człowieka abstrakcyjną filozofią historii, wielkimi prawami istniejącymi jedynie w umyśle filozofa. Historia pisana jest „pod filozofów", bo to oni ją tworzą. Za mgławicą filozofii nie ma nic. Puste aksjomaty, puste systemy dla pustych ludzi pozbawionych rzeczywistej osobowości, męskiej czy żeńskiej. I nie miejcie wątpliwości: szczyt, nadwyżka w filozofii jest wyłącznie męska, kobieta jest częścią jej ciała, jest „dziurą". Poza tym, dla wszystkich Sartre'ów „ludzki los jest dziurą w wodzie". Filozofia ze swej natury jest „czarną dziurą" myśli, wirem unicestwiającym wszystko, co żywe. Nie jest po prostu mizoginiczna, jest nieużyteczna, dwudziesty pierwszy wiek jej nie potrzebuje.

Michelle: Filozofowie także są nieużyteczni?

M.A.: Filozof to ten, który mówi o tym, na czym się nie zna. Kiedyś, gdy nikt się na niczym nie znał, filozof był niezbędny. Teraz potrzebujemy czegoś innego.

Michelle: A dialektyka? Czy nie istnieje potrzeba tworzenia ogólnej wizji świata, pewnej syntezy? Czy to wszystko można wymazać?

M.A.: Dialektyka nie jest pustką, jest superpustką myśli. Popatrzmy na królewskie aksjomaty: negacja negacji wyrażenia jest tymże wyrażeniem, ilość przechodzi w jakość itd., pochylcie się z uszanowaniem, mówimy wszystko i nic, z naturalnego rozwoju przyrody i społeczeństwa czerpiemy wnioski o abstrakcyjnych odwiecznych prawdach. Choć nie masz pojęcia o niczym, ani o biologii, ani o ekonomii, możesz wygłaszać kategoryczne sądy o całej materii. Jak, do diabła, wpadł w pułapkę Hegla i dialektyki taki Marks!

Jeśli nawet wierzył, że w końcu wszystko w niej poustawiał na swoich miejscach!

Michelle: Powiedziałam panu: potrzebujemy ogólnej syntezy poszczególnych nauk. To właśnie jest filozofia.

M.A.: Filozofia, królowa nauk! Władczyni nauk niewolnic. Im prędzej się jej pozbędziemy i wykażemy, że jest bezzębną staruchą, że jej korona jest z plastiku, im szybciej ściągniemy jej perukę, tym łatwiej znajdziemy to, co jest nam potrzebne w dwudziestym pierwszym wieku.

Michelle: Czym ją zastąpimy? Proponuje nam pan pustkę?

M.A.: Pani sądzi, że ludzie nie potrafią myśleć, jeść, spać, kochać się, rozróżniać dobra i zła także bez abstrakcyjnych kategorii filozoficznych? Patrzcie tylko: „Czym ją zastąpimy?". Jedno nic zastąpimy drugim nic. Niech się pani zachwyci próżnią, uśmiechnie się do niej, pozwoli duszy odpocząć od wielkich syntez, wspaniałych opowieści, niech pani rozbije monolit kosmogonii, wyrzuci z siebie truciznę systemów filozoficznych z ich wrodzoną antydemokracją, niech pani odrzuci miękki podgłówek dawnych pewników, a wtedy zobaczy pani, że ze świeżym umysłem znajdziemy to, czym ją zastąpimy.

Michelle: Chyba nie antydemokracją zwolenników emancypacji i praw człowieka!

M.A.: Uogólnienia to cecha wszystkich filozofii. Żadna z nich nie mówi: „Słuchajcie, ukazuję jeden z możliwych sposobów wyjaśnienia świata, jedno z możliwych podejść do tej sprawy". Każda z filozofii mówi: „Jestem jedyną prawdą, wszystkie inne niech się schowają, niech przepadną". Filozofie odrzucały religie, a potem je naśladowały, uwalniały się od despotów, by zająć ich miejsce. Rozumiem panią, Michelle, musi pani bronić swojego zawodu, który naturalnie uważa pani za posłannictwo. Na pociechę odsyłam panią do kolegi po fachu, do Wittgensteina, który zapewnia:

„Tylko cud może sprawić, by nauczanie filozofii było wartościowym zajęciem". „Czy moje lekcje komukolwiek pomogą? Z pewnością nie bardziej, niż gdybym był wielkim aktorem". „A mnie samemu, w czym pomaga rozwiązywanie filozoficznych problemów, skoro nie potrafię rozwiązać największego z nich? Tego mianowicie, jak uczynić człowieka żyjącego szczęśliwym".

Mélani: Zatrzymaj się na chwilę w tym miejscu. Może to właśnie wieczne cierpienie i melancholia filozofów tworzą bariery w ich rozmyślaniach, w otwarciu na drugiego człowieka, a zwłaszcza na kobietę.

Michelle: Przecież Arystoteles o tym mówił.

M.A.: Powiedzmy, że w trzydziestym problemie stawia pytanie: „Dlaczego wszyscy wybitni ludzie są melancholikami?". W rzeczywistości jakiś cwaniak, który to sformułował i podsunął Arystotelesowi, chce nam powiedzieć, że wszyscy uczeni to wariaci. Czego możesz się spodziewać po takim szaleńcu jak Empedokles, który skacze do wulkanu? Że odkryje kobiecy świat? Czego oczekujesz po takim Platonie, któremu się wydawało, że jest we władaniu muzy, że jest inspirowany przez boga, że trwa w uniesieniu? Albo po melancholijnym Demokrycie? Że zajmą się kobietą?

Michelle: A Sokrates? Nie zapominaj o jego katalepsji.

M.A.: Tylko jeden Sokrates udzielał rad nawet prostytutkom. Spotyka słynną heterę, Teodotę, i powiada jej: „Podnieć ich, a potem udawaj skromną, żeby pragnęli cię jak najmocniej".

Mélani: Depresja maniakalna a twórczość – kiedyś musimy o tym podyskutować. Nawet jeśli nie można postawić znaku równości między szaleństwem a geniuszem.

M.A.: Filozofia i poezja cierpią na wrodzone przygnębienie. W klimacie melancholii romantycznej bohater, myśliciel, poeta nie ma innego sposobu na pokazanie swej egzystencjalnej głębi, niepokoju, uczuciowości i wrażliwości, jak tylko poprzez arystokratyczne przygnębienie, poprzez dystans do spraw ziemskich, romantyczną nudę i próżność spraw ludzkich. To „świadomość nieszczęśliwa", którą tak znakomicie opisuje Hegel. Nasza myśl znajduje w niej bezpieczną przystań. Marzy i cierpi. Człowiek kurczy się w sobie – z dala od świata zagłębia się w smutku, w samoponiżaniu, w stagnacji. Życie ogranicza się do kontemplacji nieszczęścia. Jak rozumiecie, trudno, by w takiej atmosferze duchowej powstawały pytania w rodzaju „Czego chcą kobiety?", skoro żaden z myślicieli nie wie, czego sam chce. Moim zdaniem melancholię myślicieli i artystów charakteryzuje cyklotymia *.

Moli: To znaczy?

M.A.: Cyklotymia na przestrzeni wieków. Raz taki ktoś zrywa się do czynu, urzeczywistnia wielkie idee pod sztandarami któregoś z mitycznych celów, takich jak bóg, mądry władca, lud, naród, proletariat, albo któregoś z wielkich celów, takich jak szczęśliwe życie, oświecenie, prawda, demokracja, socjalizm, pokój, i oddaje się entuzjazmowi wielkich oczekiwań. To jest cykl optymizmu i działania. Innym znów razem pogrąża się w pesymizmie, w melancholijnym wycofaniu, w poczuciu, że nic nie ma sensu, w pasywności. Najwdzięczniejszym kontynuatorem owej cykliczności był twór zwany lewicową inteligencją. O „lewicowej melancholii" mówił Benjamin w okresie międzywojennym, a mianowicie o przejściu od zobowiązań do filozoficznego smutku. Ale, między nami, nie bierzcie zbyt poważnie tej melancholii inteligentów, zwłaszcza akademików.

Moli: No i, no i... To mi się podoba.

---

* Cyklotymia – brak równowagi psychicznej z kolejnymi okresami pobudliwości i przygnębienia (przyp. tłum.).

M.A.: Skoro świat i tak jest bez sensu, może by pobaraszkować z jakąś studentką? Bo cóż, życie to dziwka, filozofia milczy niczym mumia, filozofowie tetryczeją, robią im się zmarszczki, a cne studentki – ciągle w tym samym wieku, ładniutkie, zawsze takie same! A zatem przygnębienie może przekształcić się w styl, manierę w świecie nauki i poezji. Sposób na łatwą popularność. Metafizyka smutku to zwykłe oszustwo.

Michelle: Po raz pierwszy mogę się z panem zgodzić. Rzeczywiście w środowisku inteligencji akademickiej jest pewna skłonność do cynizmu.

M.A.: Niech pani nie deprecjonuje słowa cynizm. Ono się im nie należy. Autentyczny cynizm wyraża to, co inni mają na myśli i czego nie ośmielają się wypowiedzieć, nie dbając przy tym ani o przykrywkę, ani o pretekst. W ustach cynika zło się samounicestwia. Skrajny egoizm cynika, jako absurdalny, ośmiesza się. Cynik bezcześci z przeciwnym skutkiem. Daleko mu jeszcze, rzecz jasna, do ironii. Ironista to ten dobry, który skrywa się pod płaszczykiem zła. Cynik, jeśli nawet próbuje osiągnąć zło, ostatecznie zamienia je, chce czy nie, w dobro.

Michelle: Rozumiem, że wolisz autentycznego cynika niż tego, którego nazwałeś przygnębionym inteligentem?

M.A.: Mówię tylko, żeby nie brać na serio łez smętnych poetów i inteligentów. Oto kapitalna scenka, którą z wyjątkową szczerością opisuje de Beauvoir: Pewnego ranka znalazłam się sama z Sartre'em na ulicach Paryża. Zaczęłam szlochać nad tragedią ludzkiej kondycji. Gdy przechodziliśmy przez most nad Sekwaną, wychyliłam się przez barierkę. „»Nie pojmuję, czemu nie skoczymy z mostu« – powiedziałam. »Skoczymy!« – odrzekł Sartre. Wiedział, że moje łzy są zaraźliwe, i płakał także" *.

---

* Simone de Beauvoir: *W sile wieku*, przekł. Hanna Szumańska-Grossowa, PIW, 1964 (przyp. wyd.).

Ma się rozumieć, spokojnie poszli dalej swoją drogą.

Michelle: Ich smutek jest udawany?

M.A.: Przygnębienie Sartre'a nie jest szczere. U Wittgensteina jest autentyczne. Nietzsche z kolei, choć wyzuty z nadziei aż do szpiku kości, jest wewnętrznie wesoły jak koziołek.

Michelle: I znów tyle czasu mówimy o myślicielach mężczyznach. Daję ci ostatnią okazję, żebyś nie zapisał się w naszych umysłach jako nihilista. Czy natrafiłeś kiedyś na kobietę myślicielkę, która cię zainspirowała, z którą wiązałeś jakieś nadzieje?

M.A.: Jakże nie! Przede wszystkim Róża Luksemburg, diablo wykształcona, znająca wiele języków, wolna, niezależna, kochliwa, bohaterska, rewolucjonistka, i do tego zginęła od kuli. Miała wszystko, co trzeba. Nadto nie przeżuwała feministycznych banałów, na przekór równościowym hasłom dotyczącym płci wykrzyknęła słynne: „Vive la petite difference" – „Niech żyje mała różnica". „To ta" – mówiłem i szukałem wszystkich szczegółów o jej życiu. Pewnego razu Czerwona Róża i Klara Zetkin, inna piękna rewolucyjna postać, zgubiły się w lesie podczas straszliwej burzy. Ich życiu groziło niebezpieczeństwo. Z okładki zeszytu, który znalazła w torbie, Róża zrobiła tablicę nagrobną z napisem: „Tu leżą dwaj ostatni mężczyźni niemieckiej socjaldemokracji".

Moli: Mężczyźni? Pół żartem, pół serio pokazuje nam, że doświadcza po męsku swej przywódczej roli.

Mélani: Zatem także filozofii nie powiodło się w temacie „kobieta".

M.A.: Nie powiodło się, i to bardzo. Żadnego porównania z literaturą, bo literatura spowodowała znaczny wyłom w tradycji męskiego myślenia. Filozofia natomiast – przez swoją abstrakcję, mroczne i niezrozumiałe konstrukcje, których nie pojmują nawet sami ich twórcy i które z zasady albo nic nie oznaczają, albo skrywają pompatyczne truizmy, przez swoją obojętność wobec zwykłych ludzi, ich potrzeb i pragnień – staje się najbardziej wyrachowaną spośród powieści dwudziestego pierwszego wieku. Wystarczy jeśli powiem, że największym filozofem dwudziestego stulecia był Heidegger – i wcale nie dlatego, iż współpracował z nazistami.

Moli: To w końcu, jaka była najbardziej interesująca powieść dwudziestego wieku?

M.A.: Najdoskonalsza powieść dwudziestego wieku to ogólna teoria względności Einsteina i nowa mechanika kwantowa Bohra, Heisenberga, Diraca, Pauliego, Borna, Schrödingera. Najdoskonalsza w swoich niedoskonałościach. Najdoskonalsza antypowieść została napisana przez matematyka Gödla. Znaczące powieści minionego stulecia znajdziesz także w biologii molekularnej, psychoanalizie i literaturze. W filozofii nie ma nic szczególnego.

Moli: Boże, co za absurdy! Przecież nie będę szukać kobiety u Einsteina.

M.A.: Lepszy już Einstein, który powiadał: „Bądź szewcem w ciągu dnia, a intelektualnie pracuj nocą, wolny i niezależny, z dala od tak zwanych ośrodków akademickich"; Einstein, który radził nam, byśmy każdego dnia przynajmniej przez pół godziny myśleli wbrew utartym poglądom.

Michelle: Czyli poznanie, wiedza, nie oferują nam wiele, jeśli chodzi o szczęście w miłości? Czy na tym skończymy?

M.A.: Ty to powiedziałaś.

Moli: Jak widzimy, ci, co wiedzą, wielcy mędrcy, doznali niepowodzenia w swoim życiu erotycznym.

M.A.: Być filozofem, powieściopisarzem, poetą, psychoanalitykiem to pewna forma niepowodzenia w życiu erotycznym i osobistym. To już powiedzieliśmy.

Mélani: A kobieta nadal jest niewiadomą, nieznanym lądem.

M.A.: Zatem niech wszystko pozostanie niewiadomą.

Moli: Ach, Michelle, zadzwoń do George'a, daj sobie spokój z Sartre'em i Foucaultem.

M.A.: Oto pewna symboliczna scena: Althusser, jedna z gwiazd strukturalizmu, a zarazem wrzód na filozofii dwudziestego wieku, dusi swoją żonę. W taki to sposób filozofia dusi kobietę, a wraz z nią samo życie.

Mélani: Dobranoc, mamy jeszcze przed sobą niejeden poniedziałek.

Rozdział 6

Melissa

Mélani: Z wielką niecierpliwością wyczekuję dalszego ciągu historii George'a. Zatrzymaliśmy się na piątym małżeństwie.

M.A.: Z Turczynką nie wziął ślubu, ale zostawmy to teraz, bo wydarzyło się coś ważnego – miałem niebywały sen.

Mélani: Znowu erotyczny?

M.A.: Hm, seksualny. I to ty byłaś chyba jego centralną postacią – pierwszy raz mi się śniłaś! – ale jednocześnie dotyczył matematyki i miał wyjątkową, jak na sen, intelektualną gęstość. To pewnie wpływ naszej ostatniej dyskusji.

Mélani: Seksualno-matematyczny sen! Jesteś szalony! Ale słucham...

M.A.: Słuchasz? Dziwne, w moim śnie nie słuchasz i nie mówisz. A więc leżę z jakąś kobietą na podłodze – ona na wznak, ja na boku. Unoszę delikatnie jej lewą nogę i wchodzę w nią. Kobieta ubrana jest w coś, co przypomina starożytną luźną suknię, może triwon, okrycie dawnych filozofów, a pod spodem jest naga. Izba ma kamienne ściany, wysoki sufit, jak w budowlach z czasów Aleksandra Wielkiego. Mój wzrok uparcie przyciągają przepiękne wielokątne płytki w kolorze miodu, którymi jest wyłożona podłoga, i rzucona obok nas kreda. Na ścianie wisi czarna, szkolna tablica z rzędem równań diofantycznych. Scena całkowicie pasywna, żadnego ruchu. Przyjmuje mnie wilgotna pochwa, ciepła, ale ja się nie ruszam. W izbie jest gorąco i kompletnie cicho – żadnego dźwięku. W pewnej chwili kobieta próbuje wyjaśnić mi coś gestami, ale w końcu nic się nie dzieje. Ja też nie jestem w stanie wypowiedzieć ani słowa.

Mélani: Jak ona wygląda?

M.A.: Jest w ekstazie. Zewnętrznie podobna do Olii, ale to nie ona. Ma włosy Olii, warkocz do pasa. Jej twarz widzę bardzo wyraźnie.

Mélani: Co oznacza cisza?

M.A.: Może niemoc umysłu. Nie zapominaj, że ośrodki odpowiedzialne za rozpoznawanie twarzy i za słuch znajdują się w różnych miejscach mózgu i pewnie podczas snu łączność między nimi ustaje. Albo widzisz szczegóły twarzy, albo słyszysz. Tak właśnie jest. Myślę jednak, że cisza w tym śnie oznacza coś więcej. Mélani, komunikujemy się za pośrednictwem komputera bezgłośnie. Czasami wydaje mi się nawet, że jesteś piękną i wykształconą głuchoniemą. Zdarzyło mi się ostatnio coś podobnego w radiu z pewnym młodym człowiekiem. „Słucham cię – pisze do mnie w faksie – za pośrednictwem twarzy mojej matki i siostry. Prześlij mi, proszę, twoje audycje nagrane na kasecie magnetofonowej".

Mélani: Przeszło ci więc przez myśl, że jestem głuchoniema i porozumiewam się za pośrednictwem komputera. No, nieźle... Uważasz, że kobieta z twojego snu ma związek ze mną?

M.A.: To z pewnością ty, ale wydaje mi się, że skupiasz

w sobie cechy trzech innych kobiet, czyli mamy trzy albo i cztery kobiety w jednej.

Mélani: To się często zdarza w snach. Mam warkocz jak tamta, ale nic wspólnego z matematyką.

M.A.: Nic podobnego. Weźmy pod uwagę przykład najoczywistszy: Mélani od psychoanalityczki Melanie Klein. Był też Klein, wielki niemiecki matematyk – co zawsze wprowadzało mnie w błąd. Zanim zacząłem zajmować się psychoanalizą, wyobrażałem sobie, że jest to ta sama osoba albo że są spokrewnieni. Kleina nie darzyłem sympatią. Uważałem, że doprowadził do upadku intuicję i wyobraźnię geometryczną, skoro wsadził wszystkie geometrie, euklidesowe i inne, w pozbawione wdzięku grupy przekształceń. Nie mówiąc już o tym, że wprowadzał rasizm do matematyki – uważał, że tylko Niemcy mają intuicję, wszyscy inni potrafią jedynie liczyć. Może powodem ociągania się ze studiowaniem Melanie Klein było wypieranie ze świadomości Kleina. Jakby mało było matematyka, natknąłem się na sławnego lekarza potwora, także Kleina, dyrektora kliniki położniczej w Wiedniu, który lekceważył opinie swoich idących z duchem czasu kolegów po fachu, co doprowadziło do śmierci wielu położnic z powodu infekcji bakteryjnych. Był też Klein ekonomista, który rozsądnie zaproponował, żeby we wskaźnikach cen uwzględniano także ceny giełdowe, czyli ceny akcji, a nie tylko ceny dóbr konsumpcyjnych. A zatem, by stworzyć pełniejszy indeks inflacji do cen dóbr konsumpcyjnych i giełdowych, ja dodałbym jeszcze ceny nieruchomości.

Mélani: A zatem przystąpiłeś do studiowania Melanie Klein z uprzedzeniem, któremu był winien matematyk.

M.A.: Moje pomyłki z tym nazwiskiem zdawały się nie mieć końca. Byłem przekonany, że ów matematyk ma na imię Feliks, a tu nagle zacząłem napotykać artykuły i prace matematyczne niejakiego M. Kleina. Znowu „M". Do licha! To samo imię co psychoanalityczka? A może to po prostu ona? Był to wszakże Morris Klein, całkiem inny człowiek, bardzo sympatyczny.

Mélani: A teraz rozwiązujesz moje warkocze.

M.A.: Naprawdę masz warkocz, czy mnie oszukujesz?

Mélani: Mam. Od czasów gimnazjum.

M.A.: Geometryczna i algebraiczna teoria splotów i węzłów to jeden z najbardziej eleganckich rozdziałów w matematyce. Ze splotami można robić szalone rzeczy, nie mówiąc już o tym, że pomogą nam rozwiązać – jestem tego pewien – wiele zagadek mechaniki kwantowej i biologii molekularnej dotyczących rozkodowania DNA. Jaki masz warkocz? Dziewczęcy, upleciony z trzech pasm? Zwykły? Okrągły? Jest mnóstwo rodzajów splotów i mnóstwo algebraicznych korelacji, które...

Mélani: Wracajmy do snu. Wysoka izba z czasów Aleksandra. Co ona symbolizuje?

M.A.: Dodaj jeszcze, że było gorąco, no i te równania diofantyczne.

Mélani: To znaczy...

M.A.: Hypatia z Aleksandrii: Afrodyta z wyglądu, matematyczny geniusz. Nauczała „tajemnic filozofii", ale także matematyki, astronomii, retoryki. Hypatia przeczy mitowi, że umysł kobiecy nie jest zdolny do myślenia matematycznego. Chrześcijańscy fanatycy, stronnicy patriarchy aleksandryjskiego, Cyryla, porąbali ją na drobne kawałki jako bałwochwalczynię.

Mélani: Ty dla odmiany umieszczasz męczennicę w seksualnym śnie.

M.A.: Taka piękna i mądra miałaby umrzeć jako dziewica! Nie mogłem do tego dopuścić. Obsesyjnie myślałem o jej erotyzmie i jej fantazjach.

Mélani: Rzeczywiście była dziewicą?

M.A.: Legenda chce, by była dziewicą, ale są i tacy, którzy opisują ją jako wielką heterę. Uczniowie ją uwielbiali. Gdy mówiła o intuicji matematycznej, o pięknie matematyki, potrafiła podobno stworzyć atmosferę uniesienia: na poły erotyczną, na poły platoniczną i metafizyczną. Jej uczniów przez resztę życia łączył szczególny rodzaj braterskiej więzi... Co tu dużo mówić, było w tym coś niesamowitego. Podobno gdy jeden z uczniów w niej się zakochał, by go zniechęcić, wyciągnęła podpaskę i powiedziała: „W tym jesteś zakochany, a nie w pięknie dla samego piękna". Nie sądzę, by była histeryczną cnotką, to bajki neoplatończyków, którzy współzawodniczyli w ascetyzmie i hipokryzji z chrześcijanami.

Mélani: No dobrze, czyli wyobrażasz sobie stosunek z Hypatią, i to z udziałem równań... Jak to powiedziałeś? Diofantycznych?

M.A.: Te równania też są moją obsesją. Ilekroć udawało mi się pokonać jakąś przeszkodę na drodze do rozwiązania którejś z ciekawszych matematycznych zagadek, zawsze je napotykałem. Nie dręczyłbym cię matematyką, gdyby nie to, że te równania kryją tajemnicę dotyczącą samego człowieka, jego mózgu, możliwości zastąpienia go lub nie superkomputerem do rozwiązywania matematycznych i innych zadań. Zanim pójdziemy dalej w naszych rozważaniach, chcę powiedzieć tym, którzy ją śledzą, by się nie przejmowali, jeśli czegoś nie zrozumieją, bo i tak nie zakłóci to naszej dalszej dyskusji. Od stulecia dręczy nas ta oto nierozwiązana kwestia: czy istnieje taka procedura obliczeniowa, taki model postępowania, dzięki któremu moglibyśmy stwierdzić, że dany układ równań diofantycznych ma rozwiązanie albo że go nie ma. Innymi słowy, czy można stworzyć taką komputerową procedurę obliczeniową, która powie nam, czy istnieje wspólne rozwiązanie dla wspomnianego układu. Jest to jeden z ciekawszych nierozwiązanych problemów, który sformułował w tysiąc dziewięćsetnym roku wielki matematyk Hilbert. Niedawno udowodniono, że taki model, taka procedura obliczeniowa nie istnieją. Wniosek ten wskazuje na to, że intuicja, fantazja matematyczna, podobnie jak fantazja artysty, dysponuje czymś, czego nie da się ująć w postaci modelu i wykorzystać w technice komputerowej. Dawne marzenie Leibniza, sprzed trzystu lat, o maszynie, która rozwiązałaby wszystkie matematyczne i filozoficzne problemy, okazało się ułudą. A zatem człowiek jest skazany na posiłkowanie się swoim geniuszem twórczym.

Mélani: Do diabła, jesteśmy w trzecim czy czwartym wieku naszej ery, a ty mi opowiadasz o komputerach. Co to są te równania diofantyczne?

M.A.: Ich autorem był Diofantos, potem zajmowali się nimi Hypatia i jej ojciec, Theon. Może dzięki temu zachowała się część traktatu Diofantosa *Arytmetyka*. Są to równania wielomianowe dowolnych stopni, w których zarówno współczynniki jak miejsca zerowe są liczbami całkowitymi, na przykład równanie postaci: $6z+2x^2-y^3=0$. Zresztą, nie musisz tego pamiętać.

Mélani: Jakim typem człowieka był Diofantos?

M.A.: Zagadkowym – niczego prawie o nim nie wiemy poza tym, co zawarł w znakomitej łamigłówce na swojej płycie nagrobnej, żeby nas podręczyć swoim gorzkim humorem.

Mélani: Powiedz.

M.A.: Moment, przyniosę sobie książkę... „Widzicie tu grób ze szczątkami Diofantosa. Ale uwaga! Lata jego życia kryją się w takim oto zapisie. Jedną szóstą swego życia był chłopcem. Gdy minęła kolejna jedna dwunasta jego życia, urosła mu broda. Po następnej jednej siódmej zapalono mu świece ślubne i po pięciu latach urodził mu się syn – dziecko ukochane, ale nieszczęsne. Gdy był o połowę młodszy od swego ojca, bezlitosny los kazał mu odejść na zawsze. Pozostałe lata swego życia ojciec próbował ukoić ból. Rozwiążcie tę arytmetyczną zagadkę i powiedzcie, ile lat żył".

Mélani: Jakiś szaleniec! Ile lat żył?

M.A.: Hm. Trzeba ułożyć równanie... Dokładnie osiemdziesiąt cztery lata. Wcale niemało jak na tamte czasy.

Mélani: Czy wreszcie kochałeś się z Hypatią?

M.A.: Nie jestem pewien. Wszedłem w nią, nie napotykając żadnego oporu. Nie była dziewicą. Albo był to ktoś inny.

Mélani: Dziewictwo łączy nas także z twoim poprzednim snem. Jaka inna kobieta pasuje do starożytnej seksualno-matematycznej atmosfery?

M.A.: Nie zapominaj o płytkach w kolorze miodu! Dlaczego tak bacznie im się przyglądałem? Próbowałem znaleźć w starożytności kobietę, która powiązałaby miód z płytkami.

Mélani: Czyli wielkie szukanie, by powiązać psychoanalizę z matematyką. I co znalazłeś?

M.A.: Piękną Melissę *, uczennicę Pitagorasa, która zajmowała się własnościami wielokątów – stąd płytki. Szósty wiek przed Chrystusem!

Mélani: I w dodatku jej imię zaczyna się na „M".

M.A.: Jest i inne „M" – Mija, córka Pitagorasa, wybitnie twórczy umysł w dziedzinie geometrii. Zwróć uwagę, że mówimy o szóstym wieku przed Chrystusem, o czasach, gdy było sporo kobiet matematyczek. Polignoti, Themistoklia, Damo, Timicha, Theano, Arignoti, Diotima, Witali i inne.

Mélani: Kiedy kobiety zostały wykluczone z uprawiania matematyki?

M.A.: Później. Mówi się, że Akademia Platońska zabraniała wstępu kobietom, ale nie jestem tego pewien. Są

* *Mélissa* – (gr.) pszczoła; *meli* – miód (przyp. tłum.).

wzmianki, że kilka kobiet studiowało w Akademii w męskich przebraniach. W każdym razie Arystoteles z pewnością był przeciwny kształceniu kobiet.

Mélani: Natomiast wcześniej wręcz przeciwnie – wiadomo, że w szkole Pitagorasa z Samos były kobiety matematyczki. A zatem kolejna sytuacja, w której ewolucji cywilizacyjnej może towarzyszyć rugowanie kobiet z zajmowanych przez nie pozycji. Wysoko rozwinięte Ateny stały się mizoginiczne.

M.A.: Pitagoras łączy matematykę z mistyczną koncepcją harmonijności świata, co mu nie przeszkadza interesować się swoją uczennicą, trzydzieści sześć lat od niego młodszą, i się z nią ożenić. Mowa o Theano, która przyczyniła się do rozwoju teorii liczb i sformułowała pitagorejską wersję złotego podziału.

Mélani: A w jaki sposób Melissa i płytki łączą się ze mną w twoim śnie? Dlaczego przedstawiasz kobietę z szóstego wieku przed Chrystusem jako mnie?

M.A.: Do jakiego nazwiska szukaliśmy skojarzeń w związku z moim pierwszym snem w poprzedni poniedziałek?

Mélani: Weinberger.

M.A.: Właśnie. Pewien amerykański matematyk, Berger, wykazał, że problem płytek jest nierozwiązywalny w procedurze obliczeniowej. To znaczy, że mając zbiór wielokątnych płytek, nie możemy odpowiedzieć na pytanie, czy da się zapełnić daną powierzchnię pewną liczbą płytek o niezmiennym kształcie w taki sposób, by nie powstały między nimi puste przestrzenie ani by płytki na siebie nie zachodziły. Ale nie przejmuj się tym, zwróć tylko uwagę na to, że po raz kolejny okazało się, iż wyobraźnia matematyczna dysponuje czymś, czego nie potrafimy standaryzować, ująć w formę modelu i przenieść do komputera. W funkcjonowaniu naszego mózgu jest coś, co jest niekomputerowe, co potrafi rozwikłać problemy nierozwiązywalne procedurami obliczeniowymi. Na pytanie Gödla, czy jest możliwe stworzenie komputera dorównującego matematycznej intuicji człowieka, który potrafiłby udowodnić każde twierdzenie matematyczne, odpowiadamy – nie. Oto dlaczego matematyka „układania płytek" jest znowu w modzie i naturalnie może znaleźć nieprzewidywalne obecnie zastosowania w fizyce – krystalografii i nie tylko.

Mélani: Chwileczkę. Czy wiemy, co to jest, to coś, czym dysponuje nasz mózg i co pozwala mu znajdować rozwiązania problemów niekomputerowych?

M.A.: Nie mówimy tu o właściwości o charakterze metafizycznym. Fizyka, którą obecnie dysponujemy, z założenia nie potrafi uporać się z zagadką tego czegoś, a co za tym idzie także chemia, biologia molekularna, neurofizjologia itd. W dwudziestym pierwszym wieku potrzebna nam jest nowa fizyka! Ale i ona nie rozwiąże automatycznie zagadek ludzkiego mózgu. Za jakieś sto lat zobaczymy, co wiemy, a czego nie wiemy. Cierpliwości!

Mélani: Intelektualne niepokoje koncentrują się nieświadomie w osobie Melissy, nazwisko Berger natomiast wiąże Melissę ze mną. Czy powiązanie z Bergerem nastąpiło nieświadomie w marzeniu sennym, czy myślałeś o nim w okresie dwóch tygodni dzielących ten od poprzedniego snu?

M.A.: Nigdy o nim nie myślałem! O tym, że Berger rozwiązał problem płytek, dowiedziałem się, jak mi się zdaje, przed dwoma czy trzema laty z książki *The Shadows of the Mind*, ostatniego z wielkich matematyków Rogera Penrose'a, a później o tym zapomniałem. Ale moja druga pamięć zatrzymała to i wykorzystała w nieświadomych, sennych skojarzeniach. Zapomniane wraca – jest zwyczajnie pamięcią zapomnianego. Uważam, że czas w procesach nieświadomych różni się w swojej strukturze i skali od czasu naszego świadomego życia. Oto jakie horyzonty może otworzyć przed twoją dziedziną, przed psychoanalizą, nowa fizyka, nowa nauka o mózgu.

Mélani: Chwileczkę, chwileczkę – za szybko myślisz. Twoja uwaga o odmienności czasu w procesach świadomych i nieświadomych skrywa, jak sądzę, dziecięce zaciekawienie, wtedy na Krecie, pomyłkami Margit, ukochanej George'a, która plątała senne marzenia z rzeczywistymi wydarzeniami.

M.A.: Tak, gdzieś w obwodzie elektrycznym mózgu Margit blokowało się przejście z czasu nieświadomego w świadomy.

Mélani: Wróćmy do snu. Nie mówiliśmy jeszcze o białej kredzie leżącej obok nagich ciał. Czy to nieistotny element, zwykła dekoracja w seksualno-matematycznej scenerii?

M.A.: O nie. Tu kryje się wielka tajemnica, seksualna i kwantowa – nie śmiej się. Nasz elektroniczny flirt bez seksu, jak się nazywa?

Mélani: Biała miłość. A! Dlatego biała kreda.

M.A.: Relacja między nami jest biała, ale i seks z Mélani-Melissą jest pasywny, zatem jeszcze coś innego musi kryć w sobie słowo „kreda".

Mélani: Kreda jest biała. Dlaczego jest biała? Nigdy nie pojmowałam znaczenia kolorów.

M.A.: Pytanie o bogatej historii. Żebyś wiedziała, jakie spory toczono na temat kolorów przed stu trzydziestu laty... Ale nieważne. Ciebie interesuje, dlaczego kreda – skamieniałe skorupki mikroskopijnych bezkręgowców żyjących w pradawnych morzach, czyli węglan wapnia – jest biała. Wobec tego zapytam: z czego składa się światło?

Mélani: Masz na myśli kolory tęczy czy coś takiego?

M.A.: Właśnie. Białe światło rozumiemy jako syntezę barw o różnej długości fali. Gdy światło pada na jakiś przedmiot, pewna jego część jest odbijana, inna – pochłaniana. Barwa danego przedmiotu to światło, które nie zostało pochłonięte. Laikowi może się to wydać idiotyczne, ale w przyrodzie barwy nie istnieją. Nieszczęsna kreda z wielu powodów niczego nie pochłania, naturalnie z wyjątkiem nadfioletu i podczerwieni, które są bezbarwne, niewidoczne dla oka. Odbija całe widzialne światło i dlatego wydaje nam się biała.

Mélani: I to była ta tajemnica?

M.A.: Nie tylko! Uparcie powracające pytanie dręczące wszystkich, którzy zajmują się fizyką teoretyczną, brzmi: Dlaczego przez tyle lat nie powiązano ze sobą dokonań Einsteina, Bohra i Heisenberga, czyli ogólnej teorii względności z mechaniką kwantową; teorii grawitacji z kwantową teorią pola. Występuje między nimi pewna dysharmonia i nie wiemy, jak się z tym uporać. To, co nazwaliśmy poprzednio nową fizyką, nie może zaistnieć bez ich pożenienia.

Mélani: Bez tak zwanej teorii wielkiej unifikacji, teorii wszystkiego?

M.A.: Tak, ale to nie będzie unifikacja. Teorie te, moim zdaniem, z natury rzeczy nie są kompatybilne, nie można ich do siebie dodać, potrzebne jest przekształcenie każdej z osobna i stworzenie jednej nowej, na nieznanej nam jeszcze płaszczyźnie.

Mélani: A biała kreda do czego tu ma pasować?

M.A.: Jej właśnie udało się pożenić Einsteina z Bohrem. Einstein powie ci, że światło, które pada na kredę, to strumień cząstek – fotonów, nie mających masy ani ładunku elektrycznego, ale dysponujących określoną energią. Są więc pakiecikami energii. A Bohr wyjaśniłby nam, że każdy atom, każda cząsteczka jakiejkolwiek materii, gdy pochłania światło, czyli fotony, a zatem energię, przechodzi ze stanu o niższej energii w stan o wyższej energii. Nie może jednak pochłonąć jakiegokolwiek światła, ale tylko takie, którego potrzebuje do przejścia w stan o wyższej energii – a więc tylko światło o określonej długości fali. Pytania dotyczące mojego snu należy zatem sformułować następująco: Dlaczego nie mogę przekazać więcej energii seksualnej Mélani-Melissie, abyśmy mogli przejść z niższego energetycznie poziomu naszych kontaktów do stanu o wyższej energii? – od bierności do namiętności? Dlaczego nasza miłość jest biała? Dlaczego kreda jest biała? Dlaczego nie pochłania fotonów, by przejść do stanu o wyższej energii? „Daremnie się trudzisz" – wykrzykują do mnie w moim śnie Einstein i Bohr. Cząsteczka kredy ma taką postać kwantową, że nie przechodzi na wyższy stan energetyczny, pochłaniając fotony światła widzialnego! Biała kreda we śnie symbolizuje moje erotyczne skargi.

Moli: Nie do wiary! Flirtujesz z Mélani i chcesz ją złapać na matematykę?

Mélani: Przyznaję, że mi się podoba.

Moli: No i proszę! Czy twoja pochwa nie jest przypadkiem wilgotna i ciepła jak pochwa Melissy?

M.A.: Wiele osób, droga Moli, podnieca się, poznając nowe rzeczy. To rozkosz nieznanego. Wykazują większą gotowość erotyczną, gdy poznają nowe miejsca, gdy słuchają nieznanych melodii, gdy czytają powieść, gdy dowiadują się – nieznanych do wczoraj – pięknych rzeczy o nowych obszarach życia i myśli.

Mélani: To jeden z popędów istniejących od samego początku naszego życia.

M.A.: Niemowlę od pierwszej chwili pogrąża się w nienasyconej ciekawości nieznanego. Wykazuje pierwotną potrzebę dotykania, macania, obejmowania, wąchania, brania do ust, próbuje się dowiedzieć, jaki jest świat, który je otacza. Czerpie przyjemność z badania nieznanego – do tej rozkoszy powracamy nieskończenie wiele razy w naszym dorosłym życiu.

Mélani: Na tej przyjemności bazuje także uczenie się. Naturalnie głównym przedmiotem zainteresowania niemowlęcia jest ciało matki. Podczas prób zawłaszczenia go, wykorzystania jego bogactwa, u dziecka mogą rozwinąć się prymitywne wyobrażenia, że wyrządza matce krzywdę, wskutek czego popada w panikę i przerywa poszukiwania, tłumi intelektualną ciekawość.

M.A.: Ten rodzaj poznawania dotyczy fazy oralnej niemowlęcia, które przyswaja sobie wiedzę poprzez usta. Opowiedz, Mélani, kto analizował ten popęd?

Mélani: Popęd do wiedzy, instynkt poznania badała Melanie Klein. Jako pierwszy wspomina o nim Freud w pierwotnej teorii seksualności, którą później zarzucił.

Moli: Miał więc rację, droga przyjaciółko, gdy cię przypierał do muru. Melanie Klein to twoje alter ego. Ale powiedzcie mi, jaki związek może mieć matematyka ze wspomnianymi przez was oralnymi przyjemnościami? Pierwszy raz słyszę, by smoczek miał coś wspólnego z równaniem.

M.A.: Ależ, Moli, jeśli ze smoczkiem jest coś nie tak, jeśli niemowlę odbiera pierś matki jako zimną, obojętną, skąpą, wrogą albo gdy czuje, że jest kanibalistyczne wobec matki, może powstrzymać ciekawość intelektualną i mieć trudności w pozyskiwaniu wiedzy. To z kolei pozostawia po sobie ślad, uwidaczniający się w późniejszym życiu dziecka, czasami w zgoła nieoczekiwanej postaci, jak w przykładzie, który chcę ci przedstawić. Pewnemu prawidłowo rozwiniętemu chłopcu nie wiedzie się w szkole, zwłaszcza w matematyce. Podczas psychoanalizy odkryto, że chłopiec w sposób nieuświadomiony utożsamia matematykę z pierwotnym obrazem matki – zimnej, milczącej, nieprzeniknionej, całkowicie wyobcowanej, która niczego nie dawała dziecku. Dokładnie takie samo uczucie odrzucenia i osamotnienia występowało, gdy chłopiec miał rozwiązać jakiś problem matematyczny – uznał psychoanalityk chłopca.

Moli: Zostawcie psychoanalizę. Śniło ci się, że kochasz się z pewną uczennicą, która ma dwa tysiące sześćset lat. I w dodatku jest zboczona!

M.A.: Ona ma zaledwie dwadzieścia dwa lata! Spotykam ją, podróżując w czasie! Jeśli skorzystam z pojazdu rozwijającego prędkość większą niż prędkość światła, mogę flirtować z Melissą, robić z nią ćwiczenia z wielokątami na tablicy i na podłodze. Mogę ci to udowodnić, śledząc krok po kroku teorię względności Einsteina!

Mélani: A co na to Einstein?

M.A.: Pewnego razu, z okazji urodzin, wydano na jego cześć wybór esejów wielkich matematyków i fizyków. Znakomity logik i matematyk, Gödel, który potraktował dosłownie oświadczenie Einsteina – że nieodwracalny w swoim pędzie czas to pomyłka – skonstruował czasoprzestrzenny model, model kosmologiczny, dzięki któremu Einstein mógł odbyć podróż w przeszłość aż do czasów dzieciństwa, spotkać swojego ojca i dziadka. Wszystkie sylogizmy były zgodne z logiką i z teorią. Einstein odpowiedział, że nie jest w stanie uwierzyć, by mógł „wysłać telegram w przeszłość".

Mélani: Czytałam gdzieś o hipotezie, że człowiek może cofnąć się w czasie i zabić ojca przed własnymi narodzinami.

M.A.: Skoro nasze zegarki mają iść coraz wolniej w miarę zbliżania się do prędkości światła i zatrzymać się zupełnie, gdy ją osiągniemy, to jeśli przekroczymy prędkość światła, fantastyczna podróż w przeszłość jest – matematycznie przynajmniej – możliwa. Czas zacznie się cofać.

Mélani: Czy wsiądziemy kiedyś do pojazdu, który będzie poruszał się szybciej niż światło?

M.A.: Tworząc swoją teorię, Einstein wyszedł z następującego założenia: prędkością graniczną we wszechświecie jest prędkość światła. Z jego równań wynika, że nie możemy przekroczyć tej prędkości. Z równania wiążącego masę z energią ($E = mc^2$) wnioskujemy, że dla nadania jakiejś masie prędkości światła byłaby potrzebna nieskończenie wielka energia. Powiem to inaczej: Einstein tak to wymyślił, że jeśli prędkość miałaby być większa od prędkości światła, czas rozciągałby się w ten sposób, że prędkość pozostawałaby niezmienna. Jedynie cząstki o masie zerowej, takie jak fotony, mogą poruszać się z prędkością światła, cząsteczki i ciała mające większą masę będą zawsze poruszały się z mniejszą prędkością. Żaden statek kosmiczny niezależnie od energii, jaką dysponuje, nie zdoła osiągnąć takiej prędkości.

Mélani: Czyli w przyrodzie nie występuje prędkość większa od prędkości światła?

M.A.: Nigdy nie mogłem się z tym pogodzić, nawet wtedy, gdy teoria względności była największą i niepodważalną świętością. Załóżmy, mawiałem pół żartem, pół serio w czasach studenckich, że istnieje cząstka, która porusza się z prędkością większą niż światło – nazwijmy ją grigoridio – i zaczynałem, krok po kroku, konstruować kosmologiczny model na bazie matematycznej „przestrzeni Hilberta" o nieskończonej liczbie wymiarów. Nie potrafimy nadać określonemu przedmiotowi prędkości większej od prędkości światła. Nie możemy zwiększyć prędkości światła, nie wyklucza to jednak istnienia cząstek, które zawsze poruszają się z prędkością większą niż prędkość światła i dla których prędkość światła stanowi nieprzekraczalną dolną granicę. Mówi się teraz o tachionach, które mogą być szybsze od światła.

Ponadto zaobserwowano strugi materii, które wyrzucane są prawdopodobnie z gwiazdy neutronowej – określono ją również mianem mikrokwazara – z prędkością większą od prędkości światła. Opowieści tworzone na bazie teorii względności i teorii kwantowej nie mają końca. Niektóre są interesujące, większość jednak to bzdury.

Moli: Czytałam, że mówi się także o wielokrotnych światach.

M.A.: Niektórzy przypuszczają, że nasz wszechświat jest jedynie częścią megawszechświata. W każdym z podwszechświatów obowiązują zapewne inne stałe, inne prawa przyrody, występują może inne formy życia. Przestrzeń kosmiczna, choć wydaje nam się spokojna i pusta, gdy ją obserwujemy wieczorem, jest wrzącym kotłem energii i kwantowych wahań częstotliwości. Mogą w niej powstać zaburzenia prowadzące do utworzenia się kosmicznych tuneli, które połączą nas z innymi czasoprzestrzennymi wszechświatami. Oto jeszcze jedna opowiastka z dziedziny fizyki potencjalnie pożyteczna.

Moli: Nie to miałam na myśli. Chodziło mi o to, że jedna i ta sama osoba może żyć w różnych wielokrotnych światach.

M.A.: Jeszcze jedna historia kwantowego szaleństwa! Tyle że tu szaleństwo uderza w samą naturę, a nie tylko w mózgi fizyków powieściopisarzy – chodzi o dwoistość w zachowaniu cząstek. Posłuchajcie o takim doświadczeniu: Gdy foton napotyka półprzezroczyste zwierciadło, połowa jego promieniowania świetlnego zostaje odbita, druga połowa przenika przez zwierciadło. Wtedy foton podąża jednocześnie dwoma torami, żyje w dwóch alternatywnych światach splecionych ze sobą, które jednakże nie są od siebie całkowicie rozdzielone, nie ma dwóch fotonów, ale „dwa w jednym". Powstaje rodzaj tajemniczego podwójnego kwantowego splotu, coś pomiędzy bezpośrednią komunikacją dwóch światów i ich całkowitym rozdzieleniem. Zjawisko to nie jest uzależnione od odległości w czasie i przestrzeni, jest zatem zupełnie inne od znanych nam z teorii grawitacji i względności. Einsteinowi przeszkadzało to „działanie na odległość" jak to nazwał, które niewątpliwie burzy zasady fizyki klasycznej i kwantowej. Ostatnio, w tysiąc dziewięćset dziewięćdziesiątym szóstym roku w Kolorado, jak mi się zdaje, stworzono atom, który istnieje w pewnym określonym czasie w dwóch stanach jednocześnie, „na wpół tu, na wpół tam". Stąd biorą się opowieści o wielokrotnych światach, o naszych kopiach istniejących w innych światach, o wykraczającej poza prawa fizyki natychmiastowej komunikacji pomiędzy cząstkami, które dzielą ogromne przestrzenie kosmiczne, a także o możliwości teleportacji.

Mélani: To znaczy?

M.A.: To znaczy, że możesz być w Ameryce albo na Marsie, a ja ci teleportuję jakąś cząstkę albo prezencik. Zgodnie z teorią kwantową, mogę dobrać dwa fotony w taki sposób, że ich właściwości wiążą się nierozerwalnie. Skoro znam stan jednego z fotonów, mogę określić stan drugiego, tam gdzie ma cię spotkać. Ale przy odrobinie fantazji, idąc za logiką podstaw teorii, mogę rozpaść się kwantowo i natychmiast odtworzyć w innym miejscu. Teleportować się, nie opuszczając własnego pokoju. Mogę natychmiast znaleźć się w twoim łóżku bez całego tego elektronicznego gadulstwa. Oto szansa na kwantowy teleseks, któremu nie przeszkodzi ani odległość, ani żadna inna fizyczna bariera.

Moli: Ciekawi mnie niezmiernie, jak można dojść do takich bzdur, opierając się na najbardziej wiarygodnych naukowych teoriach.

M.A.: Ci, którzy do nich dochodzą, zbyt serio traktują mechanikę kwantową. Brakuje im odrobiny ironii, która podkopuje żarłoczną kosmologiczną jedność. Przeszkadza im mistyczna aura, którą wokół siebie wytworzyli. Są tak zauroczeni teorią, że nie potrafią dostrzec, jak bardzo nam jeszcze daleko do zgłębienia zagadek natury na bardziej podstawowym poziomie, poza elektronami, protonami, neutronami, mezonami, neutrino i innymi hipotetycznymi cząstkami, czyli tam, gdzie nie ma nic poza energią pola kwantowego. Nie potrafią połączyć „bardzo małego" z „bardzo dużym", świata kwantów i świata grawitacji, mechaniki kwantowej z teorią względności. Świat, w którym żyjemy, jest podwójny: kwantowy w głębi, w swoich fundamentach, i klasyczny na zewnątrz, ten, który widzimy. Ten właśnie fantastyczny, paradoksalny świat próbuje opisać superpowieść, czyli matematyka. Dzięki niej powstała rodzina wszystkich możliwych stanów systemu kwantowego, którą znamy jako „przestrzeń Hilberta".

Moli: Przypomniała mi się ta zwariowana historyjka o bliźniakach.

M.A.: Masz pewnie na myśli słynny paradoks bliźniąt. Podróżnik wraca z kosmicznej podróży, podczas której poruszał się z prędkością zbliżoną do prędkości światła, i stwierdza, że jego brat bliźniak, Domator, należy do ziemskiej prehistorii. Jest to jeden z wielu paradoksów logicznych, skonstruowanych na bazie teorii względności.

Moli: A więc w czasach późniejszych niż czasy Melissy i Hypatii kobieta zostaje wykluczona ze świata matematyki i fizyki?

M.A.: Całkowicie! Po arystotelizmie weszliśmy w czas chrześcijaństwa. Człowiek, jako byt matematyczny, staje się odbiciem Boga, który jak wiadomo jest rodzaju męskiego. Matematycy zamieniają się w hierofantów i odkrywają boskie piękno geometrii i harmonię wszechświata. Nie mówiąc już o tym, że muszą iść ramię w ramię z Kościołem katolickim, by nie spłonąć na stosie za czary jak Giordano Bruno. Wyobraź sobie tylko życie Kopernika, Keplera czy Newtona! Umarli w przekonaniu, że dotknęli boskiej harmonii sfer niebieskich. Naturalnie Bóg był dla fizyków wygodny. Każdą lukę w wiedzy i w badaniach mogli wypełnić obecnością Boga. „Dlaczego przyciągające się wzajemnie gwiazdy nie zderzają się?". „Bóg je powstrzymuje!". Sprawy kobiet nie miały się wcale lepiej także w dobie Oświecenia. Wstęp do świata nauki był im zabroniony, te którym udało się doń prześlizgnąć, a dotyczyło to głównie astronomii, działały chronione przez ojców i mężów.

Mélani: Zdaje się, że między Hypatią a Marią Skłodowską-Curie, czyli pomiędzy czwartym wiekiem a początkami dwudziestego stulecia, nie doceniono w naukach ścisłych żadnej kobiety.

M.A.: Można je policzyć na palcach jednej ręki, a i one zostały zapomniane. Weźmy dla przykładu wybitną kobietę Marię Wienkelman, żyła w latach 1670–1720. Kształciła się u swojego ojca i uwielbiała astronomię. Jak mogła jej się poświęcić? Jedynym rozwiązaniem był ślub z astronomem, ojcem-mężem, starszym od niej o trzydzieści lat. Podczas gdy jedno spało, drugie patrzyło przez teleskop w gwiazdy. Czy mogli iść do łóżka razem? Jeszcze by im umknęła jakaś kometa! Nigdy nie wiadomo, kiedy się pokaże. Maria Wienkelman rzeczywiście odkryła nową kometę, wyjątkowe zdarzenie w tamtych czasach, ale odkrycie to zostało przypisane jej mężowi. Środowiska naukowe nigdy nie uznały jej zasług. Wspomnę też o niezwykłej kobiecie, wielkiej matematyczce, Sophie Germain. Nikt jej nie znał. Matematyk Leblanc, który miał wybitne zasługi w teorii liczb, matematyce akustyki i sprężystości, korespondował z matematykiem niemieckim Gaussem. Gdy w 1807 roku Napoleon zajął Prusy, Francuzi obłożyli kontrybucją miejscową ludność i Gauss miał zapłacić dwa tysiące franków, których nie miał. Poprosił więc korespondencyjnie swego kolegę po fachu, Leblanca, o wstawiennictwo u francuskiego generała w sprawie zwolnienia go z tej opłaty. Właśnie wtedy wielki Gauss zetknął się z piękną, trzydziestoletnią kobietą, Sophie Germain. Przybrała nazwisko mężczyzny, żeby traktowano ją poważnie i żeby Gauss nie wyrzucił jej listów! Pomyśl tylko – ta kobieta uczyniła milowy krok na drodze do rozwiązania historycznego „wielkiego twierdzenia Fermata", które pozostawało zagadką przez trzysta pięćdziesiąt lat i dopiero niedawno zostało rozwiązane.

Mélani: Przejdźmy wreszcie do Marii Skłodowskiej-Curie, dwukrotnie uhonorowanej Nagrodą Nobla.

M.A.: Pomyślcie, ile kobiet podobnych do Sophie Germain i Marii Skłodowskiej-Curie przepadło w zdominowanym przez mężczyzn świecie nauk ścisłych, ile znakomitych kobiecych umysłów straciła ludzkość! Zawsze z zachwytem myślę o ubogiej Polce, Marii Skłodowskiej-Curie (1867–1934), która pracuje jako guwernantka, by jej siostra, Bronia, mogła studiować. Potem żyje o herbacie i chlebie, kostnieje z zimna w obskurnym pokoiku w Paryżu, a jeszcze później, z mężem Pierre'em, w szopie z przeciekającym dachem wyodrębnia dwa nowe pierwiastki – polon i rad, a następnie, z córką Ireną, odkrywa sztuczną radioaktywność, która spowodowała rewolucję w naukach medycznych.

Mélani: Naturalnie podawano w wątpliwość jej dokonania – i skrycie, i otwarcie pomniejszano jej zasługi, które rzekomo powinny być przypisane jej mężowi, nawet wtedy, gdy już po jego śmierci samodzielnie prowadziła badania i osiągała znaczne sukcesy.

Moli: Do licha, zawsze tak ładnie zaczynacie, erotycznie, a później znowu ta żałoba – psujecie mi humor. Żądam przerwania tej dyskusji, mam dość. I mówię ci, że wcale nie jestem przekonana do powiązań, które usiłujesz przeprowadzić między powieścią a matematyką i fizyką. Coś mi się wydaje, że tworzysz jakąś swoją zboczoną teorię.

M.A.: Dobra, do następnego poniedziałku, choć przerywasz nam w najciekawszym momencie.

Rozdział 7

Milewa

M.A.: Mélani, przypomnij sobie nasz ostatni seksualno-matematyczny sen.

Mélani: No i?

M.A.: Są też inne związki łączące Mélani z fizyką i matematyką. Powiedz, jaka jest największa anomalia wszechświata?

Mélani: Co? Nazywasz mnie anomalią?

M.A.: Czarna dziura * i wchłanianie przez nią materii. Siła grawitacji czarnej dziury jest tak wielka, że nie wydostaje się z niej nawet światło. Jednak czarna dziura wcale nie jest taka czarna, skoro nieustannie coś kwantowego do niej wchodzi i z niej wychodzi. Istnieje także hipoteza białej dziury. Między nami, to opowiastki z niższej półki.

Mélani: Czy to możliwe, żebyś nazywał mnie czarną dziurą?

M.A.: Nie ja! To nieświadoma część mojej psychiki dokonała takiego skojarzenia. Wieszaliśmy psy na Sartrze,

* „Czarna dziura" po grecku to *melaní opí* (przyp. tłum.).

że nazywał kobietę dziurą, a tymczasem inny we mnie, działający w sferze nieświadomości, dodał Mélani i przesunął akcent. Nie ukrywam, że zastanawiałem się, czy jesteś blondynką, czy brunetką, i moja nieświadomość przekształciła to w dylemat astrofizyczny: czarna czy biała dziura?

Mélani: Czyli twoja męska natura protestuje i domaga się swoich praw.

M.A.: A jak, twoim zdaniem, Einstein doszedł do wniosku, że światło składa się z kwantów energii, że ma i falową, i molekularną naturę?

Mélani: No jak?

M.A.: Badając promieniowanie ciał czarnych. I znowu Mélani.

Mélani: Nie będę ukrywać, że ta nasza elektroniczna znajomość wydaje mi się nienaturalna. Przeszkadza mi, że jestem przykuta do ekranu. Czegoś tu brakuje, coś tracimy.

M.A.: Brakuje ogromnej masy samego wszechświata, „brakującej masy". Astrofizycy omal nie postradali przez nią zmysłów – nie z powodu relacji międzyludzkich, jak nasza, i to elektroniczna! Żeby wszechświat mógł się rozszerzać, potrzebna jest, jak się przypuszcza, określona gęstość masy – pięć do dziesięciu razy większa niż ta, która wynika z bezpośrednich pomiarów. Gdzie wobec tego jest ta wielka masa, której nie ma?

Mélani: Może jej nie widzimy, może jest ciemna.

M.A.: Może. Albo nie składa się z materii – istnieje jako energia równoważna brakującej masie – nie zapominaj o równoważności masy i energii wynikającej z równania $E=mc^2$. A jeśli tak, to pusta przestrzeń wszechświata wcale nie jest pusta, podlega nieustannym kwantowym fluktuacjom, które wytwarzają energię. Pustą przestrzeń wypełnia promieniowanie, energia, tak jak i nasz, pusty, bezcielesny związek. Mimo że dojrzałaś do tego, byśmy się spotkali. Przedtem byłaś zamknięta na takie rozwiązanie.

Mélani: Nie chciałam popsuć dyskusji, która się obiecująco zapowiadała. Ale nie byłam ani zamknięta, ani otwarta...

M.A.: Czy wszechświat jest wobec tego otwarty, czyli nieskończony w czasie i przestrzeni, czy zamknięty – czyli ograniczony w czasie i przestrzeni? Ty nie jesteś ani zamknięta, ani otwarta – jesteś na wpół otwarta, i jak się zdaje, także wszechświat jest półotwarty, czyli ograniczony w swoich rozmiarach, ale rozciągający się bez ograniczeń w czasie.

Mélani: Coś powinno się zmienić w naszych kontaktach, proponuję, żebyś przyszedł do mnie do domu.

M.A.: A twój syn?

Mélani: Nic nie będzie wiedział. Śpi już, jest przecież malutki...

M.A.: Mam przyjść cieleśnie?

Mélani: Jeśli potrafisz zamienić się w kwanty i odtworzyć natychmiast w moim pokoju, to chodź... W przeciwnym razie oczekuję cię na stary sposób, elektronicznie!

M.A.: Dobrze, wezmę tylko coś dla ciebie i idę. Proszę!

Mélani: O, dziękuję! Jakie piękne kwiaty! Proszę, wejdź. Co za barwy!

M.A.: Barwy stanowią zachętę dla owadów, wabią je, by nastąpiło zapylenie. Biolog skieruje swoją uwagę na budowę komórek kwiatów. Poeta napisze o nich wiersz. Tradycyjny kochanek położy ten piękny różowy pąk na piersi ukochanej. Anioł da śliczną lilię dziewicy.

Mélani: A ty?

M.A.: Poproszę, żebyś policzyła płatki. Ile płatków ma lilia?

Mélani: Trzy.

M.A.: A ten żółty kwiatek?

Mélani: Pięć.

M.A.: A ten?

Mélani: Osiem.

M.A.: Czyli tyle, ile suma dwóch poprzednich. Hmm. A to co za kwiat? Wygląda jak zrobiony z atłasu. Ile ma płatków?

Mélani: Całe mnóstwo. Zaraz... Trzydzieści cztery.

M.A.: A więc, Mélani, liczba płatków kwiatów odpowiada zwykle elementom ciągu piękna doskonałego. Ciąg ten nazywa się ciągiem Fibonacciego i wygląda następująco: 1, 2, 3, 5, 8, 13, 21, 34, 55, 89, 144. Każdy element tego ciągu, poza dwoma pierwszymi, stanowi sumę dwóch poprzednich. No, spróbuj...

Mélani: $21=13+8$, $34=21+13$. Istotnie...

M.A.: Liczby odpowiadające elementom ciągu Fibonacciego występują w przyrodzie bardzo często. Nie tylko w przypadku płatków kwiatów, ale także odległości liści na gałęziach, spiral w kwiecie słonecznika, na szyszkach, pniach drzew palmowych i tak dalej. Najbardziej zastanawiające w tym ciągu jest jednak to, że iloraz dwóch następujących po sobie liczb zmierza do wartości złotego podziału, to znaczy wartości 1/2, 2/3, 3/5, 5/8, ... 55/89, 89/144 zbliżają się coraz bardziej do wartości $(\sqrt{5}-1)/2$, odpowiadającej złotemu podziałowi, czyli proporcji określającej piękno idealne. Proporcję tę wykorzystano na przykład podczas budowy Partenonu, jako stosunek jego szerokości do wysokości. Zmierz, proszę, odległość od swojego pępka do podłogi. Czekam...

Mélani: 1,088.

M.A.: A ile masz wzrostu?

Mélani: 1,76.

M.A.: Dzielimy 1,088 przez 1,76... Masz bardzo dobre proporcje, bliskie złotemu podziałowi, twoje ciało jest rzeczywiście podobne do ciała Olii.

Mélani: Zajmujesz się matematyką stosowaną na konkursach piękności? Oczekuję równania opisującego idealną kochankę.

M.A.: Nie zamierzam tracić naszego czasu na kwiaty i idealne proporcje. Dręczy mnie coś innego, co ma związek z systemem nerwowym. W naszych komórkach nerwowych, neuronach, znajdują się między innymi mikroskopijne cylindry, mikrotubule, zbudowane zwykle z trzynastu „słupków paciorków" (protofilamentów składających się z dwu białek, tubulin) przebiegających spiralnie: pięć z nich prawoskrętnie, osiem – lewoskrętnie.

Mélani: 5+8=13. Zatem elementy struktury naszego systemu nerwowego także odpowiadają kolejnym parom liczb idealnego piękna.

M.A.: Podwójne mikrotubule mają dwadzieścia jeden słupków, co odpowiada następnej liczbie w ciągu Fibonacciego.

Mélani: Jak można to wyjaśnić?

M.A.: Nie oczekujesz ode mnie, jak rozumiem, wyjaśnienia metafizycznego o charakterze estetycznym. Niektórzy naukowcy twierdzą, że taka budowa sprzyja przekazywaniu sygnałów i fal elektrycznych z jednego do drugiego neuronu oraz przetwarzaniu informacji. Jest to budowa służąca kwantowej oscylacji i kwantowemu zestrojeniu poszczególnych neuronów. Mamy więc do czynienia z nową ideą związaną z kwantową organizacją mikrotubul, a więc i neuronów w naszym systemie nerwowym.

Mélani: O czym ty znów opowiadasz? Wiesz przecież doskonale, że rolę pośrednika w przekazywaniu sygnałów elektrycznych z neuronu do neuronu odgrywa substancja chemiczna, neuroprzekaźnik. Na węzły, gdzie przekazywane są informacje, działają negatywnie narkotyki, nikotyna i środki znieczulające.

M.A.: Musisz się jednak zgodzić z tym, że pod tymi chemicznymi właściwościami neuroprzekaźników kryją się mechanizmy kwantowe, właściwości elektronów, protonów itd.

Mélani: Teraz rozumiem, do czego zmierzasz. Równania kwantowe rozwiążą nam zagadki mózgu! Spodziewam się, że lada chwila zaproponujesz kobietom opis orgazmu w postaci równania kwantowego! Kobiety wszystkich krajów, kwantujcie się!

M.A.: W istocie. Tylko patrzeć, jak fizycy powiedzą nam, że nasze preferencje, pragnienia erotyczne, wzwód prącia, orgazm, smutek, twórczość artystyczną można określić właściwościami najbardziej podstawowych cząstek mechaniki kwantowej. W ten sposób psychologia zostanie sprowadzona do nauki o mózgu, do nauk neurologicznych, a one z kolei do biologii, ta do chemii, a chemia do fizyki kwantowej, ona zaś do matematyki. Chodzi więc o imperialistyczne zapędy fizyków, którzy lekceważą fakt, że każdy wyższy poziom zorganizowania – wyższy stopień złożoności materii – rządzi się własnymi prawami, funkcjonuje inaczej, ma inne właściwości, inne cechy związane z czasem i przestrzenią, których nie można po prostu sprowadzić do właściwości najbardziej podstawowych składników materii. Przykro jest słuchać tak skrajnych poglądów fizyków i matematyków jak Penrose czy inni, którzy chcą, by ich „powieść" zastąpiła wszystkie inne. Roszczą sobie prawo do monopolu, zamiast szukać wspólnego języka z różnymi gałęziami nauki. Prowadzi to do walk o pole działania pomiędzy pokrewnymi dziedzinami, wspomnijmy choćby antypatię między fizykami i chemikami. Ale przyszedłem do ciebie i nawet cię nie pocałowałem na powitanie. Całuję cię więc...

Mélani: Jeszcze raz... podobało mi się.

M.A.: Poczułaś podniecenie – a zatem co przeszło przez twój system nerwowy?

Mélani: Powiedzmy... fale elektryczne...

M.A.: Cudownie. Fale opisane równaniem Hodgina-Huxleya.

Mélani: ...to tylko prosty matematyczny model opisujący elektrofizjologiczną aktywność. Nie wyjaśnia natomiast, co się rzeczywiście dzieje. Dopiero biologia molekularna odkrywa przed nami mechanizmy sygnałów nerwowych.

M.A.: Zgoda. Przypomnij mi, ile komórek nerwowych, czyli neuronów, jest w mózgu.

Mélani: Hm... około stu miliardów, ale jeśli weźmiemy pod uwagę, że każdy neuron ma dziesięć tysięcy synaps, to mamy do czynienia z liczbą styków pomiędzy komórkami nerwowymi naszego mózgu równą 10^{15}.

M.A.: Czyli liczby takiego rzędu, jaki spotykamy w astrofizyce i mechanice kwantowej, w megakosmosie i w mikrokosmosie. Przypuszcza się, że dzięki samym tylko neuronom mózg ludzki może wykonać 10^{14} podstawowych operacji w ciągu sekundy. Jeśli dodamy do tego układ mikrotubulin, to mamy 10^{34} operacji na sekundę. Żaden z istniejących obecnie komputerów nie jest zdolny zbliżyć się nawet do tej liczby. Logiczną konsekwencją będzie stwierdzenie, że mózg pracuje na poziomie kwantowym. Ale powiedz mi, jaka jest prędkość tych nerwowych impulsów, fal elektrycznych?

Mélani: Jeśli dobrze pamiętam, sygnały przepływają z jednego neuronu do drugiego z prędkością znacznie mniejszą od prędkości dźwięku.

M.A.: Czyli niewiarygodnie małą. Żadnego porównania z prędkościami, z jakimi mamy do czynienia na poziomie kwantowym i które są porównywalne z prędkością światła. Istnieje zatem zadziwiająca powolność w reakcjach człowieka, zarówno świadomych, jak i tych względnie szybszych – nieświadomych. Powolność ta wytycza granice ludzkiego istnienia. A zatem uproszczenie fizyków, polegające na sprowadzeniu wszystkiego do kwantowego „mikro”, idzie na marne. Nowa fizyka, której uda się sprzęgnąć „małe” z „dużym” poza znanymi prawami i modelami fizyki klasycznej oraz konwencjonalnej fizyki kwantowej, podziała wyzwalająco na nauki neurologiczne i otworzy rzeczywiście nowe horyzonty przed badaniami mózgu. Wystarczy, by nowa fizyka nie ograniczyła się do utopijnego poszukiwania boskiej, cyfrowej procedury, która miałaby odwzorować działanie ludzkiego mózgu, ludzkie rozumowanie w komputerze.

Mélani: Nie powiesz mi, że nie przeszło ci przez myśl, iż twoja przyjaciółka z dzieciństwa, Mania, która potrafi czytać w cudzych myślach, miała zdolność wychwytywania fal mózgowych swego rozmówcy.

M.A.: Tak. Może nawet ta myśl popchnęła mnie do poszukiwania wszystkiego, co dotyczyło kwantowego funkcjonowania systemu nerwowego. Ale, na litość, nie jestem aż tak nierozsądny, by wierzyć, że umysł Mani potrafi lokalizować częstotliwości fal mózgowych i odtwarzać je w pamięci. Ta kobieta nie jest wieszczką, nie ma nadprzyrodzonych zdolności, lecz rzadką intuicję dotyczącą jej samej albo bliskich jej osób.

Mélani: Tak się zagadaliśmy, że zapomniałam o poczęstunku. Czego się napijesz?

M.A.: Jeśli nie masz dobrego czerwonego wina, może być wódka.

Mélani: Proszę, oto wino.

M.A.: Mają rację ci, którzy twierdzą, że w lampce czerwonego wina mieści się cała tajemnica wszechświata. Prawa optyki – spójrz tylko, co światło wyprawia w winie! Parowanie – szaleńcze ruchy atomów pod spokojną powierzchnią.

Tysiące chemicznych równań, rozmaite substancje, enzymy, fermenty. Fermentacja! Zagadka nad zagadkami, pochodzenie życia. To zwykłe szklane naczynie skupia w sobie historię petryfikacji ziemi i rozwoju wszechświata. Zwykła lampka wina, a...

Mélani: Pij wreszcie! No i co? Opowieści o wszechświecie tak cię podniecają, że aż wylałeś. Masz teraz plamę na koszuli.

M.A.: Historia kropli – to jest dopiero powieść przygodowa! Może ją pan, panie Márquez, opisać? Nie może pan. Dlaczego kropla wina przyjęła ten piękny kształt i ma taką a nie inną objętość? Wyjątkowo porywająca akcja! Spadając, kropla nieustannie zmienia kształt. Głównych bohaterów jest wielu: napięcie powierzchniowe, promień, gęstość, prędkość i ciężar, parowanie, opór powietrza, temperatura i prędkość cząsteczek, tarcie wewnętrzne, przewodność cieplna, lepkość i drugie tyle postaci drugoplanowych. A jakie piękne równania!

Mélani: Czuję twoją rękę na mojej szyi – to jest ciepło, które lubię.

M.A.: Inna ręka, równie ciepła, o takim samym przepływie ciepła ku twojej skórze, nie podobałaby ci się tak bardzo. Tkanka mojej skóry i tkanka twojej skóry, podobnie jak termoreceptory zakończeń komórek nerwowych współgrają ze sobą i powstaje silny sygnał podniecający. Równanie, którym...

Mélani: Daj spokój równaniom, twoja ręka ześlizguje się na moją pierś.

M.A.: Czy jest podobna do piersi Olii?

Mélani: Prawie ten sam kształt, chociaż ja rodziłam.

M.A.: Idealny kształt dzwonu krzywej Gaussa, na której opiera się rachunek prawdopodobieństwa i statystyka.

Mélani: I ja znam kształt krzywej Gaussa z wykładów

z medycyny, ale przestań mówić o krzywych – twoja ręka wędruje jeszcze niżej.

M.A.: Wędruje na plecy, do talii, ku pośladkom... Wyjątkowa uroda krzywizny ujemnej – tu, na tej wygiętej w łuk powierzchni, ma pole do popisu hiperboliczna geometria Łobaczewskiego. Niewykluczone, że taki jest kształt wszechświata.

Mélani: O jakiej ujemnej krzywiźnie znowu mówisz? Jestem bardzo podniecona, ta krzywizna musi być dodatnia.

M.A.: Nie, dopiero teraz jest dodatnia, gdy moja ręka zatrzymuje się na twoim pośladku, dodatnia krzywizna Riemanna. A może dopiero geometria Riemanna oddaje prawdziwy kształt wszechświata?

Mélani: I znowu do góry...

M.A.: Zatrzymuję się na sprężystej powierzchni twojego brzucha, oto i stara geometria euklidesowa. Teraz moja dłoń jeszcze raz podąża tym samym szlakiem, powoli i delikatnie... Powiedz mi, co cię bardziej podnieca? Krzywizna dodatnia czy ujemna? Geometria Łobaczewskiego czy Riemanna? Która z tych dwóch, nieeuklidesowych geometrii podnieca cię bardziej? Ręka znowu wędruje w dół...

Mélani. Wiem... Przestań, bo oszaleję.

M.A.: Mów, który z nich najbardziej cię podnieca: Rosjanin Łobaczewski, Niemiec Riemann czy Grek Euklides?

Mélani: Każdy, każdy... teraz, kiedy...

M.A.: Ale który bardziej... Słuchaj mojej dłoni...

Mélani: A wielcy fizycy, którego preferują?

M.A.: Są w tej kwestii podzieleni.

Mélani: A Einstein?

M.A.: On pragnął nade wszystko dodatniej krzywizny Riemanna, bo od niego zapożyczył swoją geometrię czasoprzestrzeni. To była prawdziwa rewolucja, gdy zrozumiał, że przestrzeń nie jest neutralna...

Mélani: Jaka neutralna? Ja płonę! Gdy mówisz Einstein, automatycznie dotykasz mojej pupy – on był Żydem, a nie Turkiem.

M.A.: To była wielka rewolucja. Czterowymiarowa czasoprzestrzeń jest zakrzywiona, wszechświat, jak twoje pośladki, ma kształt krzywizny dodatniej, ciążenie jest zamaskowaną krzywizną, a jego tajemnica – zaszyfrowana w krzywiźnie czasoprzestrzeni, światło wygina się wskutek sił ciążenia, zgodnie z krzywizną czasoprzestrzeni.

Mélani: Ciążenie to opadanie, a ja czuję, że „twój" jest twardy i sterczący.

M.A.: To nie moja wina, tylko dwutlenku azotu. Twoje krzywizny i twój głos, tak jak go sobie wyobrażam, przesyłają sygnały do ciał jamistych mojego narządu rodnego, gdzie wytwarza się tlenek azotu, mięśnie rozluźniają się, dopływa do nich więcej krwi i przekrwienie powoduje wzwód. Tak samo jak u ciebie. Zdradź mi wreszcie, którego wolisz? Riemanna czy Łobaczewskiego?

Mélani: To ty mi powiedz, dlaczego tylko Einstein sądził, że przestrzeń jest zakrzywiona, skoro to takie proste.

M.A.: Newton mógł myśleć podobnie, ale on szukał tajemnicy w boskich sferach niebieskich, nigdy nie dotknął kobiecych krzywizn, natomiast Einstein...

Mélani: Czy zatem kobiece ciało kryje tajemnicę wszechświata? Twój feminizm jest podejrzany... I przestań z tą ręką, bo nie wytrzymam.

M.A.: Zamkniemy się na klucz, żeby nikt nas nie widział?

Mélani: Wszystko mi jedno. Kto chce, niech patrzy, to ty jesteś osobą publiczną.

M.A.: Moja ręka dotyka teraz zagłębienia ponad twoim karkiem. Jesteśmy w punkcie zero na osi czasu. Cały wszechświat jest kropką, pierwotną „grudką" o nieskończenie wielkiej gęstości i nieskończenie wysokiej temperaturze. Jesteśmy 10^{-27} sekundy po Wielkim Wybuchu. Schodzę powoli na kark, miliard lat, dwa miliardy lat, dotykam ramienia, trzy miliardy, przesuwam rękę w stronę pleców, pięć miliardów lat, rysuję na twoim ciele rozszerzanie się wszechświata, mijam talię, sześć miliardów, siedem, osiem i dotykam pośladków, dziewięć, dziesięć, jedenaście i dwanaście miliardów lat dokładnie ponad twoją dziurką, w szczytowym punkcie rozszerzania się wszechświata.

Mélani: Teraz cię chcę... Podoba mi się, gdy się tak uczysz mojego ciała.

M.A.: Pójdę teraz w przeciwnym kierunku – dwanaście, jedenaście... Wszechświat kurczy się, pięć, cztery, trzy, jeden, zero. Dotarliśmy znowu do punktu zero, do Big Crunch, gdy wszechświat skurczy się i zapadnie. Jaki kształt ma historia wszechświata kreślona na twoim ciele?

Mélani: Kształt jakby... dzwonu.

M.A.: Nie. Pokażę ci jeszcze raz – uważaj dobrze.

Mélani: Gruszka. Czy rzeczywiście tam wszechświat się kończy?

M.A.: Dane, którymi dysponujemy, nie pozwalają nam osądzić, czy w przyszłości nastąpi zapadnięcie się wszechświata, czy też wszechświat będzie się rozszerzał w nieskończoność. Postanów więc o tym sama!

Mélani: Ale jak?

M.A.: Wybierz kształt, który cię bardziej podnieca! Powiedz, co czujesz? Jaki kształt kreślę teraz?

Mélani: Coś jak... melon?

M.A.: Teraz dotykam cię z tyłu, zaczynam nisko od pośladków, ale nie podążam za krzywizną talii, tylko idę prosto do góry. To model wszechświata otwartego, który rozszerza się nieograniczenie. Co cię bardziej podnieca?

Mélani: Ten ostatni kształt szybciej wywołuje rozkosz, bo ma początek na dole. W gruszce podnieca mnie oczekiwanie, ale gdy spodziewam się, że dotkniesz mnie niżej, oddalasz się.

M.A.: Zauważ, mogę to robić nieskończenie wiele razy, koniec jest jednocześnie początkiem, jest określony, ale nie oznacza kresu. Wybierasz więc gruszkę...

Mélani: Czy to logiczne, by coś, co mnie podnieca, stanowiło słuszne kryterium określenia kształtu dziejów wszechświata?

M.A.: Kryterium estetyczne – piękno, symetria, wdzięk – pomogło przetrwać ogólnej teorii względności.

Mélani: Chyba przeprowadzono też doświadczenia, by ją zweryfikować.

M.A.: Ten, który jako pierwszy przeprowadził weryfikację doświadczalną teorii względności, Eddington, i który stwierdził, że promień światła ulega zakrzywieniu, powiedział przewrotnie: „Obowiązkiem doświadczenia jest potwierdzenie prawdziwości teorii".

Mélani: I teraz, na litość, moja żądza potwierdzi model dziejów wszechświata?!

M.A.: Rozkosz kobiety potwierdzi jedną z najbardziej nowoczesnych powieści fizyki albo jej zaprzeczy...

Mélani: Nie wierzysz w Wielki Wybuch i zapadnięcie się wszechświata?

M.A.: Ta opowieść pachnie Starym Testamentem, Księgą Rodzaju, „Wtedy Bóg rzekł: Niechaj się stanie światłość!", żydowską mitologią. Zawsze mówiłem, że to astrofizyczna teologia i proszę, całkiem niedawno dowiedziałem się, że pierwszym, który ją lansował, był belgijski ksiądz, George Lemaitre.

Mélani: Czy znaleziono jakąś przyczynę owego pradawnego wybuchu?

M.A.: Jeśli przyjmiemy wiele „zakładając, że...", są pewne poszlaki mogące świadczyć o pozostałościach po wybuchu!

Chodzi o promieniowanie ciała doskonale czarnego, które, później, jak zobaczysz, potwierdziło inne, bardziej wiarygodne hipotezy. Nie mogę jakoś zaakceptować istnienia początku czasu i zamknięcia dziejów wszechświata w scenariuszu: początek–koniec. W dziejach wszechświata, systemu dynamicznego, były i będą zaburzenia, stany braku równowagi, nowe formy, powtarzające się historie kolejnych podwszechświatów. O ile ogólna teoria względności Einsteina jest powieścią na wysokim poziomie, rewolucją w myśli naukowej, o tyle Big Bang, czyli Wielki Wybuch, i Big Crunch, czyli zapadnięcie się wszechświata, to powieści drugorzędne. Zapewniają jednak finansowanie z Kongresu, błogosławieństwo papieża i aureolę władców wszechświata swoim celebrantom.

Mélani: Mów dalej, dotykasz najczulszych strun moich erotycznych odczuć. Uwielbiam słuchać, ale nie pospolitych wynurzeń towarzyszących zwykle spółkowaniu.

M.A.: Powiedziałaś strun? Teoria strun była nadzieją teorii wszystkiego, kwantowej teorii grawitacji, która sprzęgłaby fizykę kwantową z teorią względności. Siły i cząstki w końcu by się z sobą połączyły. Wszystko byłoby jednym, a jedno wszystkim, zgodnie z przewidywaniami Heraklita: „...ze wszystkiego jedno i z jedni wszystko" *. Struny stałyby się nowym rodzajem bytu fizycznego, a najmniejsza pozbawiona masy cząstka materii jego kwintesencją. Miejsce cząstek, które w rzeczywistości nie istnieją, zajmą mikroskopijne wibrujące pętle energii. Oscylujące struny mogą znajdować się w nieskończonej liczbie stanów. Dzięki temu każdej ze znanych nam cząstek odpowiada jeden z możliwych sposobów oscylowania struny. Różne cząstki reprezentowane są

---

* Arystoteles, *O świcie*, przeł. Antoni Paciorek. W: Arystoteles: *Meteorologika; O świecie*. PWN, 1982, s. 149–258 (przyp. wyd.).

przez rozmaite sposoby oscylowania pętli strun. Mówimy o najnowocześniejszej powieści fizyki, która stała się modna. Powstają tysiące powieści tego rodzaju bez żadnej możliwości ich weryfikacji. Przyszli potencjalni Einsteinowie prześcigają się w tworzeniu hipermatematycznych abstrakcyjnych konstrukcji, którymi nie potrafią się posługiwać i których nie potrafią sprawdzić doświadczalnie. Prawdziwa wieża Babel. Najbardziej ambitna była dziesięciowymiarowa teoria hiperstrun – z czterema znanymi wymiarami czasoprzestrzeni wszechświata i następnymi sześcioma, które odnoszą się do subatomowego świata kwantowego. Fizycy ogromnie się niecierpliwią, widząc, że wiek dwudziesty się skończył, a o najważniejszych dokonaniach, największych intelektualnych przewrotach mówiło się w pierwszej, a nie w ostatniej jego dekadzie.

Mélani: Mów dalej... daj mi dokończyć... nie zostawiaj mnie tak...

M.A.: Żebym mógł wejść w ciebie i dokończyć dzieła, potrzebne mi są dwie liczby, których suma wynosi 10, a iloczyn 40. Istnieją takie liczby?

Mélani: Nie katuj mnie teraz liczbami!

M.A.: Nie ma takich liczb rzeczywistych.

Mélani: Jakie znaczenie mają liczby, skoro czuję twoją rękę na moich pośladkach?

M.A.: Właśnie mają znaczenie. Półkule twoich pośladków, faktycznie doskonałych, takich samych jak Olii, opisuje krzywa $x \cdot y = 40$.

Mélani: Dlaczego nie możesz wejść we mnie?

M.A.: Nie mogę. Prosta mojego narządu rodnego, $x + y = 10$, nie przecina się z krzywą $x \cdot y = 40$, krzywą twoich pośladków. Nie przecinają się na powierzchni rzeczywistej. Nie istnieją liczby rzeczywiste, które spełniałyby ten układ równań...

Mélani: No i?

M.A.: Ale istnieją takie liczby urojone. Pamiętasz jednostkę urojoną i, której kwadrat równa się -1, czyli ona sama jest pierwiastkiem kwadratowym z -1. Zwariowane, co? Jednak na tym genialnym szaleństwie opiera się matematyka i fizyka. Bez liczb urojonych, tak jak bez urojonych nieeuklidesowych geometrii Łobaczewskiego i Riemanna nie potrafilibyśmy badać prawdziwego świata, wszechświata, świata kwantowego ani nawet naszego organizmu.

Mélani: Nasz orgazm, choć elektroniczny, odnosi się zatem do światów urojonych, na randki będziemy się umawiać, posługując się urojonymi liczbami, nasza relacja pozostanie w sferze fantazji tylko dlatego, że $x \cdot y = 40$ i $x + y = 10$ nie mają wspólnego rozwiązania!

M.A.: Urojony, nie znaczy gorszy od realnego, liczby urojone wcale nie są mniej rzeczywiste niż rzeczywiste. Dokładnie tak jak w powieściach.

Mélani: Cudownie! Mój tyłek, odkrywszy kształt wszechświata, wymyślił liczby urojone, a teraz jeszcze dowiaduję się, że pisze matematyczną powieść.

M.A.: Nie. Twój tyłek nie wymyślił liczb urojonych, lecz pewien dziwny człowiek, i to w bardzo odległych czasach – genialny karciarz, wynalazca urządzeń mechanicznych, znakomity lekarz, specjalista od astmy i syfilisu, pisarz, świetny matematyk.

Mélani: Karciarz?

M.A.: Jego ojca wykończyli, bo oszukiwał podczas gry. On sam był maniakiem gry w karty, a nawet napisał książkę, w której radzi, jak się wzbogacić na hazardzie – a w rzeczywistości jak kraść, grając w karty. Książka ta kładzie podwaliny pod matematyczną teorię prawdopodobieństwa. Człowiek pochodzący z nędznego środowiska, wplątany w nieprzyjemne przygody, ścigany, pozbawiony czci, którego dzieci uwikłane są w zbrodnie, w tamtych mrocznych czasach odkrywa liczby urojone oraz zasady rachunku prawdopodobieństwa, czyli dwa najbardziej podstawowe narzędzia potrzebne do zgłębiania tajemnic świata kwantowego – podstawowej struktury materii i życia. Pamiętamy o poetach, rzeźbiarzach, filozofach i generałach, ale nie o matematykach. To wielka niesprawiedliwość! Gerolamo Cardano z Pawii (1501–1576), który w wieku dwudziestu trzech lat odkrywa rachunek prawdopodobieństwa, jest jedną z ważniejszych osobowości Odrodzenia, a jego wyobraźnia przewyższa wyobraźnię poetów i powieściopisarzy tamtej epoki. Sam jego żywot jest niczym powieść. Popatrz, z jakim zbiegiem okoliczności mamy do czynienia w naszej dyskusji: Diofantos z Aleksandrii był bardzo blisko liczb urojonych, otarł się bez mała o pomysł, że liczba ujemna może mieć pierwiastek kwadratowy, zląkł się jednak bezsensu i nie zaryzykował kroku w świat urojony.

Mélani: Wróćmy do rzeczywistości. Zjemy coś? Mogę naprędce przygotować sałatę, łososia, sery, mam od obiadu makaron z ośmiornicą i małżami.

M.A.: Nie chcę elektronicznego jedzenia. Ale zastanówmy się nad ośmiornicą. Dla nas to zakąska, dla matematyka powieściopisarza natomiast stanowi model najbardziej szalonej i zaskakująco użytecznej geometrii, tak zwanej geometrii elastycznej. Zapamiętaj: w matematyce spirali ośmiornicy może kryć się model wszechświata, którego szuka Einstein.

Mélani: Nie chcesz jeść? Mama zrobiła świetne obwarzanki dla małego. Poczęstuję cię nimi do kawy.

M.A.: Geometria obwarzanka koncentruje w sobie wszystko, o czym do tej pory mówiliśmy: równania diofantyczne, liczby urojone, rozwiązania zespolone, krzywe eliptyczne, geometrię hiperboliczną, elastyczną... wszystko. Nawet rozwiązania zwariowanego i tajemniczego „wielkiego twierdzenia Fermata". Przepraszam, że spytam: twoje obwarzanki... ile mają dziurek?

Mélani: Znowu o dziurach. A tyle mnie kosztowało, żeby się wyciszyć.

M.A.: Tu istotnie przechodzimy do matematyki dziury. Jeśli weźmiemy kawałek ciasta i zrobimy z niego okrągły obwarzanek, a potem zmienimy jego kształt w kwadrat, prostokąt, elipsę – wszystko jedno, byle z jedną dziurką, to w geometrii elastycznej wszystkie te kształty są takie same – szerokość, kąty, przestrzenie są nieskończenie elastyczne. Jeśli jednak obwarzanek staje się preclem i ma dwie dziurki, należy do innego gatunku, nie ma w nim równowagi. Tu musimy przejść do geometrii nieskończonej elastyczności, która zajmuje się niezmiennością tworów geometrycznych podczas odwracalnych, ciągłych przekształceń. To topologia...

Mélani: A... tego szalonego matematyka, Francuza, który, jak pisałeś w *Utraconym bluesie*, wywarł wpływ na poglądy pisarza, Marcela Prousta.

M.A.: Tak. Poincaré. Ostatni z wielkich dziewiętnastego wieku i pierwszy z wielkich w wieku dwudziestym. Zostawił nam sporo matematycznych zagadek, żebyśmy mieli się czym zajmować w dwudziestym pierwszym wieku. Niezwykle płodny matematyk i ogromnie roztargniony człowiek – jeden z tych, co to stale szukają okularów, które mają na nosie – zrozumiał, że podstawowym elementem w twórczości matematycznej jest estetyka, a nie logika. Nowa fizyka, która być może wyłoni się w dwudziestym pierwszym wieku, by sformułować na nowo prawa natury oraz zestroić ze sobą nieskończenie małe i nieskończenie duże, będzie zapewne poszukiwać nowego języka matematycznego i może znajdzie go u Poincarégo, tak jak na początku dwudziestego wieku Einstein skorzystał z geometrii Riemanna, szukając matematycznego modelu dla teorii względności.

Mélani: Zmęczyliśmy się chyba trochę... Może posłuchasz bluesa, który leci w radiu?

M.A.: Fale radiowe! W połowie ubiegłego stulecia pewien facet o niezwykłej intuicji w dziedzinie matematyki i fizyki – umarł, będąc w moim wieku – wymyślił zbiór pięknych równań, które wiązały magnetyzm z elektrycznością, a zatem umożliwiły przewidzenie nieznanych i nieoczekiwanych zjawisk, jak na przykład fale elektromagnetyczne. Równania te były czystym wytworem wyobraźni. Jamesowi Maxwellowi nie przeszło nawet przez myśl, że z tych zwyczajnych, ale jakże pięknych równań zrodzi się pewnego dnia radio, telewizja, promienie X, a także radar czy radioteleskopy, które nasłuchują kosmicznych szumów radiowych pochodzących z miliardów gwiazd wszechświata.

Mélani: Czyli czysto abstrakcyjna konstrukcja matematyczna może przyczynić się do rozwiązania problemów fizyki?

M.A.: Właśnie tak zaskakująca jest skuteczność matematyki w badaniu przyrody. Wyobraźnia matematyczna w swoim szaleństwie tworzy liczby urojone, przestrzenie urojone, hipersfery, pseudosfery, trójwymiarowe wielokrotności, czterowymiarowe spirale, struny o dziesięciu wymiarach, fraktale, systemy chaotyczne itd., by pewnego dnia stworzyć z nich język i modele, którymi wyrażamy prawa zjawisk fizycznych. Istnieje też naturalnie działanie o przeciwnym kierunku, od przyrody do matematyki. Czy twój syn ma piłkę nożną?

Mélani: Oczywiście, mundialową, choć jest dla niego trochę za ciężka.

M.A.: Od czasów Archimedesa po dziś matematycy bawią się tym symetrycznym układem pięciokątów i sześciokątów, jakim jest piłka do futbolu, i proszę, dzięki tej zabawie potrafimy obecnie rozwiązać zagadkę struktury pewnej szczególnej cząsteczki węgla składającej się z sześćdziesięciu atomów. A teraz coś, co wiąże się z twoją pracą: w zakończeniach komórek nerwowych znajdują się cząsteczki białka, klatryny – *clathrin triskelions* – które wyzwalają neuroprzekaźniki, substancje chemiczne. Cząsteczki te, jak się okazuje, mają wielościenną budowę piłki futbolowej. Matematycy są więc gotowi z geometrią tak ważnych dla naszego układu nerwowego substancji.

Mélani: Czas na kawę. Pijesz z mlekiem?

M.A.: Spójrz na mleko w dzbanuszku. Wygląda tak samo niezależnie od tego, z której strony patrzysz. Nigdzie się nie zsiadło, nie widzisz śmietany tu, masła tam, kwaśnego mleka ani serwatki jeszcze gdzie indziej. Taki jest wszechświat w kosmologicznym modelu Einsteina. Materia jest rozmieszczona równomiernie, jest jednorodna.

Mélani: Co twoim zdaniem nie ma miejsca! No i?

M.A.: Spokojnie! Twoje radio, twój telewizor i komputer, twoja mikrofalówka będą działać, samoloty i statki kosmiczne będą latać nawet wtedy, gdy w modelu Einsteina znajdziemy coś, co trzeba poprawić. Einstein założył idealne piękno, symetrię, prostotę i logiczną stabilność w oparciu o swoje filozoficzne i życiowe kredo, osobisty wszechświat.

Moli: Teraz ci przerwę! Czekałam i czekałam, żeby obejrzeć elektroniczny orgazm, a tu nic... Nie tylko zrobiłeś z nas podglądaczki cudzej rozkoszy, ale zostawiłeś dziewczynę niezaspokojoną, bo nie można rozwiązać układu równań waszych narządów rodnych – niech będzie! Nie mogę jednak zaakceptować tego, że poważna teoria fizyczno-matematyczna może być uzależniona od widzimisię twórcy. W przypadku powieści byłabym skłonna o tym dyskutować, ale w fizyce czy matematyce – nie.

M.A.: Gdyby Einstein nie był biedny...

Moli: No chyba nie biedny!

M.A.: Rozmyślając nad teorią względności – powiada – na każdej ścianie wieszam zegar, ale nie mam pieniędzy, żeby kupić sobie prawdziwy zegar na stolik nocny. Gdyby Einstein nie był biedny, gdyby nie był samoukiem, Żydem tułaczem na wiecznym wygnaniu, nie mającym własnego kraju, własnej ojczyzny, ideologii ani nawet rodziny, teoria względności wyglądałaby inaczej. Życie wpływa na kształt dzieła także w fizyce i matematyce. Na jego ogląd świata wpłynął melancholijny, niczym z Dostojewskiego wzięty, utopizm, filozof Spinoza oraz mrok tragedii, która napiętnowała jego epokę, a zwłaszcza jego rasę. Świat ludzi jest nieracjonalny, nieprzewidywalny, pełen konfliktów, niepewności i dyskryminacji. Na przekór temu Einstein tworzy świat stabilny, logiczny, piękny, przewidywalny, statyczny, jednorodny, bezczasowy, wolny od klątwy historii. Słowa: „Tworzę prawa wszechświata, niezależne od systemu odniesienia do czasu i przestrzeni tego, kto go bada" nieświadomość Einsteina przekłada na: „Tworzę prawa społeczeństw i narodów niezależne od ich rasowego, etnicznego, społecznego i klasowego pochodzenia". Bo dla mnie samego nie ma miejsca wyjątkowego, nie ma go w całym wszechświecie. Einstein, Moli, to człowiek, który pozwala swoim przeczuciom prowadzić się ku wynalazkom – zwróć uwagę na jego własne sformułowanie – „swobodne twory ludzkiego intelektu". „Swobodne" – wydaje ci się, że mówi o powieści, a nie o nauce.

Moli: Nie mogę zaakceptować przeczucia w matematyce. To czyste przeniesienie z dziedziny sztuki, i nie może dosłownie odnosić się do konstrukcji logicznych. Nie zaczynaj mi więc cytować, co mówi jeden, a co drugi, i tak nie dam się przekonać.

M.A.: Prawdę jesteśmy w stanie zrozumieć dogłębnie tylko wtedy, gdy ją przeżyjemy, a nie wówczas, gdy o niej przeczytamy w książce. To, co wiem o inwencji matematycznej, wynika z własnego doświadczenia, z tego, co przeżyłem w piątej klasie gimnazjum – później zdobyta wiedza nie wniosła już niczego szczególnego. Biografie wielkich matematyków potwierdziły to, co wówczas odczuwałem. Posłuchaj. Jesteśmy w gimnazjum w Agios Nikolaos na Krecie, w klasie o profilu humanistycznym. Matematyka nikogo nie interesuje. Są jednak dwaj uczniowie, samorodne talenty matematyczne – Mimis oraz Fílipos – dwa kompletnie różne charaktery. I znakomity nauczyciel, Janis Epitropakis, który, jak to się mówi, ma bzika na punkcie matematyki. Roztargniony, żyjący samotnie pasjonat, znakomity logik – byłby drugim Gödlem, gdyby go nie ograniczała mierność greckiej prowincji. Otóż nauczyciel ten kusi wspomnianych dwóch uczniów nadprogramowymi dziwnymi ćwiczeniami. Pewnego ranka daje im z zagadkowym, trochę nawet złośliwym uśmiechem rzadkie i wyjątkowo piękne zadanie z dziedziny geometrii, wygrzebane nie wiadomo skąd – dziesięć lat później podobne zadanie pojawiło się podczas olimpiady matematycznej. Mimis, ledwie odrobił inne lekcje, zabiera się do zadania, ale jakoś mu nie idzie. Zostawia je więc i postanawia coś zjeść. Siada znowu i znowu jakby się odbił od ściany, odczuwa dyskomfort, nie może zdobyć się na cierpliwość i przeanalizować problemu krok po kroku. Zostawia zadanie, podlewa ogród, zachodzi do warsztatu szewskiego ojca, od czasu do czasu w jego umyśle rodzą się swobodne skojarzenia, doznaje nagłych olśnień, ale bez oczekiwanego efektu. Idzie do domu, stwierdza z niezadowoleniem, że wciąż daleko mu do rozwiązania, kładzie się spać. Tuż przed przebudzeniem, w półśnie, widzi abstrakcyjne, niejasne obrazy – nie jest to proces docelowego myślenia, raczej stan błogości, pewności siebie, uczucie obcowania z pięknem, coś mówi mu bez słów, bez żadnych symboli, że ma rozwiązanie, wstaje, i nie spiesząc się wcale, siada nad kartką. Wtedy przychodzi owo niespodziewane olśnienie, kreśli trzy pomocnicze proste i okrąg, węzeł zostaje przecięty, widzi przed sobą klarowną geometryczną przestrzeń. Co sprawiło, że nakreślił te trzy proste i okrąg? Przeczucie, poczucie symetrii, kryterium estetyczne. Pierwszym krokiem do rozwiązania była intuicja, dopiero potem powstał dowód logiczny. Jako samouk Mimis nie podpiera się metodologią, nie czuje się przywiązany do twardych reguł przeprowadzania dowodu, nie idzie za wskazówkami korepetytorów, jego wyobraźnia jest wolna.

Mélani: Czy chcesz przez to powiedzieć, że rozwiązywaniu problemów matematycznych towarzyszy nieświadomy proces, taki sam jakiego doświadcza artysta?

M.A.: Tak, nazwijmy go nieświadomym, choć uważam, że obszary naszego świata intelektualnego i psychicznego są bardziej złożone. Istnieje wiele pośrednich poziomów pomiędzy tym, co wy, psychoanalitycy, nazywacie nieświadomością, a świadomością. W przypadku tego ucznia mamy do czynienia z innym zjawiskiem – jego mózg przez cały czas pracuje nad zadaniem. Bez udziału świadomości wykonuje szybkie operacje łączenia różnych elementów, zgaduje, sprawdza i odrzuca, tworzy mnóstwo swobodnych skojarzeń, wędruje po zasobach intelektu.

Mélani: Podobno w półśnie widziałeś niewyraźne obrazy. Czy miały związek z zadaniem?

M.A.: Pozornie nie, były to nieokreślone geometryczne kształty, bez znaczenia, niepowiązane ze sobą, takie jak kropki, elipsy, wektory styczne do eliptycznych krzywych, eliptyczne łuki, moje ukochane krzywe $y=x^3$, pseudosfery, okręgi wypełnione mniejszymi, stycznymi okręgami. Żadnych kwadratów, równoległoboków ani wielościanów. Te same figury w innych przypadkowych połączeniach pojawiają się także wtedy, gdy tworzę nieświadome sylogizmy w związku z nową powieścią albo gdy rozmyślam nad nowym pojęciem z filozofii czy psychoanalizy, a również wówczas, gdy przygotowuję się do wygłoszenia mowy – nie zapominaj, że przede wszystkim jestem mówcą. Gdziekolwiek się znajdę, zostawiam po sobie te zwariowane figury, a mój syn mówi: „W ogóle nie pracujesz, tylko ciągle się bawisz".

Mélani: Mamy zatem pewien zestaw figur, które powracają do ciebie uporczywie bez udziału świadomego działania od czasów dzieciństwa, ilekroć starasz się coś sobie przyswoić albo wymyślić, niezależnie od tego czy jest to matematyka, czy psychoanaliza, literatura, polityka – bez względu na dziedzinę. Z tego wynika, że nie są to neutralne, przypadkowe figury, niewinne bazgroły, że tak powiem...

M.A.: Także gdy się zamyślę i mam przed sobą kartkę papieru, szkicuję na niej te same geometryczne kształty – a zatem są one symbolicznym wyrazem nieświadomych pragnień. Kształt tych figur, choć wydaje się to głupie, ma podłoże seksualne. Weźmy chociażby strzałki styczne do elips. Wskazują kierunek pragnień, ich cel, nieświadome, czysto męskie pragnienie penetracji. Strzałki te są jakby wyrzucane siłą odśrodkową i przedstawiają falliczną żądzę wniknięcia w kobietę. Gdybym był kobietą albo homoseksualistą, strzałki byłyby prawdopodobnie skierowane ku środkowi, do elipsy lub okręgu, byłyby dośrodkowe i przedstawiałyby pragnienie przyjęcia prącia. A co symbolizują elipsy, które szkicuję z maniackim uporem, wszędzie, jeśli tylko wpadnie mi w rękę ołówek i kartka? Kobiece organy rodne! Teraz już to wiem, a kiedyś sądziłem, że to niewinne matematyczne figury. Co oznacza okrąg, który staram się wypełnić w środku mniejszymi stycznymi okręgami?

Moli: Powiem ci: duży okrąg to kobieta, abstrakcyjna kobieta, wielka dziura składająca się z wielu mniejszych okręgów, z cząstkowych rzeczywistych kobiet, z cząstkowych mniejszych dziur! Oto jak nieświadomie zaspokajasz swoje fallokratyczne skłonności. Gdy oskarżałeś Sartre'a o dziury, zaatakowałeś nieświadomie samego siebie.

M.A.: Nie jest możliwe wypełnienie dużego okręgu mniejszymi, stycznymi do dużego. A zatem pomyliłaś się! Niemniej rysowanie tych figur sprawia mi zadowolenie, uwalnia od niepokoju. I dlatego właśnie dostarcza mi radości, która mnie informuje, że jestem blisko rozwiązania jakiegoś problemu. Ostatnio dowiedziałem się, że psychoanalitycy, którzy analizują rysunki i zabawy dzieci, doszli do tych samych wniosków co ja: skierowane do środka krzywe balistyczne wyrażają popędy żeńskie, od środka – męskie.

Mélani: Uważasz zatem, że taka nieświadoma praca myślowa odbywa się także podczas snu.

M.A.: Na pewno w fazie poprzedzającej całkowite przebudzenie, gdy mózg jest wypoczęty i potrafi oddać się zadaniu z całą uwagą i pełną koncentracją, gdy nie przeszkadzają mu szumy dnia. Natomiast jeśli chodzi o sam sen i marzenia senne – nie jestem pewien.

Mélani: Czy miewasz matematyczne sny?

M.A.: Tak, ale nie mogę powiedzieć, czy wtedy w nieświadomości rozwiązywane są jakieś problemy. Niektórzy twierdzą, że tak jest, lecz to chyba złudzenie. Wydaje mi się, że elektroencefalografia nie potwierdza możliwości uczenia się i dokonywania wynalazków podczas snu, w co wierzą poeci, muzycy i matematycy.

Mélani: Utrzymujesz jednak, że masz te same odczucia przed nieoczekiwanym pojawieniem się pomysłu zarówno w przypadku matematyki, jak i powieści?

M.A.: Nie te same – podobne. Identyczne jest uczucie przyjemności przed nagłym olśnieniem. Ale uważaj: nie można tu mówić o czymś nieoczekiwanym w dosłownym znaczeniu. Żadnej metafizyki! Matematyk, poeta, powieściopisarz sądzi, że jakiś pomysł nawiedza go nieoczekiwanie. Tymczasem pomysł, który cię właśnie nawiedził, został niejako zaproszony całe miesiące albo i lata wcześniej, tyle że wtedy był nieznany. Sprzątasz dom, wyrzucasz niepotrzebne rupiecie, kupujesz nowe meble i podczas tych czynności przygotowujesz się na jego przyjęcie. Chociaż on pojawia się w innej postaci, niż sobie wyobrażałeś. Tamtego wieczoru, w czasach gimnazjum, jakby coś mnie uprzedziło, że znajdę rozwiązanie; nie czułem się ani zagubiony, ani zdenerwowany, odprężyłem się, poszedłem spać i rano je znalazłem.

Moli: A drugi uczeń?

M.A.: To było ciekawe. Fílipos, który potrafił skupiać uwagę na jednej sprawie przez dłuższy czas, siedział nad tym zadaniem od trzeciej po południu do rana. Próbował rozmaitych kombinacji, postępował z podziwu godną cierpliwością, krok po kroku, odnosząc się do znanych twierdzeń i sposobów podchodzenia do tego rodzaju zadań, aż wreszcie sporządził logiczną superkonstrukcję na dziesięć stron, która pozwalała rozwiązać problem. Dziś jest wybitnym inżynierem mechanikiem i pracuje w NASA. Na podstawie wspomnianego doświadczenia zrozumiałem, że najogólniej mówiąc, istnieją dwa rodzaje matematyków: intuicyjni, którzy posiłkują się raczej przeczuciami oraz kryterium estetycznym, i obliczeniowi, którzy bazują na ciągu logicznych operacji. Naturalnie i w jednym, i w drugim przypadku konieczne jest solidne przygotowanie. Wnioski wyciągnięte wówczas z obserwacji samego siebie, które zresztą nasunęły mi wiele istotnych pytań, potwierdziły się później na wyższym poziomie, gdy zebrałem bogaty materiał biograficzny, świadectwa o mechanizmach wynalazczości u dziesiątków wielkich matematyków, fizyków i równie wielu artystów.

Szczególnym momentem w dyskusji nad tą kwestią był wykład wielkiego matematyka Poincarégo w Towarzystwie Psychologicznym w Paryżu – Mélani, coś dla ciebie – *Psychoanaliza i twórczość matematyczna*.

Mélani: Ważne dokonania w tej dziedzinie ma na swoim koncie Lacan.

M.A.: Nie, nie mam na myśli posługiwania się abstrakcyjnym językiem algebry i topologii w badaniach postaw neurotycznych i psychotycznych, co robił Lacan. Był zapewne pod wrażeniem wyobraźni matematyków, zwłaszcza jeśli chodzi o węzły, właściwości płaszczyzn, struktury klas, twierdzenie o niezupełności, i usiłował wprowadzić to wszystko do psychoanalizy. Naśladował bez sukcesu, jak sądzę, to co robił z modelami matematycznymi Lévi--Strauss w antropologii i badaniach etnograficznych, a zwłaszcza w analizie związków pokrewieństwa. Poprzez matematykę Lacan próbował zaanektować psychoanalizę. Był to ruch zmierzający do przejęcia władzy. Takie przenoszenie formalizmu matematycznego do psychoanalizy i filozofii bez zrozumienia istoty rzeczy, wyłącznie dla efektu, stało się później modne wśród licznych postmodernistycznych myślicieli. Nazwisk nie będę wymieniał. Dość że skończyło się fiaskiem!

Moli: To właśnie chciałam ci powiedzieć. Jaki może być związek między wyobraźnią Dostojewskiego a tym, co nazywasz inwencją matematyczną?

M.A.: Nie rozumiem! Dlaczego Dostojewski może być mitotwórcą, a jego rodak, Łobaczewski, nie, choć nagle nam powiada, że wbrew geometrii euklidesowej przez punkt leżący poza prostą może przebiegać nie jedna, ale co najmniej dwie proste do niej równoległe? Dlaczego nie jest mitotwórcą Riemann, który twierdzi, że przez punkt leżący poza prostą w ogóle nie przebiega żadna prosta do niej równoległa, i buduje urojoną geometrię? Dlaczego Sofokles jest poetą, a Euklides nim nie jest? „Euklides jako jedyny dostrzegł istotę piękna" – utrzymuje pewna poetka, której imię zaczyna się na M.

Moli: Mówimy o dwóch kulturach, które nie mają żadnego punktu wspólnego. Gdyby Dostojewski to słyszał, na pewno by się uśmiał!

M.A.: Dostojewski lubił matematykę i studiował na politechnice. Einstein powtarzał z uporem: „Tylko Dostojewski miał na mnie wpływ, żaden fizyk". Musil uważał, że powieść ma strukturę matematyczną. Henry James podkreślał geometryczny charakter akcji powieści. Dionisios Solomos mówi, że poezja powinna wyrażać sens jako niezależny świat, wartościowany matematycznie.

Moli: No nie, Euklides nie jest powieściopisarzem! Jego przynajmniej znam – opisywał przestrzeń, jaką znamy, wasze cudaczne geometrie kompletnie ignorował.

M.A.: Jest nie tylko powieściopisarzem! Jest twórcą powieści kryminalnej, detektywem doskonałym, i nie masz się z czego śmiać... Sam był postacią zagadkową, mroczną, tajemniczą. Popatrzmy, jak udowadnia proste twierdzenie, na przykład to, że istnieje nieskończenie wiele liczb pierwszych: 2, 3, 5, 7, 11, 13, 17, 19, 23... Liczba pierwsza to taka, której nie można przedstawić w postaci iloczynu dwóch innych liczb. Nie jest liczbą pierwszą 4, bo 2×2, ani 9, bo 3×3, ani 15, bo 3×5 itd. Euklides, zamiast uciekać się do zawiłego dowodu logicznego, stosuje *reductio ad absurdum* – dowód przez sprowadzenie do niedorzeczności, metodę dowiedzenia fałszywości tezy. Powiada: załóżmy, że zbiór liczb pierwszych jest skończony, że P jest ostatnią taką liczbą – i natychmiast widzimy, że ta hipoteza jest fałszywa. To samo proponuje nam Sherlock Holmes w *Znaku czterech*: „Wyjaśnienie tajemnic zbrodni to prawdziwa nauka i należy podchodzić do tego z właściwym dystansem. Zapomnijmy o uczuciach i spójrzmy na zbrodnię jak Euklides na swoje *piąte twierdzenie*". Szukając winnego, Sherlock Holmes znakomicie wykorzystuje rachunek prawdopodobieństwa. Podobnie Agatha Christie ucieka się do metod Euklidesa. Założenie–dowód–wniosek. Bohater jej powieści, Poirot, bez zarzutu posługuje się metodą dowiedzenia fałszywości tezy. Przypomnij sobie *Zabójstwo Rogera Ackroyda*. Zgódźmy się więc z tym, kto utrzymywał, że dochodzenie w sprawie zbrodni może być uważane za niezależną gałąź matematyki. Wspomnisz moje słowa! Jeśli uda się kiedyś dokonać zbrodni doskonałej, to jej autorem będzie z pewnością wielki matematyk. Ponadto moje własne pobieżne badania wykazały, że wielu znakomitych logików zaczytywało się powieściami kryminalnymi, poczynając od pierwszego i najznakomitszego z nich, Wittgensteina.

Moli: Skoro mówisz o morderstwach i zbrodniach, to przypomnijmy sobie Edgara Allana Poe, który wyniósł tajemnicze i kryminalne historyjki do rangi wielkiej literatury. Porównuj więc.

M.A.: Chwileczkę. Byłoby ciekawe, gdybyś nam powiedziała, jaką kobietę mamy w dziele Poego. Martwą, motyla śmierci – jeśli naturalnie nie wampirzycę.

Moli: Nasyciliśmy się mizoginizmem matematyków i więcej nie chcemy o tym słyszeć, porównaj więc jakość wyobraźni w dziełach Poego z bezdusznymi figurami oraz liczbami matematyków i fizyków.

M.A.: Porównaj „czarnego kota" Poego z „kotem Schrödingera" w mechanice kwantowej. W thrillerze Poego nie wiemy, czy przeklęty czarny kot z wyłupionym okiem został zabity i odrodził się przez reinkarnację. W mechanice kwantowej kot jest martwy i żywy jednocześnie, w tej samej sekundzie, w nieustannej przeplatance życie–śmierć.

Moli: Jesteś szalony!

M.A.: Nie ja, tylko foton! Świat kwantów! Przypomnij sobie doświadczenie z pojedynczym fotonem, który napotyka półprzezroczyste zwierciadło i zaczyna żyć podwójnym życiem. Jego odbita część obrazuje kota żywego. Ta część, która przechodzi przez zwierciadło, uruchamia urządzenie, które kota zabija. W ten sposób kot wydaje się i żywy, i martwy. Oto tajemnica teorii kwantowej. W naturze kot może być albo martwy, albo żywy. W teorii kwantowej możliwe jest i jedno, i drugie naraz. Gdzie tkwi większy paradoks? U Poego czy w fizyce Schrödingera? I powiem ci coś jeszcze, co cię zdziwi: wspomniany Poe, uzależniony od opium pijak, pozostawał pod wielkim wrażeniem matematyki wyższej, był oczarowany astrofizyką, a za swego idola uważał Keplera. Baudelaire uświadamia nam, że Poe jawi się w swoich dziełach jako świetny analityk, prowadzący akcję krok po kroku, z surową konsekwencją właściwą zadaniu matematycznemu. Valéry z kolei wskazuje, że w estetycznym dogmacie Poego matematyka spotyka się ze skłonnością do mistyki.

Moli: Stroisz sobie żarty, ale każdy logicznie myślący człowiek wie, że matematyka i fizyka muszą odnosić się do rzeczywistości i albo znajdują w niej potwierdzenie, albo zawodzą. Wyobraźnia literacka nie ma takiego ograniczenia.

M.A.: W powieści splatają się rzeczywistość i fantazja. Tak samo jest w matematyce. Matematycy nie zrobią kroku bez liczb, z których każda składa się z liczby rzeczywistej i urojonej, czyli bez liczb zespolonych. Każdy z nas i w życiu, i sztuce jest takim zespoleniem rzeczywistego i urojonego; podkreślam: to, co urojone, nie jest gorsze od tego, co rzeczywiste. A zatem, droga Moli, wbrew twojemu uporowi „matematyka jest poezją reguł logiki", jak powiedział Einstein.

Anonim: Nie mogę tego dłużej słuchać, panie Mimisie. Jak można fałszować dokonania matematyki i fizyki pseudoartystyczną metafizyką z początku wieku? Nauki ścisłe należy definitywnie pozbawić intuicji, wyobrażeń piękna i kryteriów estetycznych, które prowadzą do logicznych paradoksów, o których pan wspomniał. Nauki ścisłe muszą opierać się na twardej logice.

M.A.: Ktoś cię ubiegł, droga panno. Jeden z największych matematyków ubiegłego wieku, Hilbert, próbował wyzwolić matematykę od jakichkolwiek przeczuć i opisać ją typowym językiem logiki, osadzić ją na dowodach absolutnych, które mogłaby kontrolować maszyna. Jest jednak taka mała cegiełka, którą wystarczy wyciągnąć, by imponująca budowla metamatematyki Hilberta, czyli matematycznego formalizmu, się zawaliła. Nie powiedziałaś nam, kim jesteś?

Anonim: Jestem nauczycielką fizyki.

A.M.: A imię?

Anonim: Zaczyna się na „M". To ja byłam w twoim śnie, a nie Melissa z siódmego wieku przed Chrystusem. Chciałeś zobaczyć, jakiej osobie przypisany jest „miód", tak? „Miodowe płytki"?

A.M.: Tak. Mów.

Anonim: Przestaw samogłoski, takie rzeczy zdarzają się, jak mówiłeś, w kamuflażu snów.

M.A.: Meli... Mile... Milewa! Niech to licho! Jesteś Milewa, jego pierwsza żona, Serbka.

Milewa: Dwa „M" – Milewa Marić *.

M.A.: Trzy „M". Jego siostra miała na imię Maja. Było i czwarte „M" w jego życiu, Margot, przybrana córka.

---

* Marić Einstein Milewa (1875–1948), Serbka urodzona w Wojewodinie, studiowała matematykę w Zurychu, gdzie poznała Einsteina. Współuczestniczyła w koncepcji teorii względności (przyp. tłum.).

Moli: Co za jedna ta Milewa? Czyja to żona?

Milewa: Tego, któremu domalowaliście aureolę – chciałeś nawet powiedzieć, że w przeciwieństwie do Newtona rozumiał kobiety. „Cóż począć? Jednej z płci natura nie dała rozumu" – powtarzał mi w kółko, śmiejąc się do rozpuku.

M.A.: Milewo, nadal jesteś dla niego taka surowa i cierpka?

Milewa: Nazywał mnie „introwertyczką", „porywczą", mnie obarczył winą za niepowodzenie naszego małżeństwa. Nikt nie postawił się w moim położeniu. A on sam był zawsze gdzie indziej. Jedyne, czego pragnął, to samotności. Wzięłam na siebie wszystko. Nie mieliśmy pieniędzy. Żaden uniwersytet nie chciał dać mu pracy. Sama wychowałam dwóch synów. Nikt nigdy nie wspomniał, co stało się z naszą córeczką poczętą przed ślubem! To, jak odnosił się do kobiet, widać po jego drugim małżeństwie: ożenił się z kuzynką, Elsą, kurą domową, która zapewniła mu swoją nieobecność, czyli święty spokój.

M.A.: Mówił, że i z nią mu się nie wiodło. Razem rozpoczęliście studia na wydziale fizyki, prawda?

Milewa: Tak. W Zurychu.

M.A.: Człowiek taki jak on odczuwał zapewne potrzebę dzielenia się z kimś swoimi niepokojami intelektualnymi, a ty go beształaś. Kto wie, może traktowałaś go jak dziwaka, który nie potrafi wykarmić rodziny.

Milewa: Mówiłam mu gorzką prawdę. Wiesz, że miał problemy ze zdawaniem egzaminów?

M.A.: Przymus egzaminów – powiedział na krótko przed śmiercią – niszczy świętą ciekawość poszukiwań, która wymaga swobody.

Milewa: Czysta matematyka go nudziła. Później, gdy zaczął przypuszczać, że grawitacja jest krzywą czasoprzestrzeni, poprosił przyjaciela Grossmana, żeby mu wskazał jakąś właściwą geometrię. Skończyło się na Riemannie. Nie zapominaj, że to inni podali matematyczną formułę teorii względności, którą podziwiacie za jej elegancję, na przykład profesor Minkowski. Potem Rosjanin, Friedman, dokończył ją i dodał do niej teorię ekspansji wszechświata.

M.A.: Ach, Milewo, twój czysty pozytywizm nie pozwolił ci go zrozumieć. Hilbert, wielki matematyk, dobrze powiedział o twoim mężu: „Każdy młodzik w tym mieście lepiej rozumie geometrię czterowymiarową niż Einstein. A mimo to Einstein dokonał dzieła, a nie matematycy". Hilbert powiedział także kiedyś przed audytorium złożonym z matematyków: „Czy wiecie, dlaczego właśnie Einstein, a nie kto inny spośród naszego pokolenia, tak odkrywczo potraktował czas i przestrzeń? Bo nie miał pojęcia o filozofii oraz matematyce czasu i przestrzeni".

Milewa: Jak ty możesz, mówiłam mu, zajmować się fizyką, siedząc w pokoiku z zeszytem w ręce, nie wykonując żadnych doświadczeń na potwierdzenie swoich tez? „Doświadczenie pokazuje to, co chce teoria" – odpowiadał sarkastycznie. „A jeśli teoria nie znajdzie potwierdzenia w naturze?" – spytałam. „Bóg będzie miał problem, nie ja, bo moja teoria jest piękna i słuszna!".

M.A.: Serbski upór przeszkodził ci zobaczyć, że sypiałaś z najtęższym umysłem nowego wówczas, dwudziestego wieku.

Milewa: To on reagował egoistycznie i zamykał się przede mną, gdy mówiłam: „dziewięć dziesiątych z tego, co mówisz o naturze światła, powiedział już Planck".

M.A.: Ale ta jedna dziesiąta świadczyła o jego geniuszu. Planck trzymał foton w ręce, ale go nie widział, Poincaré pierwszy doszedł do teorii względności, dotknął jej, ale jej nie chwycił. Wszyscy wielcy matematycy i fizycy, mający wielekroć rozleglejszą wiedzę niż Einstein, byli niewolnikami własnego dzieła, szacownych teorii i hipotez fizyki. Einstein, bez tego balastu, bez zniewalających przekonań, wolny i samotny, zaszedł o wiele dalej niż którykolwiek z nich zaledwie w wieku dwudziestu sześciu lat. Jego wyobraźnia i intuicja, których nie doceniasz, stanowiły o różnicy między nimi. I poczucie piękna. Był nie tylko fizykiem, ale także wielkim powieściopisarzem. Pomyśl tylko, że dopiero dzięki Einsteinowi można było wyrzucić do śmieci najśmieszniejszą, a zarazem szeroko uznawaną opowiastkę fizyki: niewiarygodną hipotezę eteru, który rozpraszając się w przestrzeni, miał rzekomo przenosić światło i inne fale.

Milewa: A zatem, twoim zdaniem, nie istnieje żadna obiektywna prawda, a jedynie brzydkie i ładne opowieści, całkowity relatywizm. To oznacza koniec nauki!

M.A.: Daj spokój, świetnie wiesz, że nie o tym mówię. Einstein współtworzył naukową opowieść, która zbliża nas do obiektywnej prawdy mimo swoich sprzeczności i konieczności jej poprawienia. Inne powieści oddalają nas od prawdy. Poważni fizycy zdają sobie sprawę z tego, że tworzą logicznie ciągłą historię wszechświata – czyli powieść, jak to nazywam, mającą naukowe następstwa, która wypełnia luki naszej wiedzy. Od historii Newtona idziemy konsekwentnie do historii Einsteina, a potem do następnej i jeszcze następnej. Chcę ci powiedzieć, że pomysł wcielenia się w Milewę, wbrew twojemu pozytywizmowi, uważam za wspaniale powieściowy i pożyteczny. Jesteś młodą fizyczką?

Moli: W sieci „M” wiek kobiet nie ma znaczenia, uwalniamy się od wieku... Hmm... słowo „wolność” pomoże mi kontynuować myśl. Główna różnica między powieścią a matematyką zasadza się na znacznie większej swobodzie powieści – sztuk pięknych, ogólniej mówiąc.

M.A.: Powieść i poezja nie podlegają żadnym ograniczeniom. Jedyne, co powinny, to budzić zainteresowanie i wyzwalać wzruszenia natury estetycznej. W istocie mają sporo wolności. Jeszcze więcej wolności ma malarstwo i muzyka. Jednakże, droga Moli, wolność Joyce'a w *Ulissesie*, skąd zapożyczyłaś imię, wolność Kafki, Ionesco, Bretona, wolność wszystkich -izmów: surrealizmu, ekspresjonizmu, egzystencjalizmu, modernizmu i postmodernizmu, nie sięga nawet jednej setnej wolności w matematyce.

W matematyce nie istnieją żadne fizyczne, społeczne, narodowe, rasowe, seksistowskie ograniczenia. Nie ma nawet przedmiotów. Nie ma treści. Matematyka nie opowiada się przed nikim, rozlicza się jedynie z samą sobą. Matematycy, odczuwający zwykle kompleks niższości wobec artystów, nawet ci najbardziej aroganccy, żądają co najwyżej swobody równej swobodzie powieściopisarzy. I tak E. T. Bell w *Development of Mathematics* pisze: „Dokładnie tak jak powieściopisarz wymyśla postaci, dialogi i sytuacje, których jest twórcą i panem, tak matematyk wedle własnej woli wymyśla postulaty, na których opiera swoje matematyczne systemy". Matematyka uniezależnia się przede wszystkim od konkretnych przedmiotów. Poprzez abstrahowanie. Nie mówimy pięć pomarańczy, tylko po prostu pięć. Czego pięć – nie ma w matematyce znaczenia. Gdy mówimy struna gitary, wszyscy wiemy, o czym myślimy. Ale struna w matematyce ma sens tylko wtedy, gdy, przy określonych założeniach, podamy równanie różniczkowe jej drgań, które, rzecz jasna, idealizuje drgania rzeczywiste. Mamy więc do czynienia z czystym abstrahowaniem. Wychodzimy od pewnych aksjomatów klasycznej logiki, formułujemy dowolne założenia i zaczynamy tworzyć rozmaite dziedziny i poddziedziny. Potem matematyka rozwija się, żywiąc się samą sobą jak wąż, który pożera własny ogon. Tak, jakbym narysował samego siebie, a ten narysowany narysowałby mnie. Odniesienie się do samego siebie.

Słusznie pisze Russell: „Matematykę można określić jako temat, w którym nigdy nie wiemy, o czym mówimy". Owa swoboda abstrakcji, oddalenie od konkretu daje matematyce jej imponującą i zaskakującą skuteczność – gdy do konkretu powraca, jako model służący zrozumieniu rzeczywistości. Ponieważ niczego nie zawiera, może zmieścić w sobie wszystko.

Milewa: Wielu znakomitych matematyków odrzuca, naturalnie, ów powrót do konkretu.

M.A.: Tak. Z pasją obstają przy czystej matematyce, ale powrót do konkretu następuje mimowolnie. Chciałbym tu wspomnieć o dwóch wyjątkowych postaciach z dziedziny czystej matematyki, które podziwiam i szanuję – bardzo powieściowe osobowości. Hardy – radykał, niezależny leninowiec z Cambridge, homoseksualista – mawiał: „Wzorce tworzone przez matematyka tak samo jak wzorce tworzone przez malarza czy poetę muszą być piękne. Piękno stanowi kryterium numer jeden: na świecie nie ma miejsca dla brzydkiej matematyki". I drugi, jeszcze bardziej zadziwiający, ekscentryczny, wolny, niedbały, bezdomny tułacz, obojętny na dobra materialne, przeciwny jakiejkolwiek formie posiadania, szczodry, ulepiony z czystej matematyki, który uważał, że kto nie zajmuje się matematyką, jest martwy, Węgier – na koniec też zawitał do Ameryki – Paul Erdös. Zostawił po sobie matematykę, której tajniki będą zgłębiać co najmniej cztery następne generacje.

Milewa: Ten, który nie przyjął obywatelstwa supermocarstwa, został bezpaństwowcem i żył, podróżując z kraju do kraju. Czy nie umarł niedawno?

M.A.: Sądzę, że w dziedzinach takich jak literatura czy muzyka – uważanych za najswobodniejsze – nie pojawiła się w okresie powojennym postać równie wolna i poetycka w swej cudownej antypoezji.

Moli: Wolność powieściopisarza czy poety to przede wszystkim wolność w zarządzaniu czasem – może robić z czasem, co tylko chce, zarówno z przeszłością, jak i z teraźniejszością i przyszłością. Pomyśl tylko: Joyce w *Ulissesie*, z którego, twoim zdaniem, się wzięłam, zamienia dobę, szesnastego lipca tysiąc dziewięćset czwartego roku, w wiek; inni pisarze skracają wieczność do jednego dnia.

M.A.: Borges, bo jego teraz przytaczasz, powtarzał, iż czas nie istnieje. Uległ bezpośredniemu wpływowi i czarowi Einsteina, który głosił, wywołując szok w całym intelektualnym świecie swojej epoki, że czas to iluzja, że w fizyce nie ma przeszłości, teraźniejszości i przyszłości, bo czas może płynąć w obie strony, i do przodu, i do tyłu. Gdy profesor Minkowski, który uporządkował matematyczny zapis teorii względności, stwierdził, że przestrzeń sama w sobie i czas sam w sobie nie istnieją, że są cieniami, poetów, powieściopisarzy, malarzy, rzeźbiarzy i muzyków początku wieku ogarnęła buntownicza gorączka. W ten sposób rewolucja w fizyce i matematyce otworzyła wiek dwudziesty i wytyczyła kurs innowacjom w pisarstwie i malarstwie.

Moli: To przesada. Mówimy o dwóch różnych obszarach twórczości intelektualnej, o „dwóch kulturach", jak powiada w swojej słynnej książeczce Snow.

M.A.: To bzdury fircyków intelektu. Podział na dwie kultury nigdy nie istniał. W tamtych wielkich czasach, na początku wieku, matematyka i sztuka szły łeb w łeb, tocząc ze sobą orgiastyczny dialog. Bliźniacza para Braque–Picasso – a ogólniej, środowisko Picassa w Paryżu – kroczy w malarstwie ku nowej przestrzeni i ku kubizmowi, a jednocześnie słucha wykładów o estetyce opartych bezpośrednio na popularnych wydawnictwach wielkiego matematyka Poincarégo. „Egzotyczna, nowa geometria", jak mówiono w kręgach Picassa, stymuluje indywidualne poszukiwania artystów. Poincaré szokuje wszystkich francuskich twórców. Teoria względności ogłoszona przez Einsteina w 1905 roku i *Panny z Awinion* Picassa z 1907 roku, dzieło z pogranicza starego i nowego w malarstwie, dają początek intelektualnej przygodzie dwudziestego wieku. Kubizm w malarstwie i teoria względności w fizyce idą ramię w ramię. Wielki poeta i teoretyk estetyki Apollinaire wprowadza obraz czterowymiarowej czasoprzestrzeni do sztuki. Proust ulega bezpośredniemu wpływowi swego rodaka Poincarégo w kwestii rekonstruowania utraconego czasu, co mnie osobiście było bliskie już w czasach studenckich. Kafka miał okazję poznać Einsteina w kręgu praskim i prowadzić z nim ożywione dyskusje na co najmniej pięć tematów: teoria względności Einsteina, teoria kwantowa Plancka, podstawowe zasady psychoanalizy Freuda, estetyka i socjalizm. Przyjaciel Kafki, Max Brod, który ocalił dzieło Kafki od zapomnienia, pisze nowelę, w której postać głównego bohatera wzorowana jest na młodym Einsteinie. Jak więc możecie powtarzać brednie o dwóch kulturach, zwłaszcza w kwestii czasu?

Milewa: Nie uważasz jednak stanowiska Einsteina wobec czasu za błąd, a przynajmniej za przesadę? Rozejrzyj się dookoła. W przyrodzie czas daje się mierzyć, nie jest odwracalny, przeszłość i przyszłość istnieją, strzałka czasu skierowana jest w tę samą stronę we wszystkich sytuacjach, a zwłaszcza w życiu. Przypomnij sobie także prawo wzrostu entropii z termodynamiki: czas obejmuje utratę ciepła, nieuporządkowanie.

M.A.: Nie myl pojęć czasu odnoszących się do różnych poziomów zorganizowania i złożoności materii. Dla hipotezy Einsteina dotyczącej praw wszechświata, czyli czegoś nieskończenie wielkiego, nie ma znaczenia, czy jest dwa tysiące lat po Chrystusie czy $2 \cdot 10^6$ przed Chrystusem, nie jest istotne, czy jest listopad, czy kwiecień. Gdy mechanika kwantowa bada prawa rządzące czymś nieskończenie małym, czyli operuje na poziomie subatomowym, na poziomie podstawowego jądra materii, nie ma znaczenia, czy jest lato, czy zima, czy jesteśmy w przeszłości, czy w przyszłości. Jeśli jednak przeprowadzamy reakcję chemiczną albo zajmujemy się geologią, biologią, antropologią czy historią, wtedy musimy wziąć pod uwagę zwrot strzałki czasu. Tym bardziej gdy dyskutujemy o życiu człowieka, o egzystencjalnym wymiarze czasu. Jest mi przykro, gdy widzę wielkich naukowców, takiego na przykład noblistę, chemika Ilię Prigogine'a, który filozofując radośnie, myli filozoficzny czy psychologiczny czas w dziele Bergsona z czasem w mechanice kwantowej. To są zupełnie różne poziomy. Każda gałąź wiedzy, każda forma sztuki ma swój własny – w strukturze i w rytmie – czas z wielorakimi i zmiennymi wymiarami. Niektórzy, tak jak Prigogine, zakładają istnienie strzałki czasu wbrew pojęciom czasu we współczesnej fizyce na podstawie faktu, że strumień ciepła wędruje od ciepłego do zimnego – nigdy przeciwnie. To „nigdy" trochę mi przeszkadza. Może za dwadzieścia lat nie będziemy już mówić „nigdy". Ogólnie rzecz biorąc, powinniśmy wyrzucić z naszego słownictwa dwa niewiele znaczące, niepożyteczne i puste słowa: „zawsze" i „nigdy" – jak nam radzi Nikos Eggonopulos. Czas płynie do przodu, nigdy wstecz, zgodnie z drugą zasadą termodynamiki, przy czym entropia wzrasta. Ale istnieje też inne prawo, które mówi, że w przyrodzie nic nie ginie, ani ciepło, ani energia. Prawo zachowania energii głosi, że możemy przenosić energię i zmieniać jej formę, ale nie możemy ani jej stworzyć, ani zniszczyć. Jeśli naturalnie weźmiemy pod uwagę, że nie ma pustki między materią a energią, masą a energią, wszystko to, co dotyczy strzałki czasu na poziomie wszechświata, musi ulec modyfikacji, bo teraz jest zbyt mechanistyczne i zakłada istnienie zamkniętego systemu. Czas nie obejmuje jedynie utraty ciepła, nieuporządkowania, zużycia, ale także nowe możliwości tworzenia i odtwarzania. Szacownemu Ilii Prigogine'owi wydawało się, że ominie Einsteina, podpierając się drugą zasadą termodynamiki. Jednak nowa fizyka powinna znaleźć właściwe połączenie pomiędzy bezczasowym czasem i historycznością czasu, między odwracalnością i nieodwracalnością czasu na różnych poziomach zorganizowania i złożoności materii oraz w jej różnych odmianach i okresach.

Milewa: Bardzo słusznie, ale, jak sam wcześniej zauważyłeś, jest to filozofowanie. Zrób to samo, posługując się językiem fizyki.

M.A.: Powiedzmy, że chcę zbudować tamę i muszę dowiedzieć się czegoś o prądzie rzeki. Jakim poziomem zorganizowania materii będę się zajmował? Prąd rzeki trzeba ostatecznie odnieść do ruchu cząsteczek, a on opiera się na kwantowym fundamencie, wynika z ruchu elektronów, protonów... kwarków... a wszystkie one sprowadzają się być może do pulsujących pętelek energii! Jeśli będę zajmował się poziomem kwantowym materii i posługiwał się czasem właściwym dla jej najbardziej podstawowego poziomu, nie tylko niczego nie dokonam, nie tylko zapędzę się w kozi róg, ale będę musiał udać się co prędzej do najbliższego psychiatry. Z chwilą gdy przejdziemy od jednej cząsteczki wody do wielu, do obejmującego je wszystkie złożonego systemu, jakim jest rzeka, pojawią się nowe właściwości, prawa i naturalnie nowe poczucie czasu. Muszę zatem zajmować się właściwościami prądów, wziąć pod uwagę wiry, napór oraz prędkość wód i zostawić w spokoju świat kwantów, chociaż wiem, że wszystkie te wymienione wyżej cechy w ostatecznym rozrachunku mogą teoretycznie znaleźć kwantowe wyjaśnienie. A zatem uważajmy na układ odniesienia, inaczej zwariujemy. Znaczenie czasu jest inne na każdym poziomie złożoności materii.

Moli: Obawiam się, że znowu mi wszystko pokręciliście – ledwie zaczęłam rozumieć, co dzieje się z czasem w fizyce.

M.A.: Nie przejmuj się. Przypomniałem sobie właśnie o czymś szczególnym dla ciebie, bo dotyczy twojego ukochanego Joyce'a i jego *Ulissesa*. Nie tylko Joyce uległ wpływom fizyki, ale i na odwrót. Słyszałaś o kwarkach? Uważa się, że wszystkie elementarne cząstki składają się z pewnej liczby jeszcze bardziej elementarnych kwarków i antykwarków. Słowo „kwark" fizyka kwantowa zapożyczyła z utworu Jamesa Joyce'a *Finnegans Wake*. Pochodzi ono z dialektu irlandzkiego.

Moli: Prawdę mówiąc, tego nie wiedziałam. W pierwszych naszych dyskusjach utrzymywałeś, że powieść ukazuje możliwości egzystencjalne, które nie zostały urzeczywistnione, czyli opowiada historie, które mogły się wydarzyć, ale się nie wydarzyły. Fizyka natomiast, jak sądzę, przeciwnie – opowiada dokładnie to, co się wydarzy.

M.A.: Ba! W tej kwestii analogie między powieścią a fizyką są imponujące. W fizyce kwantowej nie możemy przewidzieć, gdzie, u licha, znajduje się elektron, który obserwujemy, tu, tam, obok... gdzie? Nie możemy jednocześnie i z dowolną dokładnością określić jego pędu i położenia. Możemy te dane wyliczyć z pewnym prawdopodobieństwem. Nie jesteśmy także w stanie przewidzieć, co się wydarzy. Istnieje prawdopodobieństwo, że będą miały miejsce różne fakty, że los elektronu będzie wieloraki, podobnie jak w powieści. Oto zasada nieoznaczoności, którą sformułował Heisenberg. Dochodzimy tu do trzeciego z moich ulubionych amerykańskich „F" – poza powieściopisarzami Faulknerem i Fitzgeraldem – do fizyka Feynmana, który zachęca nas, byśmy wyobrazili sobie, że elektron bada wszystkie możliwe przebiegi i dopiero wszystkie te następujące po sobie dokonania składają się na jego rzeczywisty obraz. A zatem musimy zespolić rozmaite jego poczynania, aby stworzyć jeden fakt. Feynman wnosi do fizyki kwantowej sumy losów, całościowe przebiegi, którymi z powodzeniem posługuje się od wieków powieść – naturalnie w odniesieniu do losów ludzi, a nie elektronów.

Moli: Czemu służy nieoznaczoność? Czy jest nam potrzebna, bo nie potrafimy dokładnie policzyć...

Milewa: Za pomocą urządzeń pomiarowych, którymi dysponujemy, nie możemy obserwować elektronu, nie zakłócając jego drogi. Nie potrafimy osiągnąć większej dokładności.

M.A.: A ja przeciwnie, zawsze uważałem, że nieoznaczoność, niepewność odzwierciedlają właściwości materii na poziomie subatomowym. Jednakże ta przypadkowość nie jest absolutna, podlega prawom probabilistyki. Chcę podkreślić, że ogólnie w fizyce, zarówno w klasycznej, jak i w kwantowej, żadne pojęcie nie jest wystarczająco umocowane, jeśli nie określi się granic jego obowiązywania. W fizyce nie istnieją sformułowania absolutnie prawdziwe.

Milewa: A zatem byłeś zawsze przeciwny Einsteinowi, który obstawał przy deterministycznym postrzeganiu świata i odrzucał probabilistyczne formułowanie praw fizyki. Jego „Bóg nie gra w kości", powtarzane z uporem przeciw teorii kwantowej, mimo że Bohr i Heisenberg próbowali go uciszyć, wskazywało na to, że wyczerpały się jego możliwości. Wódz opuszcza swoich stronników, dezerteruje – nie zapominaj, że to Einstein przetarł szlak ku fizyce kwantowej. A więc prawdziwa tragedia.

M.A.: Byłem za nieoznacznością, ale zawsze wierzyłem, że melancholijny Einstein przeczuwał, jakie są granice i sprzeczności nie tylko teorii kwantowej, ale i teorii względności. Nie miał już jednak sił, by iść dalej. Co do słynnego uciszania go, konfliktu z Bohrem, to sądzę, że po stronie tego ostatniego miało miejsce drobne teoretyczne oszustwo. Poza tym zmieniła się moda w fizyce i wszyscy odwrócili się plecami do „starego". Jeden z wielkich fizyków popełnił nawet samobójstwo, bo nie mógł się zdecydować, czy stanąć po stronie Einsteina, czy po stronie nieoznaczoności teorii kwantowej.

Moli: Ty chyba naprawdę chcesz nas doprowadzić do obłędu. Pokazałeś nam fizykę słabą, nieodporną na ciosy, pełną niepewności, by ukazać jej powieściowy charakter.

M.A.: Jest słaba, ale robi, co do niej należy.

Moli: Dla nas, którzy należymy do innej kultury, kultury nauk o człowieku, literatury i tak dalej, oczywiste jest, że matematyka to obszar nieomylnych dowodów.

M.A.: Zapytaj największych matematyków, co znaczy „dowód". Jeśli nie okażą zakłopotania albo nie zaczną swojego bla-bla i swoich tautologii („dowód to procedura sprawdzenia prawdziwości kolejnych wyrażeń"), to mogą powiedzieć tylko to, co Hardy: „Dowody nie istnieją, są tylko retorycznymi sztuczkami, oddziaływaniem psychologicznym, są niczym". Co to znaczy dowód nieomylny?

Moli: Prawda oczywista.

M.A.: Nie ma prawd oczywistych.

Milewa: Całość jest zawsze większa od swojej części – oto prawda oczywista.

M.A.: Nie zawsze obowiązuje. Cantor ją obalił.

Milewa: Aksjomaty Euklidesa są prawdami oczywistymi.

M.A.: Nieprawda. Można je łatwo podważyć. Słynny piąty postulat, dotyczący równoległości, wcale nie jest taki pewny. Odpowiada naszej intuicji, ale nie da się go udowodnić. Tu wszakże mamy do czynienia z pięknym przykładem rozmaitych podejść do tej samej sprawy. W czasach Euklidesa, gdy formułowano jakiś aksjomat, nie uważano go za prawdę oczywistą, lecz za hipotezę pierwotną, na bazie której rozwinie się dialog krytyczny, dialektyczna konfrontacja, i który będzie miał logiczne konsekwencje. Dopiero w okresie Oświecenia, właściwie od czasów Kanta, aksjomaty matematyczne zaczęto otaczać religijną aureolą absolutnej nieomylności.

Moli: Ale przecież sama logika...

M.A.: ...rodzi czasami prawdziwe potwory, jak mawiał Poincaré. Grecy wiedzieli, że prawdy mogą być ośmieszone przez logiczne absurdy, tak jak słynny paradoks Zenona, w myśl którego Achilles nigdy nie dogoni żółwia, bo żeby to uczynić, musi najpierw znaleźć się w miejscu, które żółw właśnie opuścił, a zatem żółw będzie zawsze w przedzie. „To są zaczepki, sofistyczne sztuczki" – wołał Arystoteles.

Moli: Skoro zatem także w matematyce mamy do czynienia z bredniami, skoro i tam nie ma pewności i mocnych dowodów, to gdzie mamy ich szukać? W poezji? To przerażające!

M.A.: Podobne poczucie beznadziejności związane z paradoksami popchnęło Russella do sprowadzenia matematyki do systemu absolutnie logicznego. Załamałem się, czytając jego *Principia Mathematica.* Przebrnąłem przez trzysta osiemdziesiąt stron koszmarnych symboli logiki, by stwierdzić, iż Russell udowodnił nam, że jeden dodać jeden równa się dwa. Naturalnie jego zamysł się nie powiódł. „Po dwudziestu latach wytężonej pracy – powiada – zrozumiałem jedynie, że nie mogę zrobić nic więcej, by matematyka stała się wiedzą niepodważalną".

Milewa: Znany jest także paradoks Russella o Kreteńczykach.

M.A.: Tak. W popularnej formie brzmi: Kreteński mędrzec, który powiada, że wszyscy Kreteńczycy są kłamcami, mówi prawdę czy kłamie?

Moli: A więc miał ten sam problem co my, kiedy dyskutujemy z tobą!

M.A.: Bezradność wobec niepewności i logicznych paradoksów matematyki natchnęła ambitnym pomysłem także Hilberta. Postanowił on osadzić matematykę na absolutnie pewnych logicznych fundamentach, w konsekwentnym systemie, który nigdy nie prowadziłby do sprzeczności logicznych.

Milewa: Ja także uważam, że coś takiego by się przydało – niezależnie od piękna matematycznej prozy i intuicji.

M.A.: Okazało się to jednak ułudą. Pewien dwudziestoczteroletni młodzian z Brna na Morawach udowodnił, że zamysł jest niewykonalny. Jest to, moim zdaniem, największa chwila matematyki, logiki i filozofii dwudziestego wieku. Antypowieść doskonała w obszarze matematyki naszego, a może i przyszłego wieku. Nigdy nie znajdziemy dowodu na to, że matematyka przeczy samej sobie. „Panowie – powiedział, posiłkując się swoją demoniczną wyobraźnią młody Słowak – nie jest możliwe, by matematyka uniosła sama siebie do góry, ciągnąc za sznurowadła własnych pantofli".

Moli: Kto jest zatem doskonałym antypowieściopisarzem dwudziestego wieku?

M.A.: Gödel.

Milewa: Czy nie był Amerykaninem? Czy nie powiedziałeś, że „zabawiał się" z Einsteinem obrazem świata (kosmo-idolo) dla „światów wielorakich".

M.A.: Wszystkie wybitne umysły w matematyce i fizyce, wszyscy ci, którzy wprowadzili wielkie innowacje, przenieśli się z nazistowskiej Europy do Ameryki: Żydzi, Węgrzy, Polacy, Słowacy, Austriacy. Młody Gödel swoim wspaniałym twierdzeniem o „niezupełności" udowodnił, że w najbardziej konsekwentnym systemie logicznym można zbudować przynajmniej jedno takie zdanie, które jeśli jest prawdziwe, nie może zostać udowodnione. Nie jest możliwe wykazanie, że jest prawdziwe albo fałszywe. Zatem w najdokładniejszym logicznym systemie zawsze coś pozostanie nie do udowodnienia. Nawet najbardziej logiczny system nie może udowodnić doskonałości swojej logicznej konsekwencji.

Moli: Czyli mamy kłopot...

M.A.: Tak, Gödel uświadomił nam, jakie są możliwości myśli ludzkiej, a przede wszystkim, jakie są granice sztucznej inteligencji. Wartość jego twierdzenia rozciąga się na wszystkie gałęzie wiedzy. Początek nieoznaczoności w fizyce kwantowej oraz twierdzenie „niezupełności" Gödla w matematyce zbiegają się w czasie i wprowadzają nas w jeszcze większą niepewność, która charakteryzuje przyrodę i jej najwyższy twór: mózg ludzki.

Milewa: Jeśli się nie mylę, także filozof Wittgenstein, zajmował się tym problemem.

M.A.: Owszem, ale nie miał tak niewiarygodnego instynktu matematycznego jak Gödel ani takiego jak on matematycznego wykształcenia, zajmowały go inne sprawy, nie miał tak niewiarygodnej umiejętności koncentracji na jednym temacie jak Słowak. Także Węgier, Lakatos, filozof nauki, poczynił kroki w tym samym kierunku: udowodnił, że matematyka może się mylić.

Moli: Czy ten Gödel miał chociaż żonę?

M.A.: Tak, Adelę. Była tancerką. Zwróćcie uwagę na ironię losu: najbardziej logiczny człowiek dwudziestego wieku, który udowodnił logiczną nielogiczność logiki, skończył kompletnie nielogicznie! W ostatnich latach swojego życia został dotknięty paranoiczną mikrobofobią: nosił maskę, mył każdą szklankę i każdy talerz przed jedzeniem, gdziekolwiek się znalazł, aż wreszcie w ogóle przestał jeść w obawie przed zakażeniem i zmarł z wycieńczenia w 1978 roku.

Mélani: A zatem jako człowiek logiczny czy nielogiczny sformułował swoje słynne twierdzenie?

M.A.: Był jeszcze jeden przypadek z pogranicza szaleństwa i geniuszu matematycznego – może odpowie na twoje pytanie. Pewien młodzian, Nash, mając dwadzieścia jeden lat, formułuje na zaledwie dwudziestu siedmiu stronach nowe rewolucyjne podejście do „teorii gier zespołowych", które kilkanaście lat później staje się matematycznym fundamentem ekonomii rynkowej. Teorii, jak mi się wydaje, opartej na pokerze. Gracze działają jednocześnie, nie znając posunięć przeciwników, ale każdy z nich próbuje znaleźć się na miejscu innego gracza. Nash wszakże słyszał głosy, otrzymywał wiadomości od kosmitów, którzy rzekomo zatrudnili go, by uratował świat i utworzył jeden rząd na całej kuli ziemskiej. Gdy przyznano mu Nagrodę Nobla, przyjaciele uprzedzali go: „Nie opowiadaj takich bzdur, bo się ośmieszymy". „O co wam chodzi? Macie niedobrze pod sufitem, czy jak? – odpowiedział Nash. – Myśl o kosmitach przyszła mi do głowy dokładnie w ten sam sposób, co pomysły w matematyce, dlatego potraktowałem ją poważnie".

Moli: To mnie rozbawiło. Nielogiczność w matematyce i fizyce znacznie przekracza nielogiczność w powieściach.

M.A.: Stajesz się, jak widać, genialnym matematykiem, muzykiem lub powieściopisarzem, żeby nie gadać do siebie na ulicy i nie rzucać bez sensu kamieniami. Muzyka, matematyka, powieść * – trzy „M" – to pasje osobowości dotkniętych schizofrenią i depresją maniakalną. Przyznaj wreszcie: czy powieść tkwi w głębi serca matematyki i fizyki? Tak czy nie?

---

* Powieść – po grecku *mythistórima* (przyp. tłum.).

Moli: Już byłam gotowa się poddać, ale jest pewien szczegół, który niweczy twoje wysiłki na rzecz porównania matematyki z powieścią. Chodzi o antropocentryczny charakter literatury, jako przeciwieństwo matematyki i fizyki, które zajmują się liczbami, figurami, cząstkami. Twoja konstrukcja wali się więc, daremnie dziś nie spałeś.

M.A.: A kto gra główną rolę w teorii względności szczególnej Einsteina? Pewien niewiarygodny typ, obserwator, który przemieszcza się tu i tam, patrzy na zegarek i mierzy prędkość. Kto gra główną rolę w fizyce kwantowej i wikła nas w nieoznaczoność swoich pomiarów? Obserwator! Ktoś taki jak powszechnie znany narrator w powieści. Skąd fizyka wytrzasnęła tego typa? Z filozoficznego pozytywizmu, a zwłaszcza za sprawą wybitnego jego głosiciela, fizyka i filozofa Ernsta Macha, który doprowadził do skrajności zasadę weryfikacji, uważając, że fizyka powinna zajmować się wyłącznie wielkościami postrzegalnymi. Mach wywarł wielki wpływ zarówno na Einsteina, jak i na grupę twórców mechaniki kwantowej. Einstein w porę dostrzegł, co się święci, i zaczął się wycofywać. Gdy użalał się fizykom kwantowym na zasadę nieoznaczoności, Heisenberg powiedział mu: „Czy to nie ty zapraszałeś nas do pracy nad obserwatorem i mierzalnymi wielkościami?". Einstein odparł: „Istotnie, ale to wszystko były bzdury!". Antropocentryzm przekształcił się w piętę achillesową fizyki. Były też naturalnie naukowe dramaty. Kaufmann odkrył nową cząstkę, określił jej ładunek i masę – był to elektron – ale odmówił ogłoszenia swego odkrycia, bo cząstki nie można było zobaczyć! Z początku pozytywizm pomagał ograniczyć wpływ kantowskiej metafizyki i materializmu mechanicystycznego na fizykę, ale w końcu zaczął być równie groźny jak gangrena.

Milewa: Zgodzę się z tobą, ale nie zapominaj o tak zwanym materializmie dialektycznym, który, przynajmniej na początku, przeszkadzał w przeniesieniu do Związku Radzieckiego teorii względności.

M.A.: Wcale nie musiał być przeszkodą. Faktycznie żałość ogarniała, gdy się widziało, jak najtęższe umysły sowieckiej matematyki i fizyki kończą nowatorskie prace obowiązkowym oświadczeniem, że „praca ta potwierdza zasady materializmu dialektycznego". Engels, upojony dziewiętnastowiecznymi zdobyczami fizyki i mechaniki, stworzył pomnik dialektycznej naiwności, słynną *Dialektykę przyrody*. W czasach studenckich nieprzyjemną niespodziankę sprawił mi Lenin, którego uważałem za największego geniusza politycznego dwudziestego wieku, swoją pompatyczną filozoficzną bzdurą *Materializm i empiriokrytycyzm* podporządkowaną, naturalnie, potrzebom bieżącej ideologii.

Moli: Naprawdę nie wiedziałam, że jest tyle zależności między filozofią a fizyką.

M.A.: A co dopiero w matematyce! Od dwóch i pół tysiąca lat trwa wzajemne przenikanie się. Ilu cierpień dostarczają matematyce jeszcze dziś Kant i Platon! Podział na dwie kultury, który nagle stał się modny w Grecji wskutek wspomnianej książeczki Snowa, całkowicie ignoruje historię oraz związki między rozwojem nauk ścisłych i filozofii.

Milewa: W innym miejscu waszej dyskusji przedstawiłeś filozofię jako nieużyteczną w temacie „kobieta". Ośmielę się powiedzieć, że była też nieużyteczna, przynajmniej w dwudziestym wieku, dla fizyki. Podkreślam to, bo ostatnio miałam nieszczęście napisać doktorat na ten temat. Moje odczucia znakomicie wyraża oświadczenie fizyka, laureata Nagrody Nobla, Stevena Weinberga: „Nie znam nikogo spośród uczestniczących aktywnie w rozwoju fizyki po drugiej wojnie światowej, komu wydatnie pomogłyby w badaniach prace filozofów". Weinberg stwierdza niewytłumaczalną nieskuteczność filozofii w fizyce – w przeciwieństwie do jej niewytłumaczalnej skuteczności w matematyce.

Moli: Zdaje się, że chcecie pogrążyć filozofię!

M.A.: Czas, żeby przestała wyrażać kategoryczne sądy o budowie, jakości i sensie świata, nie mając o tym wszystkim pojęcia i uzależniając owe sądy od nastroju, od tego, czy jej koryfeusze leżą, stoją, są najedzeni albo usatysfakcjonowani seksualnie, a zwłaszcza od tego, co robi wrażenie na odbiorcach i znajduje oddźwięk w mediach. Jeśli filozofia nie ukształtuje się od nowa, jeśli nie zmieni radykalnie swojej roli, niewątpliwie skończy w urzędzie dla bezrobotnych.

Moli: Rozumiem. Utożsamiacie się z Sokalem, amerykańskim fizykiem, który wyśmiał postmodernistycznych francuskich myślicieli.

Milewa: Ja byłam z tego bardzo zadowolona.

M.A.: Rzeczywiście dokonał rzeczy imponującej. Wyjawił coś, o czym wszyscy wiemy: postmoderniści powierzchownie wykorzystują wszystko, co uda im się zrozumieć z języka matematyki i fizyki, by wesprzeć mroczną zagadkowość swoich słów. Sokal to cwaniak i bufon, pozytywista do kwadratu, który lekceważy następujące po sobie na przemian „powieści" w rozwoju swojej własnej gałęzi nauki. Nie dostrzega też pewnego myślowego powodu związanego z wartościami, etyką, krytyką, relacjami między różnymi gałęziami nauki i naturalnie z nierozwiązanymi zagadnieniami ludzkiej egzystencji.

Moli: Czy ostatecznie nie dostrzegasz żadnej różnicy między matematyką a powieścią?

M.A.: Matematyka, podobnie jak muzyka, to zabawa dla młodych wiekiem. Powieścią i poezją mogą bawić się i starsi, tak jak polityką czy ekonomią. Ciekawa sprawa. Jeśli chodzi o matematykę, siły twórcze opuszczają ludzi zwykle po czterdziestce. Prawie wszystkich przewrotów w matematyce dokonali młodzi. Newton miał największe osiągnięcia między dwudziestym a dwudziestym czwartym rokiem życia. Wtedy sformułował prawo ciążenia i rachunek różniczkowy, w trzydziestym siódmym roku życia wymyślił trajektorie eliptyczne, jako czterdziestolatek był skończony. Gauss był najbardziej twórczy między dwudziestym a czterdziestym rokiem życia. Abel zdążył powiedzieć, co miał do powiedzenia, i umarł w wieku dwudziestu jeden lat. Galois to samo. Riemann umarł koło czterdziestki, swoją rewolucyjną geometrię stworzył we wczesnej młodości. O Einsteinie, Gödlu i innych już mówiliśmy. Znamy też słynne słowa Hardy'ego „Gasnę, to koniec, zabiję się" wypowiedziane przez pięćdziesięcioletniego matematyka, którego możliwości twórcze się wypaliły. Podobnie w muzyce. Geniusz Mozarta ujawnił się, gdy miał on cztery lata. Gauss – „Beethoven matematyków", okazał się geniuszem już w szkole podstawowej. Nauczyciel powiedział dzieciom w klasie: „Nie wyjdziecie, póki nie wykonacie dodawania od jednego do stu". Przeciętni uczniowie potrzebowali na to co najmniej pół godziny. A Gauss podniósł rękę i powiada: „Pięć tysięcy pięćdziesiąt, proszę pana". Nauczyciel zdębiał. Gauss wymyślił, że istnieje pięćdziesiąt par, które tworzą sumę sto jeden, skoro jest jeden plus sto, dwa plus dziewięćdziesiąt dziewięć, trzy plus dziewięćdziesiąt osiem... sto plus jeden, a więc pięć tysięcy pięćdziesiąt. Oto triumf wyobraźni matematycznej nad męczącą procedurą obliczeń. Nie oznacza to wcale, że każdy geniusz objawiał się tak wcześnie, w wieku dziecięcym. Znane są i takie przypadki, jak na przykład Beethoven, Tołstoj, Darwin czy Einstein, których dzieciństwo naznaczone było wręcz opóźnieniem w rozwoju.

Mélani: Czemu należy przypisać różnicę dotyczącą wieku w porównaniu z powieściopisarstwem?

M.A.: Bo ja wiem? W powieści odtwarzasz miniony czas, dla matematyki nie ma znaczenia, czy czas jest stracony, czy odzyskany. Matematyka za nic ma nasze tęsknoty, miłosne przeżycia, niepowodzenia naszej egzystencji, ludzkie katastrofy. Twórczość matematyczna wymaga nienasyconej ciekawości, dziewiczej, wolnej myśli, odwagi i braku poszanowania dla uznanych wartości, nierealistycznej, psychodelicznej wyobraźni – a to wszystko to młodość. Jako starszy człowiek możesz nauczać matematyki, filozofować o niej, tak jak ja, ale nie jesteś zdolny do innowacji, do dokonania przewrotu.

Mélani: Jeśli statystyka potwierdza obniżanie się wraz z wiekiem zdolności twórczych, musi to mieć związek z funkcjonowaniem mózgu.

M.A.: Jest pewne, że najszybciej starzeje się czołowy płat mózgu, który jest sztabowym centrum dowodzenia dla powiązań neuronów, szybkiego przetwarzania danych i współpracy różnych obszarów naszego organu myślenia. A więc upływ czasu nadweręża najbardziej znaczący obszar dla twórczości matematycznej. Powieść i poezja nie potrzebują tak dużej szybkości operacji.

Mélani: Z analizy choroby Alzheimera wiemy, że czołowy płat mózgu starzeje się szybciej, co sprawia, że ulegają zaburzeniom wymienione przez ciebie funkcje mózgu. Ponadto wydaje mi się, że powinniśmy wspomnieć o asymetrii pomiędzy półkulami mózgu. Lewa półkula specjalizuje się głównie w funkcjach analitycznych, językowych i syntaktycznych, podczas gdy prawa celuje w operacjach wzrokowych, przestrzennych i muzycznych, niewerbalnych sposobach komunikowania się, odbiorze kształtów i wzorów.

M.A.: O nie! Nie mogę słuchać, że matematyka mamy w lewej, a artystę w prawej półkuli. W rzeczywistości w procesie matematycznej i artystycznej inwencji uczestniczą w różnych kombinacjach wszystkie obszary mózgu.

Moli: Czy zamierzacie teraz sprowadzić twórczość artystyczną i matematyczną do neurofizjologii mózgu? To mi pachnie ordynarnym materializmem.

M.A.: Nie tylko do neurofizjologii. Ale zostawmy metafizyczne głupoty muzom. Coś, co korzystając z literackiej swobody, nazywamy od pewnego czasu matematycznym przeczuciem, możemy powiązać z prędkością, z jaką mózg wykonuje rozmaite operacje: przyjmuje, porównuje, odrzuca, wybiera, łączy sygnały, i to zanim zdamy sobie z tego sprawę. To, czego nie wiemy o funkcjonowaniu mózgu, nazywamy przeczuciem. Ale także uczenie się usprawnia jego funkcjonowanie. Prawdopodobnie nie zwiększa liczby neuronów ani synaps, lecz skuteczność ich połączeń, zdolność wybierania najwłaściwszych skojarzeń dla inwencji matematycznej lub artystycznej.

Moli: Wspominałeś jednak o uczuciu nieokreślonej przyjemności tuż przed momentem dokonania odkrycia, znalezienia rozwiązania, co nie wydaje mi się powiązane z neurologią.

M.A.: To jest działanie mózgu wywodzące się od twojego przodka *homo sapiens* albo jeszcze wcześniej. I on odczuwał przyjemność podobną do tej, jakiej zaznawali Beethoven czy Einstein, która podtrzymywała determinację w poszukiwaniu zdobyczy i polowaniu. Jego mózg rozwinął się w procesie naturalnej selekcji. Podobną zapowiedź przyjemności odczuwa kochanek, i to ona każe mu zdobyć i zatrzymać przedmiot swych erotycznych zabiegów. Twórca – artysta lub matematyk – zakłada, że to coś istnieje, ale ukrywa się przed nim, umyka mu. Przyjemność, którą odczuwa, popycha go do dalszego wysiłku i prowadzi go bez mała za rękę. Inaczej zagubiłby się w labiryncie nieskończonych dróg, które ma przed sobą. Przyjemność wspiera zatem i poznanie, i inwencję. Oto moment, Mélani, w którym psychoanalityczny „popęd poznania" analizowany przez twoją Melanie Klein, spotyka się z neurofizjologią, ze sztuką i matematyką, choć ona naturalnie o tym nie wiedziała. A zatem biologia i psychologia idą ramię w ramię. Teraz wiemy, że owo skrzyżowanie przyjemności, poznawania i odkrywania potwierdza się wzajemnymi połączeniami między nową korą a układem limbicznym.

Mélani: I cała zabawa polega na związku poznanie–przyjemność, nie zapominaj o tym.

M.A.: W całkiem inny sposób Jean Piaget powie nam o emocjonalnych motywach poznania. Dyskutujemy od dwóch miesięcy i nie wspomnieliśmy ani razu o jednym z tych dziesięciu, piętnastu największych nazwisk mijającego wieku.

Mélani: Piaget pracował z dziećmi.

M.A.: W funkcjonowaniu umysłu dziecka, naszego prapraprzodka i Einsteina jest wiele wspólnego.

Moli: Kryjecie teraz jedno drugie, ale nie rozumiem, jak wasza racjonalizacja, sprowadzenie wszystkiego do funkcjonowania mózgu, ma się do szaleństwa artystów i matematyków?

M.A.: Odważyłem się na pierwsze porównawcze badanie dzieł schizofrenicznych artystów i matematyków. Nie jest wcale proste porównać prace dramaturga Strindberga albo malarza van Gogha z pracami matematyka Gödla.

Moli: Byli też szaleni muzycy jak Mozart.

M.A.: Nie, nie myl depresji maniakalnej czy melancholii ze schizofrenią. Wydaje się, że schizofrenicy nie odnoszą sukcesów jako kompozytorzy, ale jako matematycy, poeci, powieściopisarze i malarze. Mogę zrozumieć, że rozszczepienie ja, zaburzenia w komunikacji z rzeczywistością, wzrokowe złudzenia i fantazje czy tworzenie urojonego świata przez schizofreniczną osobowość może wpływać na prace Gödla w matematyce. Podobnie jak i to, że schizofreniczny twórca nie jest w stanie dać spójnego obrazu świata. Czytałem potwierdzające opracowania, że sztuka schizofreników jest napiętnowana psychicznym pęknięciem, zdominowana przez chęć ucieczki ze świata, w którym czują się udręczeni i zagrożeni. Jeśli rzeczywiście, tak jak pokazują encefalogramy, aktywność elektryczna w tylnej części prawej półkuli mózgu jest u schizofreników bardzo niska, a co za tym idzie połączenia neuronów nie są dostatecznie gęste, to dojdziemy do interesujących wniosków neurobiologicznych, dotyczących ich twórczości intelektualnej.

Moli: A zatem schizofrenia ma coś wspólnego z prawicą! Tylko patrzeć, jak sprowadzicie poglądy ideologiczne do neurobiologii! Sprowadzanie, które niedawno oskarżałeś, sam teraz nam prezentujesz.

M.A.: Uważaj, mamy nie tylko geny, ale i memy.

Moli: Chyba nie od imienia Mimis?

M.A.: Od memetyki. Nie dziedziczymy tylko genów. Nie istnieje wyłącznie programowanie genetyczne, biologiczne. Dziedziczymy nieświadomie, z pokolenia na pokolenie, właściwe naszemu środowisku pakieciki informacji o języku, kulturze, komunikowaniu się. Wszystkie one, nazwijmy je przenośnie kulturogenami, zostały nazwane memami po raz pierwszy przez Richarda Dawkinsa w 1976 roku. Nie zgadzam się z tym terminem. Dlatego że dziecko nie dziedziczy ich w gotowej postaci, niczym mikroskopijnych puszek zakonserwowanej wiedzy. Dziecko nie tylko je naśladuje, ale na nowo odkrywa, odtwarza je, nacechowane własnym piętnem, własną embrionalną osobowością. Dziedziczy i odtwarza połączenia memów – językowych, matematycznych, artystycznych. Jestem daleki od sprowadzania procesu poznania do psychoanalizy, psychoanalizy do neurobiologii, neurobiologii do biologii molekularnej, biologii molekularnej do chemii, a chemii do fizyki kwantowej.

Moli: Ale zapomniałeś i o kobietach, i o mizoginizmie!

M.A.: Dawniej neurobiologia mówiła, że lewa półkula mózgu jest męska, czyli logiczna, a prawa żeńska, czyli związana z odczuciami. To czysty mizoginizm. Teraz mówi się wprawdzie, że mężczyzna i kobieta mają takie same możliwości intelektualne, ale... ale... ale... dziesięć „ale", które rozmydlają to stwierdzenie. Naturalnie także kobiety – badaczki mózgu – przychylają się do męskich uprzedzeń. Teraz uważa się, że u kobiet lewa i prawa półkula współpracują ze sobą w mniejszym stopniu niż u mężczyzn. Pewna neuropsycholożka zapewnia, że po okresie dojrzewania, w porównaniu z chłopcami, u dziewcząt obserwuje się spadek aktywności w dziedzinie sztuk pięknych. A zatem pośrednio wynika z tego, że kobieca prawa półkula – poza lewą – ma mniejszą wydajność niż męska. Zauważ, jaki diabelski zbieg okoliczności: imiona obu sławnych kobiet zaczynają się na „M", obie mają na imię Marianna.

Moli: Ale jeśli chodzi o mizoginizm, matematyki nie prześcignie żadna inna gałąź wiedzy. Trudzisz się i trudzisz, trzymasz nas tu do rana, a mimo to nie znalazłeś żadnego przyjaciela kobiet.

M.A.: Był taki i nawet zginął przez kobietę. Uraczyła go sześcioma kulami. Wielki matematyczny talent, asceta, samotnik, ale zawsze zakochany, zostawia matematykę dla rewolucji, jest blisko Trockiego i towarzyszy mu na wygnaniu: od Wyspy Książęcej w Konstantynopolu aż do Meksyku. Potem chłodnie nieco wobec wodza, bo ten sypia z kobietą, w której on był zakochany, ze słynną Fridą Kahló, żoną malarza, Rivery. W dojrzałym wieku opuszcza Trockiego i wraca do matematyki, ma niezliczone sukcesy z kobietami i mimo swojego introwertyzmu uważany jest za wspaniałego kochanka. Zostaje profesorem logiki na uniwersytecie w Nowym Jorku i jest nim do chwili, gdy ręka jego małżonki, Ann Marie, uzbrojona w kolta kaliber .38 przecina nić jego żywota. Tajemnicza, fascynująca osobowość, Jean Van Heijenoort. Przy zwłokach znaleziono jego wielkie dzieło poświęcone Gödlowi, człowiekowi, który podważył logiczną wersję matematyki!

Milewa: Wielki matematyk i rewolucjonista, oryginalne zestawienie.

M.A.: Nie ty powinnaś była to powiedzieć. W końcu twój małżonek był utopistą, pacyfistą, internacjonalistą. Zostaw takie sformułowania Moli. Wszyscy wielcy matematycy stali po stronie rewolucji francuskiej i po stronie Napoleona. Dzięki tej szczególnej współpracy, także na polu militarnym, rozmachu nabrała geometria, balistyka, mechanika, termodynamika, hydrodynamika, geodezja. Wyjątkowa postać, wielki matematyk, Galois, zostawił matematykę dla rewolucji. W przeddzień pojedynku z powodu kobiety – tak, z powodu kobiety – z pewnym zwolennikiem króla, wiedząc, że rano umrze, przesiedział całą noc, ostatnią swoją noc, i zapisał jedną z najpiękniejszych algebr. Rano był martwy, leżał na polu, mając zaledwie dwadzieścia lat. Najlepsi przyjaciele radzili mu: „Daj spokój kobietom, wracaj do matematyki!". No i proszę, znowu to samo: młodość – rewolucja – matematyka – kobieta.

Moli: Przeniosłeś dyskusję na obcy nam obszar, dlatego tak łatwo ci idzie.

M.A.: To stary dowcip. Jak chcesz kogoś przyszpilić, korzystaj z broni zwanej matematyką. Caryca Katarzyna Wielka udawała wybitną intelektualistkę i organizowała na swoim dworze sympozja, na które zapraszała najgenialniejsze umysły z całego świata. Pewnego razu filozof Diderot, znakomity aktor, wygłosił imponujący wykład, uzasadniający nieistnienie Boga. Euler, zwany Bachem matematyki, wstał, podszedł do tablicy, rzucił mordercze spojrzenie Diderotowi, i napisał szybko na tablicy $(a+b)/n=x$, po czym zawołał: „A więc Bóg istnieje!". Tak go zażył! Nieszczęsny filozof zgłupiał, zawstydził się, bo nie miał pojęcia o matematyce, uciekł, gdzie pieprz rośnie, choć Euler odstawił zwykłą farsę. Pomyśl tylko, za najbardziej eleganckie równanie na świecie Euler uważał $e^{i\pi}+1=0$!

Moli: Taka elegancja nic mi nie mówi. Ale przyjmuję na podstawie waszych słów, że matematyka i fizyka, tak jak poezja i proza, posługują się kryteriami estetycznymi w rodzaju symetrii, proporcji, harmonii, prostoty, elegancji...

Milewa: ...porządkowania chaosu. A zwłaszcza zasady ekonomii, to znaczy najbardziej zwartej i prostej budowy dowodu. Dlatego wielu wielkich matematyków i fizyków uważa zwięzłość Sofoklesa w *Edypie* lub *Antygonie* za estetyczny prototyp dla swoich dowodów.

M.A.: Uważajmy, żeby nam nie powiedziano: piękno kojarzy się z fryzurami i domami mody, a nie z matematyką. Czy piękno w swej naturze jest takie samo u Gaussa w matematyce jak u współczesnych mu Beethovena i Goethego? Istnieje analogia, podobieństwo w budowie, ale natura piękna jest inna. Zapytano kiedyś wielkiego fizyka dwudziestego wieku Paula Diraca, dlaczego wybrał takie, a nie inne równanie dla elektronu, które zresztą sam wymyślił. „Wydało mi się ładniejsze od innych" – odpowiedział. Jaki związek ma piękno odkryte przez Diraca w elektronie z pięknem, które podziwiamy, słuchając głosów Billy Holiday i Marii Callas? Kończąc, kiedy mówimy o elegancji i urodzie dowodu matematycznego, mamy zwykle na myśli to, że prowadzi nas on do niepodważalnego wniosku z najwyższą logiczną konsekwencją, ma najmniejszy stopień skomplikowania, najmniej obliczeń, przekształceń i wyjątków i sprawia nam największą niespodziankę i estetyczne zadowolenie. Jest w nim też coś nieprzewidywalnego, co nas zaskakuje. Elegancki dowód jest odkrywczy, otwiera przed nami nowe horyzonty i staje się źródłem nowych rozwiązań i pomysłów.

Moli: Teraz znowu wycofujesz się z tego, o czym mówiłeś przez ostatnie dziesięć godzin. Powieść i matematyka nie mają więc żadnego punktu wspólnego.

M.A.: Mylisz się. Gdy dowód jest elegancki, nie chcesz dodać do niego ani odjąć nawet jednego wyrazu, jednego sylogizmu. Choć próbujesz, nie możesz sobie wyobrazić żadnego innego, bardziej czarującego wątku, prowadzącego do rozwiązania. Czy nie odczuwasz tego także, patrząc na Partenon, czytając *Edypa* Sofoklesa albo *Hamleta* Szekspira, słuchając *Dziewiątej Symfonii* Beethovena czy jakiegoś klasycznego kawałka jazzowego albo oglądając *Obywatela Kane'a*? „Nic dodać, nic ująć" – powiadasz. A zatem w matematyce znowu spotykasz się ze sztuką.

Moli: Istnieją brzydkie dowody? Tak czy nie? Odpowiedz wprost.

M.A.: Ostatnio przyjęto, że został rozwiązany jeden z najsłynniejszych i nierozwiązalnych przez sto lat problemów: problem czterech kolorów, którym zabawialiśmy się w dzieciństwie. Chcemy pokolorować mapę polityczną, niezależnie od liczby krajów, kontynentów itd., rzeczywistych lub wyimaginowanych. Ilu kolorów potrzebujemy, by kraje sąsiadujące ze sobą nie miały tego samego koloru? Doświadczenie pokazuje, że tylko czterech, ale nie potrafiliśmy tego dowieść. Hipotetyczne rozwiązanie wymaga tysiąca dwustu godzin pracy komputera i mieści się na tysiącach stron – obrzydlistwo z matematycznego i estetycznego punktu widzenia. Jest to dowód z najniższej półki. Wręcz zbyt brzydki, żeby był słuszny.

Milewa: Jest też inny problem, czekający na rozwiązanie od trzystu pięćdziesięciu lat, z którym niedawno się uporano. Zrobiło na mnie wrażenie, że wspomniałeś o nim w tej dyskusji: wielkie twierdzenie Fermata.

M.A.: To twierdzenie należy do gatunku opowieści przygodowych o uprzejmym awanturniku, żałosnej postaci, Don Kichocie! Od trzystu pięćdziesięciu lat tysiące ludzi boryka się ze znalezieniem rozwiązania – nie brakło tajemnic, oszustw, plagiatów, kłamstw, entuzjazmu, urojeń! Prawdziwy król matematyków amatorów, Fermat, bazgroli na marginesie *Arytmetyki* Diofantosa – znowu Diofantos! – następujące słowa: „Przeprowadziłem dowód i tego twierdzenia, ale nie starczy mi tu miejsca, by go zapisać".

Moli: My natomiast nie mamy więcej czasu. Chyba zwariowaliśmy, dochodzi ósma rano!

M.A.: Fermat nas oszukał! Miejsca nie miał! Zwykłe kłamstwo, żebyśmy biedzili się nad tym aż trzysta pięćdziesiąt lat. Ostatecznie znaleziono dowód, a człowiek, który tego dokonał, wołał: „Tak niewiarygodnie piękny, taki prosty, taki elegancki".

Milewa: A tobie jak się podoba?

M.A.: Estetycznie średni: przesadne, następujące po sobie odniesienia do teorii i dowodów innych autorów, takie od Annasza do Kajfasza.

Milewa: Pójdę chyba prosto do pracy – do liceum, gdzie uczę. Dziękuję, spędziłam bardzo przyjemny wieczór.

Moli: Zabrało ci, przyjacielu, pięć poniedziałków, by nas przekonać, że poznanie nie prowadzi do rozkoszy i do szczęścia erotycznego. A teraz, po jedenastu godzinach, wykazałeś nam, że poznanie jest rozkoszą. Przeczysz samemu sobie.

M.A: Nie przeczę samemu sobie, tylko jestem sprzecznością! A ty?

Moli: A ja jestem nierozsądną ćwierćinteligentką, która zabawia się po nocach swoimi memami.

Rozdział 8

Maria Magdalena

Moli: Boże, po prostu mnie wykończyliście! Przez tydzień nie mogłam dojść do siebie po tych waszych seksualno-matematycznych wywodach. Chyba tylko Milewa, jako jedyna, była zachwycona. Nuda do entej potęgi!

M.A.: Gdy cię dopada nuda, przyjmij ją z otwartymi ramionami, nie sil się na chwilowe ucieczki, na ulotne drobne zmiany, daj jej dokonać dzieła, sięgnij dna i odbij się, by znów wypłynąć na powierzchnię życia.

Moli: To znaczy, że w kanale „M" sięgamy dna? Och!

M.A.: Naturalnie! Dotykasz dna w kulturze duchów, żeby z całą mocą powrócić do życia. W końcu nuda, monotonia to nie czas martwy, to dziewięć dziesiątych naszego życia – zadbaj, by miały właściwą jakość i rytm, zrób z nich dzieło sztuki.

Mélani: Nie przeszło mi przez myśl, że może istnieć nudoterapia. Chcę poruszyć w tej dyskusji pewien temat, bo widzę, że uparcie go unikasz – wręcz ze wstrętem. Czy ucieka się w twórczość, sztukę, naukę, by oderwać się od strachu przed śmiercią? Czy zastanawiałeś się, że i ty poprzez pisanie mierzysz się ze śmiercią? Że próbujesz pojednać się z końcem własnego życia, pewnym wprawdzie, ale nieokreślonym w czasie?

Moli: Jeśli rzeczywiście zamierzacie skierować dyskusję na ten tor, przerywam i wychodzę z gry. Twórczość może służyć własnemu egoizmowi, rozkoszy zaspokajania ciekawości, może dawać pozory spójności osobowościom maniakalnych smutasów i rozdartych wewnętrznie schizofreników, można chcieć wpływać dzięki niej na świat, ukierunkować go, powiedzmy w przypadku przywódczych zapędów, ale przytłaczające psychicznie dyskusje o śmierci i twórczości wydają mi się bezsensowne. Proponuję, żebyś wrócił do opowieści o George'u i jego licznych rodzinach, póki do reszty nie zniszczysz uroku tej historii kulturalno-matematycznymi dygresjami.

M.A.: Opowiem wam więc o pewnym zdarzeniu mającym związek z George'em, które zaspokoi, jak mniemam, wasze odmienne pragnienia. Jesteśmy na Krecie, rok po wyjeździe Mani do Norwegii. Mówiłem już, jak mi się zdaje, że warsztat szewski mojego ojca stał się centrum wymiany myśli o polityce, polowaniach i łowieniu ryb. Zakład fryzjerski, po sąsiedzku – centrum wymiany myśli o teologii, natomiast knajpa Chrisanthosa, nieco dalej, była agorą miłośników futbolu. W niedzielne południe gromadziło się tam dwakroć więcej wiernych aniżeli o poranku w pobliskim kościele Świętej Trójcy. Koło drugiej zaczynano co prędzej sprzątać talerze – spóźnieni musieli obsługiwać się sami – a Chrisanthos zajmował miejsce przy radiowej ambonie. Wchodził na krzesło, lewą ręką obejmował staroświecki, lampowy odbiornik, prawą zaś dyrygował własnym delirycznym bełkotem oraz trybuną lub wymierzał razy pudłu, gdy radio niespodziewanie cichło. Ucho miał przyklejone do głośnika, by wyłapać słowa spikera, dobywające się spośród szumu zakłóceń, przekazywał je zebranym, dodając drugie tyle z własnej wyobraźni, zdobił wszystko okrzykami i w ten sposób zapewniał knajpianej publiczności swobodną retransmisję meczu. W gruncie rzeczy była to szaleńcza improwizacja, przewyższająca spontanicznością murzyńskie zgromadzenia bluesowo-soulowe w Nowym Orleanie. A więc, jak mówię, Chrisanthos wisi na odbiorniku i zmaga się zawzięcie z zakłóceniami. Krzesło pod nim tańczy, a z każdej części jego ciała emanuje najwyższa gotowość: twarz czerwona jak burak, oczy wybałuszone, usta otwarte, żyły nabrzmiałe, cały napięty, jakby zaraz miał pęknąć. Jego rozdzierający głos ściera się z wrzaskami zebranych i ich grubymi dowcipami. Szczerze mówiąc, Chrisanthos nie był wzorem obiektywności. Rozkręcał się z upływem czasu i natężeniem błyskotliwych akcji Panathinajkosu. „Dalej, Linoksilakis, tnij Knypka", czyli Bebisa, albo „Wielki mały", Mimis Domazos ma się rozumieć, „przechodzi drągala Stefanakosa". Krótko mówiąc, ujmował zasług zawodnikom Olimpiakosa albo pomijał ich sukcesy milczeniem, niby to z powodu zakłóceń, chyba że okrzyki czerwono-białych, którzy stanowili większość wśród jego klientów, zobowiązywały go do większej sumienności. Często, gdy jakaś ładna akcja została przerwana zbyt wcześnie albo gdy zakłócenia się nasiliły, niepohamowana wena kazała mu ją zakończyć, dopełnić, upiększyć, zrobić z niej cacko jeszcze większe niż w rzeczywistości. Przy brzydkiej pogodzie, kiedy fale radiowe ginęły gdzieś w odmętach Morza Kreteńskiego, szło mu najlepiej.

Mélani: To dlatego poprzednim razem powiedziałeś, że słuchaliście Kairu?

M.A.: Tak. To był program grecki nadawany z Kairu. Tutaj pojawia się jak *dues ex machina* nasz George. Podczas pobytu w Hamburgu kupuje wielkiego Grundiga, najnowszy model, i przekazuje go klubowi futbolowemu Chrisanthosa. Ustawia antenę okrętową wyższą niż wieża kościoła Świętej Trójcy i uzyskuje dźwięk jak dzwon. Techniczna nowinka zagraża pozycji Chrisanthosa. Podczas niedzielnej premiery w trakcie decydującego meczu PAOK–PAO Chrisanthos, na kwadrans przed rozpoczęciem, oparł się o stół i zasnął. Nie przeszkadzało mu, że radio gra na cały regulator, że kibice Olimpiakosa świętują pierwszego gola strzelonego przez PAOK ani nawet to, że on sam – pozbawiony narzędzia pracy zasłużony sprawozdawca – staje się powoli głównym obiektem kpin zebranych. Niezmiennie obojętny, trwał w objęciach Morfeusza. Tymczasem męski tłum bawi się coraz lepiej, puszczają wszelkie hamulce, ktoś biegnie do Świętej Trójcy i przynosi świece – ustawiają je na krzesłach wokół Chrisanthosa i na stole, podobnym teraz do wielkiego świecznika. Inni znoszą kwiaty cytryny, goździki, bazylię, czosnek, a nawet karczochy i stroją nimi stół niczym Grób Pański. Wówczas pojawia się spóźniony George. Nie zwraca specjalnej uwagi na to, co się dzieje, ale lekki uśmieszek na jego ustach szybko niknie. Toruje sobie drogę, otwiera lodówkę, wyjmuje lemoniadę. Zapraszam go na plecione krzesło obok siebie, on rusza w moją stronę, dostrzega Chrisanthosa i natychmiast zawraca, zdecydowanym ruchem wyłącza radio w szczytowym punkcie meczu. Ku ogólnemu zdziwieniu i wśród okrzyków niezadowolenia radzi zebranym głośnym, ale spokojnym głosem, żeby opuścili knajpę. „Czego się wygłupiasz, George? Wielmożę nam tu odstawiasz?" – woła jego kuzyn, Lambros, rybak i zajadły kibic Olimpiakosa. George gasi i usuwa świece, zrzuca ze stołu kwiaty, potem zwraca się do kuzyna oraz najbardziej aktywnych dowcipnisiów i powiada: „Teraz go obudźcie, zuchy!". Lambros potrząsa Chrisanthosem: „Wstawaj, wazeliniarzu!" i takie tam, a Chrisanthos nic, nieruchomy. Chce go podnieść. „Zostaw!" – rozkazuje George. „Wyjdźcie wszyscy". Unosi powoli głowę Chrisanthosa i zamyka mu powieki.

Moli: Do licha, wykorkował!?

M.A.: „Zapamiętaj sobie, co dziś widziałeś. Jakim wygłupem jest pieprzone życie i śmierć" – powiedział mi George, gdy zabierali Chrisanthosa. „Jeden *offside*, jeden fałszywy ruch i wypadasz z gry".

Mélani: Wydaje mi się, że zakład o życie twojego dziadka z drzewem orzechowym w *Utraconym bluesie* i ten wygłup w knajpie prezentują egzystencjalne spojrzenie na śmierć o wiele bardziej treściwie niż tak zwany żart śmierci. Czy w taki właśnie sposób pojmujesz śmierć?

M.A.: Postawa mojego dziadka była bardzo naturalna. Mnie byłoby trudno przyjąć podobną, bo jestem przesiąknięty mnóstwem abstrakcyjnych idei. Mogę mieć jedynie nadzieję, że uda mi się uciec, choćby na krótko, od prawa ciążenia, sprzeciwić się ciężarowi życia i śmierci, uniknąć czasowych ograniczeń egzystencji, zrzucić z siebie balast podstawowych pytań i w rezultacie osiągnąć zbawczą lekkość. Obym mógł wyzwolić się od wszystkich postaw, stochastycznych i artystycznych teorii o śmierci, bo nie sądzę, żeby którakolwiek z nich pomagała nam przyjąć ze spokojem to, co nieuchronne – naszą śmiertelność.

Mélani: Czyli nie zgadzasz się z Freudem, że w gruncie rzeczy nie potrafimy wyobrazić sobie własnej śmierci, że w nieświadomości każdy z nas wierzy w swoją nieśmiertelność?

M.A.: To piękne, wyssane z palca alibi dla śmiesznych i politowania godnych osobników, którzy, odurzeni nadmiarem alkoholu, pędzą na motorach nadmorską promenadą z prędkością dwustu kilometrów na godzinę: ich nieświadomość każe im wierzyć, że są nieśmiertelni.

Mélani: Tak, ale gdy jest przeciwnie, kiedy czujesz ciężar swojej śmiertelności, wykluczasz z życia ryzyko i niebezpieczeństwo. Kto nie podda się ułudzie nieśmiertelności, nigdy nie da się wciągnąć w żaden ruch rewolucyjny, na rzecz którego poświęci wszystko, także własne życie. Zacznijmy od takiego spojrzenia na śmierć, nazwijmy je heroicznym.

M.A.: Człowiek uczestniczący w wielkim zbiorowym działaniu czuje, że nie jest w obliczu śmierci sam, jest ogniwem w łańcuchu zbiorowej solidarności, „jeden w ziemi – tysiące na froncie walki". Nicość śmierci, jak się zakłada, przestaje obowiązywać, jej miejsce zajmuje ułuda nieśmiertelności, pewność, że nie zostaniesz zapomniany, że zdobędziesz wieczną sławę. Ale tej przerażającej chwili, gdy znajdziesz się sam na sam z własną śmiercią, nie można uniknąć. Pewna piękna, oddana sprawie bojowniczka dostaje kulą w pierś, krew tryska, kapitan Jotis – Charílaos Florakis – bierze ją w ramiona, a ona, zmagając się ze śmiercią, wyznaje: „Nie chcę umierać! Kocham! Słyszysz? Kocham!". Jezus, syn Boga, który przyszedł, by wypełnić największe z zadań, skarży się na krzyżu: „Ojcze, dlaczego mnie opuściłeś?". A więc i najbardziej bohaterska śmierć niesie skargę. Czujesz, że koniec, który dotychczas lekceważyłeś, przychodzi za wcześnie. Czasami w tej ostatniej chwili pojawia się bunt, daremny naturalnie, przeciw losowi. Opisałem w formie opowiadań skargę ostatnich chwil Sokratesa, Jezusa, Rigasa, Arisa Weluchiotisa, Zachariadisa i innych, Greków i cudzoziemców. Bardzo trudno jest umierać dla idei, a dziś nie widzę żadnej idei, za którą warto byłoby oddać życie.

Melani: Czy zatem żaden wielki cel ani sława nie są pocieszeniem w obliczu śmierci?

M.A.: Nie, śmierć zawsze niesie ze sobą rozczarowanie. Homera nazywam pierwszym i ostatnim poetą, bo on nie wdaje się w poetyckie nonsensy. Gdy Odyseusz stara się przekonać Achillesa, że nie powinien ubolewać nad swą śmiercią, bo w Hadesie „trzęsie umarłemi”, ten odpowiada mu tak:

Odysie! Ty chcesz w śmierci znaleźć mi pociechę?
Wolałbym do dzierżawcy iść pod biedną strzechę,
Na parobka, i w roli grzebać z ciężkim znojem.
Niż tu panować nad tym cieniów marnym rojem! *.

Mélani: Właśnie. Pamiętam twoje utwory: *Człowieka, który widział swój pogrzeb* oraz *Pieśń martwego wodza*. W pierwszym jesteś dramatyczny, w drugim dworujesz szpetnie ze swojego przyjaciela, Mikisa, który w *Drogach Archanioła* opisuje, jak schodzi do świata cieni, świata umarłych, podobnie jak Odyseusz. Istnieje więc możliwość zmierzenia się z własną śmiercią poprzez twórczość.

M.A.: Gdybym dzisiaj pisał *Człowieka, który widział swój pogrzeb*, zrobiłbym z tego opowiadania komiczną historyjkę. Mikis, wielkie „M”, prezentuje zmienną postawę wobec śmierci. Raz jest dziecinnie zaciekawiony czymś nieuniknionym, to znów rozżalony, przygnębiony, ogarnięty lękiem, innym razem bohaterski i erotycznie swawolny, i znowu śmiertelnie smutny. Jego dzieło jest nieustannym dialogiem ze śmiercią, dialogiem o jej pokonywaniu. Przyjmuje postawę tragicznej powagi wobec śmierci. Czasami pojawia się nagle na jego ustach szyderczy uśmiech, ogarnia go demon ironii i żartu, przeżywa wzniosłe wyzwolenie, przekształca filozofię śmierci w komedię ludzką. Kilkadziesiąt lat temu jechaliśmy do Patras na wiec polityczny na placu

* Fragment z pieśni XI *Odysei* Homera w przekładzie Lucjana Siemieńskiego (przyp. tłum.).

Świętego Jerzego. Prowadził Mikis, jak zwykle przyciskając gaz do dechy. Tuż za Egionem letnia ulewa zamieniła szosę w rwący potok. Zatrzymaliśmy się więc na skraju drogi i czekaliśmy, aż nawałnica minie. Mikis, cichy i zamyślony, odwraca się do mnie niespodziewanie i powiada krótko: „Jak umrę, partia tobie zleci wygłoszenie mowy nad trumną. Będą ci kazali powiedzieć, że poza prawicowymi, oportunistycznymi i legalistycznymi odchyleniami, mimo naprzemiennych skłonności do lewicowego wolontaryzmu i ekstremizmu, jego znaczący wkład... poza... mimo... to jednak... chociaż... ale... i tak dalej. Chcę tu i teraz usłyszeć tę mowę, całą i bez upiększeń. Zamykam oczy i słucham". „Połóż się" – mówię. Rozkłada siedzenie i nieruchomieje, milczy, a jego kreteńska bladość zamienia się w papierową biel. Mówiłem i mówiłem, łzy mi ciekły, płakałem, śpiewałem jego piosenki, znowu mówiłem, całkiem się rozkleiłem. On ani pary z gęby – popadł w odrętwienie. „Obudź się, Miki!" – wołam przerażony. Wreszcie się poruszył. Humor miał tamtego wieczoru wyjątkowy. Wylazł z niego cały głód życia. Przemawiał jak uskrzydlony. Później, podczas posiłku, pił, śpiewał, flirtował. Na koniec porwały nas dwie kobiety. Zabrały nas gdzieś na nocleg i gdy już spaliśmy, w środku nocy, słyszę krzyk: „Mimis, rzuć mi płetwy, bo jestem odcięta od świata!". „Co jest? Śni jej się czy jak?". Chcę wstać, a tu powódź. Pękło coś w rurach i w mieszkaniu woda stała na pół metra. Następnego ranka jechał tak szybko, że silnik się zapalił, auto się zepsuło, a my, zajęci rozmową, niczego nie zauważyliśmy. Dotarliśmy na piechotę do Kiato i stamtąd wzięliśmy taksówkę do Aten. Melancholijny Mikis nie leczy się wyłącznie żałobną i heroiczną twórczością, ale też radością życia – chce opróżnić szklankę do dna.

Mélani: Ta historia wiele mówi, niemniej ty starasz się przezwyciężać heroiczną postawę wobec własnej śmierci.

W co wobec tego wierzysz? Tylko nie powiedz znowu „w nic", bo nie dam wiary.

M.A.: Całkowicie na własną rękę doszedłem do poglądów pokrewnych z „egzystencjalizmem" Epikura. Wyganiam śmierć z mojej egzystencji, lekceważę ją. Moja śmierć mnie nie obchodzi. Ten w trumnie to nie ja, to martwa, rozkładająca się materia. Nie smucę się, bo nie mam świadomości własnej śmierci. „Śmierć nie dotyczy nas ani trochę, bo póki jesteśmy, nie ma śmierci, a odkąd jest śmierć, nie ma nas". Doszedłem więc do tego, że nie uznawałem swojej śmierci, moja śmierć, mówiłem, nie istnieje. Żadnego współistnienia, żadnego filozoficznego dialogu ze śmiercią. Sartre posunął się jeszcze dalej: „Moja śmierć nie tylko mnie nie obchodzi, ale wydaje mi się absurdalna, pozbawiona sensu, jest marnym i ohydnym faktem, nie zgadzam się z nią". Gdy spotykam się z takim filozoficznym językiem, doznaję chwilowego pocieszenia i myślę, że zostało powiedziane coś ważnego. Ale też czuję, jak rozkwita we mnie uśmieszek wątpliwości, który naigrawa się z tak wzniosłego i zbawczego podejścia do sprawy. Jakiś inny głos we mnie uważa za nonsensowną myśl, że mogę wyrzucić śmierć z mojego bytu, że śmierć mnie nie obchodzi. Jakie znaczenie ma retoryka Sartre'a, skoro on sam był całkowicie nieprzygotowany na własny koniec, panikował w obliczu utraty zdrowia i śmierci? Mój niewykształcony dziadek albo George mieli mi więcej do powiedzenia o śmierci niż filozof. Albert Camus posuwa się jeszcze dalej: „Nie tylko moja śmierć nie ma sensu, ale i moje życie. Sam do siebie nie należę. Jednak mimo pewności ostatecznego niepowodzenia, przyjmuję pozbawioną nadziei, ale nieustraszoną postawę wobec życia jak Syzyf, który pcha swój kamień przez całe wieki. Nie popełniam samobójstwa wobec absurdu życia, ale buntuję się, staję się człowiekiem zbuntowanym.

Mélani: Jak to się stało, że podczas naszej dyskusji ani razu nie wspomniałeś o tej wielkiej postaci w literaturze i filozofii?

M.A.: No właśnie, w dyskusji o kobietach nie wspomnieliśmy o jednym z niewielu wybitnych amatorów biegania za spódniczkami. Muszę ci się przyznać, że miałem do niego wielką słabość, zwłaszcza gdy doświadczałem bohaterskiego absurdu przynależności do ruchu komunistycznego. Teraz, gdy czasami wracam do tego myślą, nie zadaję sobie pytania, jak Camus: czy Syzyf był rzeczywiście szczęśliwy, ale czy przypadkiem nie cierpiał na manię prześladowczą? Jeśli chodzi o „człowieka zbuntowanego", to nawet on sam nie wie, co dokładnie miał na myśli. Jednak kompromisowy Camus nie plecie głupstw, wie doskonale, że żaden ze sławnych egzystencjalistów nie jest gotów poświęcić ani włoska z własnej głowy dla idei i z wielką cywilną odwagą odkrywa utraconą niewinność filozofii oraz obciążone winą sumienie intelektualisty. Jakże mogłem o tym zapomnieć, gdy mówiliśmy o hipokryzji smutku filozofów! Bo mamy przecież i *Upadek* Camusa z pełnym odsłonięciem jego duszy. Clamence, pisze Camus, widzi kobietę skaczącą z mostu do rzeki, ale nie rzuca się, by ją ratować. Jak mógł popełnić taką zbrodnię, i to bez wyrzutów sumienia? Myśl ta prześladuje go naturalnie i prowadzi do tego oto odkrywczego stwierdzenia: „»O dziewczyno, skocz raz jeszcze do wody, żebym po raz drugi miał szansę uratować nas oboje!«. Po raz drugi, co, jaka nieostrożność! (...) Brr...! woda jest taka zimna! Ale bądźmy spokojni! Teraz jest za późno, zawsze będzie za późno! Na szczęście!" *. W tej jednej scenie Camus mówi wszystko i nawiązuje do sytuacji Sartre–Beauvoir, znów na moście, o czym wcześniej wspominaliśmy w naszej dyskusji.

---

* Albert Camus, *Upadek*, przeł. Joanna Guze, PIW, 1957 (przyp. wyd.).

Moli: Czyli uważasz filozofię za nieużyteczną nawet w dialogu ze śmiercią!

M.A.: Trzymajmy się z dala od filozofii pachnącej śmiercią! Pomyśl tylko, Heidegger utrzymuje, że śmierć nadaje sens bytowi. Czyli: „Istnieję, bo moim przeznaczeniem jest umrzeć". Posłuchaj, co mówi filozoficzny grabarz: „Ledwie człowiek się urodzi, jest dostatecznie dorosły, by umrzeć".

Mélani: To w końcu jaki pogląd na śmierć uważasz za najważniejszy?

M.A.: Nie ma sensu żadna klasyfikacja. Całe nasze życie jest walką o osłabienie pewności śmierci. Historia ludzkości jest historią wypierania śmierci. Śmierć jest główną bohaterką powieści. Ile rodzajów powieści, tyle postaw wobec śmierci. Trudno się połapać: historyczna, komiczna, sofistyczna, ludowa, chrześcijańska, konfucjańska, rycerska, przygodowa, tajemniczo gotycka, kryminalna, groteskowa, rodem z półświatka, romantyczna, psychologiczna, satyryczna, realistyczna, neorealistyczna, socrealistyczna, egzystencjalna, ekspresjonistyczna, surrealistyczna, nowo-, anty-, post-, magiczna... akademicka...

Mélani: Przestań sprowadzać wszystko do żartów. Jaka postawa budzi w tobie największą odrazę?

M.A.: Pewien rodzaj chrześcijaństwa, który przedstawia życie ziemskie jako nicość, jako etap przygotowań do śmierci, przerażającej chwili ostatecznej. Każda przyjemność trwa krótko, a śmierć jest wieczna, pragnij więc życia po śmierci. Od małego czułem odrazę do obrazu śmierci średniowiecznego chrześcijaństwa, bazującego na obmierzłych katolickich mnichach, którzy terroryzowali i niszczyli Europę. Jest to przerażający, sędziowski i obrachunkowy obraz śmierci. Obok nieszczęśnika, leżącego na łożu śmierci, kłębi się chmara nadnaturalnych istot, które sprawują obrzydliwy sąd. Po prawej Święta Trójca i aniołowie stróże, po lewej szatan i armia demonów. Kto weźmie duszę? Pośrodku Archanioł Michał z wagą w ręce wyciąga notatnik i zaczyna rachować.

Anonim: Ten obraz cię przygnębia? Dzisiaj po prawej jest rurka do sztucznego oddychania i sztucznego serca, a po lewej do sztucznej nerki. Pośrodku, na miejscu Michała Archanioła, wszechwładny lekarz postanawia o twoim życiu i śmierci. A umierający nieszczęśnik to bezwolne zwierzę doświadczalne, okablowany, orurowany, pokłuty na całym ciele, otumaniony i beznadziejnie bezradny. Taka jest współczesna technologia śmierci! Ja wolę tamto, swojskie oblicze umierania, gdy człowiek we własnej izbie przyjmował spokojnie nieunikniony koniec, bez histerii, otoczony dziećmi i wnukami, żegnany przez całą wieś wspominkami, przeprosinami, ostatnimi radami, z księdzem, któremu się spowiadał, odpuszczeniem grzechów i komunią świętą.

M.A.: Rozumując w ten sposób, powinniśmy spodziewać się, że gdyby ci się przytrafił – odpukać w niemalowane – wypadek drogowy, mimo utraty krwi i nieznośnego bólu wołałabyś księdza, a nie lekarza. Znam tę romantyczną socjologię dawnego ludzkiego oblicza śmierci. Moja droga, w dawnych czasach nieliczni dożywali sędziwego wieku i zaznawali idylli śmierci, której obraz nam przedstawiasz. Pomyśl o tych, którzy podczas wojen umierali z wolna wskutek ran, pozbawieni pomocy, cierpiąc nieznośne bóle, nierzadko w ogniu pola walki. O milionach ludzi umierających w piekielnych mękach podczas epidemii cholery czy dżumy. O ogromnej liczbie kobiet i niemowląt umierających podczas porodu. W tamtych czasach śmierć czyhała wszędzie, pełno jej było w każdym zaułku, na każdej drodze. Do takiej śmierci tęsknisz? Jedź do Afryki, ona tam jeszcze jest.

Anonim: Także dziś!

M.A.: Tak, więc ja ci życzę dobrego zdrowia do późnej starości, radzę, byś nie jeździła zbyt szybko, nie paliła, dobrze się odżywiała, ćwiczyła, cieszyła się z życia, kochała się i panowała nad stresami. Proponuję, by powstało wiele ludzkich oddziałów intensywnej opieki medycznej, by medycyna przestrzegała zasad etyki wobec życia i śmierci, i tak dalej. I życzę ci, żebyś przestała roić filozoficzne marzenia o dawnym cywilizowanym obliczu śmierci.

Anonim: Czy twoim zdaniem oblicze śmierci pozostaje niezmienne na przestrzeni wieków?

M.A.: Zmienia się, ale w swej istocie pozostaje takie samo. Achilles ci to powiedział. Znam historyczne, socjologiczne, mityczne, religijne i kultowe modyfikacje śmierci i związane z nią obyczaje. Długo by o tym mówić. Ale w nich wszystkich jest coś niezmiennego, coś, co niesie rozczarowanie, coś obcego.

Moli: Uprzedzałam, że daremnie tracicie czas. Całe to gadanie o śmierci to kicz. Słusznie ktoś powiedział – chyba Kundera – że zanim nas zapomną, zamienimy się w kicz. Kicz to pośrednia stacja pomiędzy pamięcią a zapomnieniem. Zmieńmy wreszcie temat.

Anonim: Pomniejszacie wkład chrześcijaństwa w człowiecze zmagania z myślą o śmierci.

Mélani: Chwileczkę, ja też chcę cię zapytać, Mimisie, i proszę, żebyś odpowiedział wprost zamiast migać się i kluczyć. Jakie jest dzisiaj twoje spojrzenie na śmierć?

M.A.: Niczego nie ujmuję chrześcijaństwu, mówiłem jedynie o jego przerażającym średniowiecznym wydaniu. Chrześcijański happy end, czyli raj, może i był pewnym pocieszeniem. Myślę jednak, że sadystyczne chrześcijaństwo świętej inkwizycji stworzyło w ostatecznym rozrachunku swoje przeciwieństwo. Skoro czekają nas kotły ze smołą i piekielne męki, cieszmy się naszym krótkim życiem, oddajmy się namiętnej miłości i zabawie, smakujmy piękno muzyki, malarstwa, rzeźby, pisarstwa. W ten sposób narodził się humanizm Odrodzenia i kult indywidualności.

Mélani: Powiedziałam: twoje spojrzenie.

M.A.: A dlaczego mam mieć jakieś spojrzenie? To mi pachnie filozoficznym ujednolicaniem. Szczerze mówiąc, nie odczuwam potrzeby kreowania swojej postawy, systemu poglądów. Przed siedmiu, dziesięciu laty miałem taką potrzebę. Skoro jednak nie mogę pozbyć się myśli o śmierci, nie potrafię uśpić w sobie jej instynktu i nie wiem ani gdzie, ani kiedy, ani jak, dochodzę do następującego wniosku: każda chwila może być ostatnia, ale niewykluczone, że ostatnia chwila nastąpi za dwadzieścia, trzydzieści albo i czterdzieści lat. A zatem powinienem przeżywać każdą z chwil w taki sposób, z taką świeżością i ciekawością, by nadać jej sens ostatniej chwili tego życia, a zarazem pierwszej nowego życia. Mówię więc sobie: daj spokój filozoficznym teoriom o śmierci, spójrz na śmierć z większą otwartością, swobodą, prostotą. Nie ma w niej żadnej tajemnicy – to po prostu nieuchronny koniec. Spróbuj przełożyć własne dojrzewanie, starzenie się i umieranie na lepsze, wartościowsze, pełniejsze życie twoje i innych. Mówię więc o życiu, a nie o śmierci. Zapytasz mnie pewnie: „A co to znaczy sens życia?". Chyba wiem, co to znaczy dla mnie. Dla mojego dziadka sens wyznaczało zmaganie się z ziemią, sadzenie drzew, hodowanie zwierząt i wychowywanie wnuków, poczucie, że jest się w porządku, jest się szanowanym. Dla innych może znaczyć: pieniądze albo konsumpcja, władza lub sława, praca twórcza czy też dobroczynność albo składanka z tego wszystkiego. Teraz, kiedy to mówię, jakiś inny głos we mnie – pełen ironii – szepcze: po co, bezsensowna istoto, podejmujesz problem sensu śmierci? To, że twoja śmierć nic dla nikogo nie znaczy, że nikomu nie będzie ciebie brakowało i że tobie nie będzie nikogo brakowało, to jest dopiero coś, co trudno udźwignąć, to jest dopiero nieznośna samotność śmierci. Natychmiast przychodzi mi do głowy inna myśl: a dlaczego niby miałoby komuś ciebie brakować? Czy to nie próżność? Dalej, jeśli zostawia się małe dzieci na łasce losu, opuszczone, pozbawione opieki – to rzeczywiście tragedia, i żadna filozofia śmierci tu nie pomoże. W przeszłości miewałem chwile, gdy nie potrafiłem sobie wyobrazić, by świat mógł istnieć beze mnie. Teraz wiem, że mogę być wręcz zbyteczny, i traktuję to jak wyzwolenie, nie ogarnia mnie z tego powodu trwoga. To, co powiedziałem, droga przyjaciółko, anonimowa chrześcijanko – że każda chwila może być ostatnia – ma pewne pokrewieństwo z poleceniem Jezusa, zapisanym w Ewangelii według św. Mateusza: „Czuwajcie więc, bo nie znacie dnia ani godziny, gdy syn człowieczy przyjdzie" *. Czuwajcie więc, żebyście nie doznali tego, co pięć panien nieroztropnych, które nie były przygotowane na przyjęcie pana młodego.

Anonim: Nareszcie wspomniałeś Jego imię. Co za ślepota! Jak można nie wspomnieć o ruchu religijnym, który bezsprzecznie wywyższył miejsce kobiety!

M.A.: Jezus Chrystus był pierwszym prawdziwym przyjacielem kobiet w ciągu minionych dwóch tysięcy lat, ale chrześcijaństwo stało się mizoginiczne. Jezus przestaje z wieloma kobietami, objeżdża Galileę z Marią Magdaleną, Martą, Zuzanną, Joanną i wieloma innymi. Bawi się z nimi na weselach, uczestniczy w wiejskich uroczystościach wbrew obyczajom tamtej epoki, drażniąc swoją swobodą zachowawczą opinię publiczną. Nigdzie w jego słowach nie znajdziesz ani lęku przed odmienną płcią, ani seksualnych zakazów.

---

* Ten i następne cytaty z Biblii Tysiąclecia.

Żadnego związku z ascetyczną histerią Jana Chrzciciela. Szczytowy moment to naturalnie jego stosunek do prostytutki Marii Magdaleny. „Kto z was jest bez grzechu, niech pierwszy rzuci na nią kamień" (wg św Jana 8, 7 – od tłum.) powiada hipokrytom, gotowym ją ukamienować. Prostytutkę tę uczynił swoją uczennicą, a może i swoją żoną.

Anonim: Chrześcijaństwo powstało na bazie nauki Chrystusa. Nie ma więc sensu rozróżnienie, które zrobiłeś.

M.A.: Wszystko stanęło na głowie, gdy apostoł Paweł, niezdolny do pożycia seksualnego, człowiek o paranoicznej osobowości, wprowadził do Kościoła wrogość wobec seksualności, brak szacunku dla kobiety i ogłosił Pierwszy List do Koryntian: „...dobrze jest człowiekowi nie łączyć się z kobietą" (7,1). Jest niewdzięcznikiem, bo gdy znalazł się w Salonikach, kobiety go wspierały, a w Koryncie gościła go w swoim domu i finansowała Fiwi. Mizoginizm jest dla cyklotymicznego Pawła prawdziwą tragedią. Bo to Paweł przecież wypowiedział tę piękną frazę, że miłość: „...wszystko znosi, wszystkiemu wierzy, we wszystkim pokłada nadzieję, wszystko przetrzyma". (13,7). Zdeprawowany z początku św. Augustyn – niczym prostytutka, która staje się dewotką – rozwinął teoretycznie ów mizoginiczny i antyseksualny kierunek w Kościele. W Anatolii Jan Damasceński nazwie kobietę „ohydnym robakiem w sercu mężczyzny", a także „córą grzechu" i „przedsionkiem piekieł". Na Zachodzie Tertulian nazywa ją „wrotami prowadzącymi do diabła". Tomasz z Akwinu, pierwszy nauczyciel i filozof Kościoła katolickiego, napiętnował kobietę mianem „okaleczonego", „nieudanego mężczyzny". Wszyscy ojcowie Kościoła, w jawnym przeciwieństwie do nauk Jezusa, zgadzają się w pełni co do tego, że kobieta jest niebezpieczna. Kościół zaleca jako wzór moralny wielbłąda, który kopuluje tylko raz do roku, albo – jeszcze lepiej – samicę słonia, która robi to co trzeci rok. Mizoginizm Kościoła prowadzi setki tysięcy kobiet, rzekomych czarownic, na tortury albo na stos. W tym samym czasie wiele klasztorów funkcjonuje jak lupanary i centra miłości homoseksualnej – zarówno męskiej, jak i żeńskiej. Ale, przepraszam, dlaczego nie podajesz swojego imienia?

Anonim: Przedstawiliśmy się sobie przed miesiącem, a dziś przywołałeś moje imię.

M.A.: Jesteś...

Moli: Do licha! To Magdalena. Ładnie się tak ukrywać tyle czasu? Mam do ciebie mnóstwo pytań. Powiedz mi, gdy twoja siostra, Marta, smażyła w kuchni ryby, a ty klęczałaś przed nim, wycierałaś mu nogi swoimi długimi włosami i nacierałaś je oliwą, czy miałaś czasem głowę wyżej, między jego udami?

Magdalena: Nazywaj to, jak chcesz.

Moli: Zapukał do twoich drzwi, gdy miał poranione nogi, żebyś go opatrzyła. Milutki był, ładniutki, w sam raz, by go rozdziewiczyła doświadczona prostytutka. Mówią, że zamknęłaś się z nim na cały tydzień, brałaś go za dnia i nocą, drżał pod dotykiem twoich zręcznych palców, dyszał ciężko i zasypiał na tobie. Czy tak było? Powiedz!

Mélani: Czytałam, że było inaczej. Patrzyłaś w księżyc na podwórzu twojego kuzyna, Szymona, który go gościł. Jezus przyglądał się tobie... Otoczył cię ramionami i przyciągnął do siebie. A ty, choć taka doświadczona, milczałaś zdezorientowana. Objęłaś go w pasie i pochyliłaś głowę na jego ramię. Przygarnął cię mocniej... Judasz obserwował was z ukrycia i paliła go zazdrość.

Moli: Czułaś, jak mu twardnieje? Był prawdziwym mężczyzną? Mów, powinnaś nam to wyjaśnić. Podobno twoja siostra, Marta, zazdrościła ci, bo ty, prostytutka, sprawiłaś, że on, syn Boga, był twój, podczas gdy jej, skromnej dziewicy, nikt nie chciał. Ona też się w nim kochała, więc wspaniałomyślnie wysyłałaś ją w nocy na jego posłanie, by zajęła twoje miejsce. Kochałyście się z nim na zmianę, jedna po drugiej, dwie siostry, a on udawał, że nic o tym nie wie.

Magdalena: ...

M.A.: Wasze związki seksualne z Jezusem to osobista sprawa. Ale, Magdaleno, popełniłaś wielką nieprawość: postarałaś się, by Judasz Iszkariot wyszedł na zdrajcę, choć dobrze wiedziałaś, że działał za obopólną zgodą, by przyspieszyć rozwój wypadków. Motywy tego oszczerstwa pozostają nieznane i nadszedł czas, byś naprawiła ten błąd. Nie możesz zwykłym „tak chcę" skazać na wieczną hańbę najodważniejszego i najbardziej skutecznego ucznia Jezusa.

Moli: Jakie nieznane motywy? Mylisz się. Wszystko jest jasne. Kupiec Judasz był jej klientem. Zakochał się w niej i chciał uczynić ją swoją metresą, posunął się nawet do tego, że zaproponował jej małżeństwo. Był człowiekiem ogarniętym żądzą posiadania i zazdrośnikiem, ona zaś, zrozumiawszy to, chciała się go pozbyć. Gdy potem przekonał się, że jest zakochana w Jezusie i nie odstępuje go na krok, ogarnęła go wielka zazdrość. Wtedy właśnie ma miejsce znany incydent z zapachami. Maria Magdalena natarła nogi Jezusa bardzo drogimi olejkami i wytarła je swoimi włosami. Judasz zaprotestował żywo: „Panie, dlaczego pozwalasz, by ta kobieta nacierała olejkami twoje nogi. Moglibyśmy je sprzedać, a pieniądze rozdać ubogim". Dla jej oczu wydał Jezusa, oszalały z zazdrości. Czy więc nie z powodu prostytutki nastąpiło ukrzyżowanie? Tak nam pozwala mniemać ta pani.

Mélani: Chodziły plotki, że byłaś w ciąży z Jezusem. Co się stało z dzieckiem? Czy wysłałaś je, jak mówią, do Galilei?

Moli: Oddzieliłaś go od rodziny. Czy wiesz, co to znaczy, gdy syn pierworodny opuszcza matkę wdowę, małych braciszków i siostrzyczki, żeby włóczyć się z kobietą po wioskach Galilei i Judei?

M.A.: Nie obciążajcie wszystkim Magdaleny. Wiesz, jaki to szok, gdy syn ci mówi: „Nie ty, cieśla, jesteś moim ojcem, do innego należało nasienie". Kiedy ci powie: „Nie ty, maluczka, jesteś moją matką. Byłaś tylko przypadkowym łonem, wybranym przez Niego, niczym więcej". A potem wywyższa się i insynuuje, że jest synem Boga? „Ośmieszyłeś nas przed całą wsią, nie mamy odwagi stawić czoła ludziom" – płakała matka. Zadziwiające, że ani ona, ani rodzeństwo, ani ziomkowie z Nazaretu za Jezusem nie podążyli. Dlatego wypowiadał się przeciw rodzinie: „Kto bardziej kocha ojca i matkę nade mnie, nie jest mnie godzien".

Moli: Nie znasz dobrze Magdaleny. To ona siała niezgodę między uczniami i sprawiła, że się pogubili, stracili wiarę, stali się krótkowzroczni i lękliwi w krytycznej chwili pojmania Jezusa.

Mélani: To ona go namawiała, podobnie zresztą jak jego bezmyślni uczniowie, by oddawał się sztuczkom magicznym. Jezus niechętnie to robił, wstydził się. Powiada do trędowatego: „Nic nikomu nie mów". Klientami Magdaleny byli magowie, kuglarze, żonglerzy, wiedziała więc, ile można osiągnąć dzięki takim sztuczkom. Powiedz coś, Magdaleno...

Magdalena: ...

M.A.: Magdaleno, zmartwychwstanie to twoja wielka tajemnica. Udało ci się przekonać cały świat, że ukazał się tylko tobie. Znalazłaś nawet świadka, umysłowo chorego

Eremiasza, sługę Józefa, którego w zamian uczyniłaś swym kochankiem. Twoja nieposkromiona wyobraźnia kazała ci opowiadać co innego tu, co innego tam, dlatego każda Ewangelia opisuje inaczej gdzie, jak, kiedy i kto widział zmartwychwstałego Chrystusa. Tylko ty i twoi podróżujący po świecie klienci mogli dowiedzieć się o czymś takim jak zmartwychwstanie od Persów czy o nieśmiertelności od Greków, bo żadne z tych pojęć nie było znane mitologii żydowskiej.

Moli: Powiedz coś wreszcie! Powiedz przynajmniej, który z malarskich wizerunków Magdaleny rzeczywiście ciebie przedstawia? Widziałaś *Magdalenę w ekstazie* Caravaggia? Nagie zmysłowe ciało, idealna talia, pierś jędrna, drobna, brodawki napięte i duże, głowa odchylona, oczy na wpół zamknięte, wzrok nieruchomo utkwiony w pustce, usta rozchylone, włosy długie jak włosy Mélani.

Mélani: Obraz ten był tematem sympozjów z udziałem neurologów, psychiatrów, malarzy. Wygląd Magdaleny na tym obrazie zgadza się z psychiatrycznym opisem histerycznej ekstazy.

Moli: Bzdury! Miała trzydziestu facetów po kolei, po trzy orgazmy z każdym – obraz powinien się nazywać *Magdalena po ostatnim orgazmie*.

M.A.: Ten obraz przedstawia podobno Kleopatrę jako Magdalenę, i powstał na podstawie obrazu *Śmierć Kleopatry*. W końcu wszystkie piękne kobiety, znane postaci historyczne i mitologiczne – Afrodyta, Artemida, Ariadna, Kleopatra – malarze zamieniali w niezliczone Magdaleny. Wszystkie kobiety w jednej. Powiedz, więc! Zdradź nam swoją tajemnicę. Jak to robisz, że od dwóch tysięcy lat pobudzasz wyobraźnię kobiet i mężczyzn? Która z opowieści o tobie jest prawdziwa? Która z niezliczonych Magdalen jest autentyczna?

Magdalena: Jestem każdą z tych historii i żadną z nich, każdą Magdaleną i żadną z nich. Możecie puścić wodze fantazji.

M.A.: W ten oto sposób napisano najpiękniejszą powieść od stworzenia świata. Pewna kobieta z przeszłością opowiada en historyjek, en różnym osobom, w en różnych chwilach, na en różnych sposobów, pomnożonych siłą wyobraźni, pragnień, lęków, nadziei i religijnych urojeń en miliardów ludzi. Mit idealny. Thriller doskonały.

Magdalena: „En" dążące do nieskończoności. Triumf Jezusa na wieki wieków. Dwa tysiące lat Jezusa. A teraz wchodzi niepokonany w trzecie tysiąclecie.

M.A.: Tak. M^n – mit do entej potęgi. Magdalena do entej potęgi.

Moli: „M" do entej brzmi jak *muní* *, która też jest wieczna. „M" do entej to także nasza elektroniczna rozmowa.

M.A.: W końcu taki jest także Jezus. Każdy i nikt. Wszystko i nic. Zero i nieskończoność. Wszędzie obecny, nigdzie nieobecny. Powszechnie znany i zupełnie nieznany. Idealna postać literacka. Ani Edyp, ani Hamlet, ani Karamazow nie mogą się z nim mierzyć. Jego rzeczywisty historyczny obraz zawsze nam umknie. Zagadkowy i nieuchwytny. Nigdy się nie dowiemy, czy był jeden, czy w ogóle go nie było, czy było ich wielu. Kiedy się urodził i kiedy umarł, ilu miał uczniów, co sądził o samym sobie, jakie było jego życie, jak wyglądała jego twarz, jaki miał kolor skóry, jaka była jego seksualność. Otwarty na nasze domysły.

Magdalena: Tak czy owak urodził się w pierwszym roku. Dał początek nowemu czasowi.

M.A.: Oczywiście tak nie jest. Rozmaite badania porównawcze na podstawie wyliczeń pośrednich podają, że urodził

---

* „M" do entej – po grecku *mi sti ni*, *muní* – cipka (przyp. tłum.).

się w czwartym albo piątym roku naszej ery. Żył w Nazarecie, ale żeby spełniło się proroctwo – by urodził się jako wybawiciel w mieście Dawida, w Betlejem – legenda stworzyła spis ludności, który jest naturalnie całkowicie absurdalny i nigdzie nie znajduje żadnego potwierdzenia. Nigdy nie wydano takiego polecenia i nigdy Herod nie wymordował wszystkich niemowląt. Tu legenda znowu naśladuje Mojżesza, który był zagrożony jako niemowlę w Egipcie. Prorok Zachariasz powiada, że Mesjasz wjedzie do Jerozolimy na ośle, co zostało dopisane do podań o Jezusie. Dwanaście narodów Izraela w Starym Testamencie, a więc i dwunastu uczniów Jezusa. Mojżesz ogłasza swe Prawo na Górze, Jezus także na górze.

Mélani: Wobec tego postać Jezusa Chrystusa jest nie tylko dziełem historii, legend i religii, obejmujących okres dwóch tysięcy lat, ale do stworzenia jego powieściowego oblicza przyczyniła się także najsilniejsza etniczna mitologia i literatura, mianowicie żydowska Biblia, sięgająca kolejnych dwóch, trzech tysięcy lat w przeszłość.

Moli: Silniejsza niż grecka?

M.A.: Silniejsza! Cwani Grecy wiedzieli, że mieć wielu bogów, to nie mieć na głowie żadnego boga. Bez żydowskiego monoteizmu – zauważcie, że ojciec może być tylko jeden – bez Księgi Rodzaju, Księgi Wyjścia, bez Księgi Proroków i Księgi Psalmów, erotycznej Pieśni nad Pieśniami i innych literackich tekstów Biblii, historia Jezusa byłaby pospolitym przypadkiem skazania i stracenia jednego z tysięcy bohaterów buntowników historii.

Mélani: Właśnie! Biblia wysuwa na pierwszy plan ojca, a mit Jezusa zdaje się wypełniać pustkę, zasklepiać ranę pozostawioną przez Edypa – oferuje fantastyczną pełnię człowieka. Podczas naszej dyskusji zrozumiałam, że Jezus zaspokaja najbardziej podstawowe potrzeby psychodramy –

przychodzi, by na poziomie wyobraźni zabliźnić wszystkie pierwotne rany naszej psychiki. Mogłabym dużo mówić o zdumiewającej skuteczności Chrystusa w psychoanalizie, tak jak wy mówiliście o skuteczności matematyki w fizyce.

Moli: No i proszę: Jezus – pierwszy psychoanalityk!

M.A.: I idealny pisarz, idealny poeta. Przypomnijcie sobie, jakie urojenie jest bodźcem, a jednocześnie niemożliwym do spełnienia kazirodczym pragnieniem poety: stać się własnym ojcem. To właśnie nieosiągalne pragnienie urzeczywistnia się w legendzie o Jezusie. Oto dlaczego mamy do czynienia z idealną powieścią.

Mélani: Skuteczność Jezusa albo – lepiej – trwający dwa tysiące lat triumf chrześcijańskiej iluzji wiąże się z nieświadomymi wyobrażeniami dzieci i dorosłych, szczególnie neurotyków i schizofreników. W mojej pracy każdego dnia stykam się z podobnymi tematami. Bredzenie schizofreników jest pełne podobnych obrazów.

M.A.: Nieświadome pragnienie chłopca, by zająć miejsce ojca, obok matki, zostaje zaspokojone w najlepszy z możliwych sposobów, skoro Syn istnieje w Ojcu, zapładnia matkę Duchem Świętym – czytaj: spermą wyidealizowaną. Syn staje się zatem ojcem samego siebie. Kazirodztwo dokonuje się, ale i zostaje wyparte, bo idealizacja matki nadal obowiązuje – matka pozostaje dziewicą. Dziecko przestaje czuć się kimś trzecim, pariasem wykluczonym z relacji ojciec–matka. Narcystyczna rana zabliźnia się. Narcyzm triumfuje. Ale co to znaczy „zajmuje miejsce ojca"? Pośrednio, na poziomie nieświadomym, symbolicznym, można to tłumaczyć tak: „Dopuszczam się zbrodni Edypa", to znaczy grzeszę, jestem winny, mam wyrzuty sumienia. Jezus wszakże zadbał, aby uwolnić was i od tej męczarni. Poprzez ukrzyżowanie Syn Boży uwalnia od grzechu wszystkich edypowych synów człowieczych.

Mélani: Matka, która w dziejach Jezusa zajmuje miejsce raczej marginesowe, wynoszona jest stopniowo przez Kościół, by zyskać ostatecznie pozycję centralną jako Matka Najświętsza. Dzięki temu oferuje człowiekowi rodzinną idyllę, która pozwala na budowanie tożsamości i uczuciowej pełni.

M.A.: Jaki jest pierwszy niepokój, pierwszy niedostatek, pierwszy stres człowieka? Odstawienie od matczynej piersi. Chrześcijaństwo wzięło i to pod uwagę. Święty Augustyn powie, że związek wiernego z Bogiem i Kościołem jest kopią związku niemowlęcia z piersią matki, jedynym źródłem życia. Syn współistotny Ojcu zaspokaja głęboką potrzebę syna, jaką jest utożsamienie się z ojcem, stanie się udziałowcem jego potęgi, ojcowskiego autorytetu, co jest z kolei niezbędne dla prawidłowego wykształcenia psychiki i stworzenia dojrzałego ego. Dziecko jednakże, uwolniwszy się od zależności od matki, musi także oderwać się od ojca i szukać w życiu własnej drogi, własnej osobowości. Samotność i ubolewanie Jezusa „Ojcze, dlaczego mnie opuściłeś?" są wyrazem ceny, płaconej za emancypację chłopców i dziewcząt, za odejście z azylu uzależnienia od rodziców. W ten sposób można też interpretować „Opuśćcie matkę swoją i ojca swego".

Mélani: Nie zapominaj o zmartwychwstaniu, które urzeczywistnia to, co nazwaliśmy poprzednio „nieświadomym odczuciem nieśmiertelności".

Moli: Zakładamy, że powieść *Jezus* naznaczona jest kobiecym dotykiem Magdaleny. Niemniej ciągle mówicie o synach. Dlaczego „Ojciec–Syn–Duch Święty", a nie „Ojciec–Córka–Duch Święty"? W rzeczywistości kobieta zostaje wyrzucona z fundamentalnego mitu chrześcijaństwa, chociaż, ty Magdaleno, kochałaś się z Jezusem.

Magdalena: Jezus przychodzi jako nowy Dawid, jego rola

jest z góry określona przez Biblię, Magdalena może mieć jedynie wpływ na jego życie, ale nie na jego płeć czy posłannictwo.

M.A.: Właśnie. Stary Testament, jak powiada święty Augustyn, jest niczym „cień przyszłości" padający wstecz (w przeszłość). Dawid, kochanek dziesiątków kobiet i konkubin – a wśród nich kobiet na „M", takich jak Melchol i Maacha – charyzmatyczny bojownik, utopijny przywódca, morderca, poeta i muzyk. Żadnego podobieństwa do Jezusa.

Magdalena: Cieszę się, że moja osoba skłoniła was do przeprowadzenia tej spóźnionej nieco, bo toczącej się w dwa tysiące lat po narodzinach Jezusa, dyskusji. Pytania, które mi zadałeś, gdy rozmawialiśmy po raz pierwszy, o męskość czy żeńskość Boga, nie mają sensu. Bóg nie ma płci, tak jak nie ma ojca czy matki.

M.A.: Mylisz się. W Biblii przedstawiony jest zdecydowanie jako byt rodzaju męskiego, choć z pewnymi odstępstwami i pewną otwartością na żeńskość – dosłowną lub metaforyczną. Szóstego dnia tworzenia Bóg powiada: „Uczyńmy człowieka na Nasz obraz, podobnego Nam". A zatem, skoro stworzył mężczyznę i niewiastę na własny obraz, powinniśmy zakładać, że czuje się zarówno mężczyzną, jak i kobietą. Ale nie do końca, jak widać, skoro kobieta została stworzona z żebra mężczyzny – „ciało z jego ciała".

Przodkiem biblijnego Pana Boga jest kananejski bóg El, będący jednocześnie boginią Aszerą, czyli androginem, mężczyzno-kobietą. Z czasem kobiecość tego boga zostaje odrzucona. Dochodzi do tego, że decyzję umieszczenia w jego świątyni podobizny Aszery bóg uznaje za największy grzech Izraela i za karę Jerozolima zostaje zniszczona. Wyklucza więc żeński pierwiastek ze swej postaci, ale zdarza się, że sam siebie określa w rodzaju żeńskim. Czasami jest matką, czasami cierpiącą małżonką Izraela. A zatem Bóg z Biblii ma płeć, płeć męską, męskie organy rodne, z których zdaje się nie korzystać, choć parę razy w jego słowach pobrzmiewa zazdrość o człowieczą płodność. Jest aseksualny.

Magdalena: Jaki jest ostatecznie twój stosunek do Boga? Słyszałam, jak kiedyś powiedziałeś, że jesteś bogobojnym ateistą, ale to też był pewnie kalambur.

M.A.: Gdy mój ojciec był bez grosza, mawiał: „Cóż począć? Chrystus chodził bez butów i zapomniał pobłogosławić szewców. Pamiętał za to o cieślach, więc im się teraz dobrze wiedzie". Ojciec nie miał żadnego metafizycznego stosunku do boskości i Kościoła, co mu nie przeszkadzało modlić się podczas polowania i przyozdabiać przydrożne kapliczki, utrzymywać przyjacielskie stosunki z klasztorami, szyć buty mnichom, zanosić im w czasie postu ryby i ośmiornice, a brać od nich sery i miód. Podobna jest i moja postawa wobec Boga, i nie zmieniła się od dzieciństwa. Nigdy go o nic nie prosiłem, nigdy mnie więc nie zawiódł. Nigdy nie formułowałem pospolitych, naiwnych, dziecięcych żądań. „Gdzieżby nadążył – mówiłem sobie – zająć się milionami różnych dziwacznych spraw i narzekań". Nigdy więc nie miałem odczucia, że się nie sprawdza. Kiedy byłem dorosły, trochę się z niego natrząsałem, bo Gagarin spacerował w kosmosie, a ja rozumiałem, że Kopernik, Darwin, Einstein, Watson i Crick – ci od DNA go degradują. Im lepiej rozumiałem, że nie istnieje, tym wydawał mi się potężniejszy i bardziej godny szacunku. Jezus był mi bardzo bliski i żywiłem do niego uczucie miłości. Im bardziej fikcyjny był jego obraz w moim umyśle, tym bardziej mnie urzekał. Bóg, który mówi: „Niechaj się stanie światłość!", śmieszył mnie. Bóg sadysta, Bóg mściciel, który niszczył rodzaj ludzki kataklizmami i zrównał Jerozolimę z ziemią podobny był w moich oczach nazistom. Moim ukochanym bogiem jest starzec z Biblii, który plotkuje tu i tam, i o czym się da, miesza się w rodzinne sprawy, migdali się z Sarą, obiecuje dać jej na stare lata dziecko i przywrócić żywotność dziewięćdziesięciodziewięcioletniemu członkowi Abrahama, Bóg, który zawiaduje ciążami, zabawia się w ginekologa, „otwierając" łono Lei, by poczęła, gawędzi z pomysłowymi uwodzicielkami Moabitką Rut i Noemi, rozstrzyga w sprawach seksualnych przygód swoich synów i córek.

Magdalena: Zostaw obrazki z dzieciństwa. Jak postrzegasz Boga dzisiaj, gdy jesteś dojrzałym człowiekiem?

M.A.: Tak jak prorok Daniel postrzegam go jako Przedwiecznego. Jest Bogiem zmęczonym, milczącym i obojętnym na wszystko. Wygasła w nim wszelka energia, jakakolwiek ambicja, gniew. Zakończył swe dzieło, ale nie potrafi odejść, wycofać się definitywnie i nieodwołalnie. Jest w beznadziejnym położeniu.

Magdalena: A triumfalna rocznica urodzin jego syna w roku dwutysięcznym?

M.A.: Nawet o nim nie pamięta. Od lat nie prowadzi księgi ludzkich losów. Zapadł w odwieczny letarg. Nikt go nie obchodzi. Nie mówiąc już o tym, że gdyby nawet był w najlepszej formie, rok dwutysięczny też nic by dla niego nie znaczył. Żyje w innej czasoprzestrzeni, jego czas różni się od naszego. Ale teraz nie ma już zegarka i nie kontroluje biegu czasu.

Magdalena: „Bóg umarł!" – powtarzasz za Nietzschem.

M.A.: Nie, on nie może umrzeć, to jego nieszczęście. Nie może przejść na emeryturę ani zostać zastąpiony. Jest skazany na trwanie.

Magdalena: Triumfuje i w dwudziestym pierwszym wieku, mimo waszych przewidywań.

M.A.: Jego triumf jest całkowity, ale on o tym nie wie i nic go to nie obchodzi. Tam, gdzie jest teraz, nie dochodzi żaden głos, niczego nie widać. Zresztą on już ani nie widzi, ani nie słyszy.

Moli: A je? Jak wam umknęła kwestia jego wyżywienia? Śpi chociaż? Nie? To my chodźmy spać. Jak dobrze jest nie być Bogiem!

Mélani: Magdaleno, czym się zajmujesz?

Magdalena: Ostatnio zostałam nauczycielką w gimnazjum.

Moli: Zapewne teologii!

M.A.: Dajcie spokój! Do następnego poniedziałku.

Rozdział 9

Balasa i Monti

M.A.: To chyba nasz ostatni poniedziałek. W piątek przypływa do Pireusu statek kapitana Mimisa z ładunkiem winogron, arbuzów i egzotycznych owoców z Chile oraz mrożonego mięsa z Argentyny. Nie wiem, jak długo postoi w porcie. W każdym razie płynę z nimi do Valparaiso. Muszę poznać Maję, a może natknę się i na George'a.

Mélani: Opowiedz wobec tego ich historię do końca.

Moli: Najpierw ochoczo zacząłeś, a potem zmieniłeś zdanie, jakbyś się czegoś przestraszył.

M.A.: Stanęło na tym, że dowiedzieliśmy się o jego małżeństwach zawartych w Norwegii, na Kubie, w Rosji, Chile i Turcji. Mania natomiast ma powody, by sądzić, że na tym nie koniec.

Anonim: Chwileczkę, czekamy od tylu poniedziałków... Jest parę tematów, których nie można zostawić, ot tak, zawieszonych w próżni! Powstanie okropne zamieszanie.

M.A.: Kim jesteś?

Anonim: Jestem Balasa *.

---

* Balasa – po grecku pisze się *Mpalasa* (przyp. tłum.).

M.A.: Jak?

Anonim: Balasa. Znasz mnie przecież.

M.A.: Piękne dziewczę z Krajowy? Nieźle mu się przez ciebie dostało! Jesteś wysoka, masz kasztanowe włosy, zielone oczy, giętkie ciało z jędrnymi pośladkami i zręczne ręce. Byłaś pomocą domową u jego matki. Ledwie zebrałaś naczynia, a matka i brat rozchodzili się do swoich pokoi. On wychodził z domu. Przedtem, przez cały wieczór pożerał cię wzrokiem, a sumiasty wąs drżał niecierpliwie, ilekroć zbliżałaś się do stołu. Wychodził więc, niby do kawiarni, ale spacerował po okolicy i czekał, aż zgasną światła w pokojach – tylko w kuchni jeszcze się paliło... Tamtego dnia zakradł się do domu tylnym wejściem i przemknął na palcach do twojego pokoju. Wtem słyszy kroki – czy przypadkiem matka nie chce jeszcze czegoś od ciebie? Chowa się szybko pod twoje łóżko. Czeka. Wchodzisz, zaczynasz się rozbierać, wkładasz strój nocny, nie możesz nie wziąć w ręce małego lustereczka, które ci przywiózł, on, pan domu, z Wiednia. Patrzysz na swoją twarz, podoba ci się, potem na piersi – duże jak na twój wiek, bo nie masz jeszcze piętnastu lat, ale inne dziewczęta z twojej wsi, prostaczki jak i ty, mają już dzieci. Od roku każdego wieczoru lewą ręką pieścisz twarde brodawki – mężczyzna jeszcze ich nie dotykał – prawą rękę trzymasz między nogami i wzdychasz, dwa, trzy razy, aż cię zmorzy sen. Tamtej nocy, ledwie zdążyłaś pierwszy raz zaspokoić żądzę, słyszysz szuranie pod łóżkiem – ogarnia cię przerażenie – nic nie widzisz, głosu nie możesz z siebie wydobyć. Instynkt ci podpowiada, że to on. Czujesz zapach jego papierosów, czujesz dotyk jego wąsów wędrujący od kolan... coraz wyżej. Kulisz się w pierwszym odruchu, ale on wie, jak ci dogodzić, nie spieszy się – jego lwia głowa między twoimi udami – robi to lepiej niż ty sama, jest spragniony, ale trzyma się w ryzach, twoje ciało pręży się, a jego ręce uwijają się przy twoich piersiach, nie chcesz czekać, pociągasz go ku sobie, tak, przypomnij sobie, to ty dałaś sygnał, on nie zamierzał posunąć się aż tak daleko. Co wieczór to samo, póki nie wyjechał do Wiednia w sprawach handlowych, jak mówił, choć ty zawsze widziałaś go pochylonego nad książkami. Wtedy jego matka znalazła powód, by cię zwolnić. Nie po to przyjechała tu z drugiego końca świata, by wyswatać syna, pana Krajowy, pierwsze nazwisko na Wołoszczyźnie, ze służącą. On nie dawał znaku życia. Opuszczona, zdradzona, oskarżyłaś go przed despotą Bukaresztu. Spieszno ci było do zemsty. I co osiągnęłaś? Kiedy wrócił z Wiednia, był to chyba rok 1791, czekało na niego wezwanie do sądu metropolitalnego. Zapłacił odszkodowanie za twoje dziewictwo – dwadzieścia piastrów, nawet nie jedną setną jego miesięcznych dochodów!

Balasa: Kochliwy był, wielki męczennik! Historia przedstawia go zupełnie inaczej.

Moli: O kim mowa, Balaso?

M.A.: Nie zapominaj, że w tym samym czasie, gdy przygotowuje swoją *Mapę Grecji* i układa narodowowyzwoleńcze plany, ma odwagę wydać *Szkołę czułych kochanków*! „Wybryk – powiedzą – grzech młodości". On jednak zabiera się za adaptacje romansów Restifa, bezlitosnego krytyka tamtej epoki, „pornografa" – którego podziwiali i Schiller, i Goethe – reformatora od wszystkiego, od pornografii po ortografię, prekursora socjalizmu utopijnego. Za radą największego rewolucjonisty Grecji, jego bliski współpracownik, Wendotis, tłumaczy *Onanizm w skrócie*. Do hasła „Wolność, równość, braterstwo" nasz narodowy męczennik doda mniejszymi literkami słowo „miłość". Prawo do miłości staje się częścią walki o prawa człowieka. Niezależnie od wyzwolenia narodu i społeczeństwa żąda wyzwolenia naszego ja, naszych uczuć, z moralnych i seksualnych uprzedzeń i zabobonów.

Balasa: Tak, ale scena, którą przedstawiłeś, jest nieznana. Wiemy jedynie o sprawie sądowej.

M.A.: Ta scena mi się śniła.

Balasa: Widujesz go w snach? Coś takiego!

M.A.: I jeszcze coś mi się śniło – jego ostatnie godziny. Cofnijmy się o dwieście lat. Wyobraźcie sobie austriacki statek parowy. Sapie i kołysze się, sunąc po wodach wielkiej rzeki, która przecina środkową i wschodnią Europę. Dunaj, czarny, rozlany szeroko. Ani jeden promień wschodzącego słońca nie przebił jeszcze gęstej mgły, dzień wstaje ciężki, upał jak brud przywiera do twarzy austriackich żołnierzy. Turecki tłumacz powlókł się na mostek, ale nawet tu nie ma czym oddychać. Bury pies sternika skomli żałośnie, dyszy z jęzorem na wierzchu, szuka ochłody między zwojami lin. W ładowni parowca cisza – przerywana czasem jakby jękiem, suchym kaszlem, pobrzękiwaniem łańcuchów. Z chmur wiszących nisko nad brzegiem zaczyna wyłaniać się żałobny zarys twierdzy z półksiężycem.

Statek powoli przybija do brzegu, wreszcie przerzucono trap. Otwarto klapę ładowni i z ciemnicy zaczęli wychodzić, mrużąc oczy, skuci po dwóch łańcuchami za ręce i nogi, śmiertelnie bladzi, zarośnięci, brudni i wyczerpani greccy jeńcy. Było ich ośmiu. Dwaj pierwsi – bracia z Kastorii, dwudziestoletni chłopcy, mierzyli wzrokiem rzekę, oceniali jej głębokość, ale turecki tłumacz, czytając w ich myślach, wrzasnął: „Pilnować, żeby się który nie utopił. To rozkaz!”. Wyszła ostatnia para – ci najważniejsi, sądząc po staraniach strażników – blondyn koło czterdziestki o szerokiej piersi, dużej głowie, z dołkami w policzkach, rudym, siwiejącym wąsie, ze szramami na ręce – podciął sobie żyły, gdy go ujęli, ale nie pozwolili mu umrzeć – oraz trzydziestoletni mężczyzna, wyglądający na uczonego. Turecki dowódca straży, złorzecząc losowi, że go pokarał takimi jeńcami – niejeden grecki kupiec zadowolił go pokaźnym bakszyszem – spogląda smętnym wzrokiem na ostatnią parę i powtarza: „Ja się w to nie mieszam, niech przyjdzie sędzia". Potem, w ogrodach twierdzy, austriacki sierżant wyczytuje nazwiska. Występują po kolei z szeregu i meldują się – więźniów przejmują Turcy. „Rigas" – pada na koniec. Jeniec stoi nieruchomo i milczy. „Rigas!" – woła ostro Austriak. Nic. Minęło kilka minut, czas stanął w miejscu i tylko słychać łomotanie serca, nim wyrzucił z siebie potok słów. Mówił i mówił – tamci stali zadziwieni. Nigdy się nie dowiemy, co mówił po niemiecku, turecku, grecku, francusku... „Zamknijcie mu gębę". Turecki dowódca straży ani drgnął. Dwaj podoficerowie zaczęli bić go kolbami. Oni bili, on mówił nadal, aż stracił przytomność i upadł. Po miesiącu odwiedził go w celi pewien wyższy oficer z Konstantynopola. Co mu proponował? Namiestnikostwo naddunajskich krajów? Wysokie urzędy w Konstantynopolu? Stanowisko ambasadora albo wezyra? Na wszystko odpowiadał: nie. Tylko prawdziwy buntownik, człowiek światły, potrafi powiedzieć NIE. O drugiej po północy – we czterech go trzymali, jeden przygniatał pierś, dwóch ściskało za gardło – wrzucili go jak zdechłego psa, z kamieniem u szyi, do rzeki.

Mélani: Po raz pierwszy w naszej rozmowie opowiadasz o kimś z takim wzruszeniem. Podejrzewam, że znajdujesz u Rigasa także inne cnoty poza oddaniem walce narodowowyzwoleńczej.

M.A.: Ten sam mężczyzna, który chowa się pod łóżkiem pięknej Balasy, kilka lat później umiera dla idei. Nie jest parweniuszem, który nie traci nic poza okowami. Samouk, twórca własnej sławy, ma pieniądze i władzę. Nie jest smętnym ascetą, nie wie co to „popęd śmierci". Przeciwnie, kocha życie, kocha kobiety, towarzystwo, trunki, dobre jedzenie. Na przykładzie osobowości Rigasa mógłbym mówić o wszystkim, co dotyczy bogatego ducha, jedności życia i myśli, postępowania i dzieła. Dziękuję naszej przyjaciółce, że zdecydowała się wystąpić w roli Balasy.

Balasa: Z tą różnicą, że jestem przyjacielem. A moje imię nie zaczyna się na „M". Może „N" daje mi prawo do uczestniczenia w dyskusji – mam na imię Nikos. Razem z kilkoma przyjaciółmi śledzimy waszą dyskusję. Ciekawiło nas, jak skończy się ta zabawa, i kiedy przekonaliśmy się, że twoje relacje z haremem nie wyjdą poza sferę intelektu, postanowiliśmy się odezwać. Nie chcemy jednak psuć wam szyków.

Moli: Nareszcie męski głos w dyskusji. Będziemy nazywać cię Balasa, żeby nie odejść od zasady.

Balasa: Zgoda. Z zainteresowaniem śledzimy twoją próbę umieszczenia pierwiastka powieściowego w rozmaitych dziedzinach wiedzy i twórczości. Teraz, jak widzę, rozciągasz swoje rozumowanie poprzez osobę Jezusa także na historię, co mnie osobiście niezmiernie ciekawi. Nie sądzisz jednak, że tkwi w tym niebezpieczeństwo? Takie mianowicie, iż narracja historyczna rozpłynie się w literackiej, wskutek czego odejdziemy od poszukiwania obiektywnej prawdy historycznej.

M.A.: Historia jako nauka jest wyjątkowym mieszańcem i wiele jej można zarzucić, jeśli chodzi o obiektywizm. Nawet przy mało prawdopodobnym założeniu, że nie ulega wpływom interesów narodowych, państwowych, partyjnych, ideologicznych oraz religijnych, i jest w związku z tym całkowicie skupiona na przybliżaniu nam rzeczywistości obiektywnej, to i tak musi łączyć zweryfikowane realia z fantazją, by wypełnić nieuniknione luki przypuszczeniami, przekazami ustnymi, legendami, powieściową narracją, modelami historycznego i społecznego rozwoju.

Balasa: Tak jest wtedy, gdy badamy fakty odległe w czasie, na przykład dzieje Jezusa, ale nie w przypadku późniejszej historii, bo tu dysponujemy dużą liczbą materiałów i świadectw pisanych.

M.A.: Weźmy dwa obrazy, które zdominowały nasze dzieciństwo. Jeden z nich to stajenka betlejemska, drugi to *Tajna szkoła*, obraz Gizisa *, który widzieliśmy w podręcznikach oraz na znaczkach. I jeden, i drugi przedstawia legendę. Oba tematy są kwestionowane przez badania historyczne, oba są mitami, które oparły się wszelkim racjonalnym zastrzeżeniom. Pierwszy – archaiczny – stanowi fundament wyimaginowanej wspólnoty religijnej. Drugi – o wiele nowszy – wspiera fikcyjną wspólnotę narodową. Występuje tu pewien historyczny paradoks: historia współczesna jest silniej zdominowana przez mit. Jaki jest, twoim zdaniem, najbardziej charakterystyczny, historyczny podmiot nowej epoki, czyli ostatnich wieków?

Balasa: Chyba naród, naród-państwo.

M.A.: Ależ to powieść w dosłownym znaczeniu. Nie istnieje tylko opowieść narodowa, mit narodowy, bo to się rozumie samo przez się, ale można też mówić o narodzie jako powieści. Naród i powieść – ciało z ciała. Dzieje narodu są powieścią.

Balasa: Czy nawiązujesz do znanej wypowiedzi Renana: „Zapomniana historia to część istnienia narodu"?

M.A.: Mocno powiedziane, ale i tak niewystarczająco. Nie mówimy po prostu o błędzie, kłamstwie czy fałszerstwie, w końcu częstych w narodowych opowieściach, ale o czymś

---

* Gizis Nikolaos (1842–1901), malarz grecki, profesor Akademii Sztuk Pięknych w Monachium (przyp. tłum.).

innym, o micie i fikcji. Ma to związek ze sposobem, w jaki miliony ludzi wyobrażają sobie, pojmują i przeżywają jedność i ciągłość, pamięć i zapomnienie, zbiorowe istnienie jako naród. Odnosi się do narodowej tożsamości i samoświadomości. Ta powieść nie jest martwa, zmienia się i przekształca, lecz nie da się jej wyeliminować.

Balasa: Udowodniłeś nam, że powieść swobodnie zarządza czasem, wstecz i wprzód, podobnie jak fizyka, ale coś takiego nie może mieć miejsca w historii. Konstantynopol upadł w tysiąc czterysta pięćdziesiątym trzecim roku i koniec, ta data cię zobowiązuje.

M.A.: Oczywiście, że zobowiązuje, ale ponad tymi stałymi powstaje ujednolicony, jednorodny czas rozciągający się od początku historii: ciągły strumień czasu narodowego, jakby naród istniał od początku świata. Dokładnie tak jak w powieści klasycznej powstaje jednolity, fikcyjny czas łączący przeszłość, teraźniejszość i przyszłość. Narodowa opowieść zdaje się sugerować, że naród grecki istniał zawsze, że zawsze istniało państwo Hellada – tyle że barbarzyńcy zbyt wcześnie przerwali jego państwowy i tylko państwowy byt. Podobnie Francuzi, Anglicy, Niemcy wyobrażają sobie, że ich narody i ich języki istniały zawsze, co jest jeszcze bardziej odległe od rzeczywistości niż w – dość szczególnym – przypadku Grecji. Weźmy inne niedorzeczności: „Pięć tysięcy lat Pakistanu”, „Albańczycy potomkami Iliryjczyków!”, „Rumuni potomkami Daków!”, „Peru kontynuuje kulturę Inków”. Albo weźmy przykład naszej sąsiadki Macedonii, gdzie w ostatnich dziesięcioleciach powstała naprędce, raz-dwa narodowa powieść, która zaowocowała stworzeniem urojonej społeczności i narodowej samoświadomości, przynajmniej wśród słowiańskiej części jej ludności.

Nawet dziś trudno przekonać kogoś, że Grecja nie istniała jako naród-państwo przed 1821 rokiem albo że w Średniowieczu nie istniała Francja czy Niemcy. Świat nie składał się z narodów ani z narodów-państw czy rynków narodowych. Istniały miasta-państwa, imperia, księstwa, ale narody – nie. Nawet wschodzący kapitalizm opierał się na rynkach światowych, gospodarki narodowe pojawiły się znacznie później.

Balasa: Skoro naród jest powieścią, kto jest powieściopisarzem?

M.A.: Państwo!... W ostatecznym rozrachunku – państwo.

Balasa: Państwo?

M.A.: Nie słyszałeś słynnego „Stworzyliśmy Włochy, czas stworzyć Włochów"? Albo wypowiedzi oswobodziciela Polski, Piłsudskiego: „Państwo tworzy naród, a nie naród – państwo". Naturalnie taka postawa to grube uproszczenie, ale użyteczne w zrozumieniu tego, co się dzieje. Istnieją oczywiście propaństwowe i pronarodowe urojone społeczności, nowele, legendy, mity, zbiorowe związki z językiem, religie i dziedzictwo historyczne, ale to państwo w szerokim rozumieniu tego słowa jednoczy wszystkie wymyślone historie i wchłania pokawałkowane, lokalne byty oraz dialekty, preparuje przeszłość, symbole oraz pamiątki i tworzy zbiorową, narodową narrację oraz ideologię, jednolity język, rozpoznawalną narodową tożsamość.

Balasa: Zaczynam wierzyć, że pierwszym greckim narodowym powieściopisarzem i poetą był Ioannis Kapodistrias, a nie Solomos, Kalwos czy Papadiamantis.

M.A.: A dlaczego nie Konstantinos Paparigópulos? Ten narodowo-państwowy historyk napisał pełną narodową powieść z liniowym, ciągłym strumieniem czasu, wypełniając luki, przerzucając mosty nad przepaściami, łatając nieciągłości. Mityczna genealogia hellenizmu tworzy kolejne rozdziały powieści: hellenizm starożytny – hellenizm macedoński – hellenizm chrześcijański – hellenizm średniowieczny – hellenizm współczesny. W tej fikcyjnej narodowej narracji znalazł się w ciągu dziejów ludu nie tylko okres macedoński, ale i kontrowersyjny okres bizantyjski. Grecka powieść narodowa – musimy to podkreślić – należy do najlepszych w świecie, co wcale nie uwalnia nas od schizofrenicznych sprzeczności, narodowej niepewności i samookłamywania. Istnieją też naturalnie powieści narodowe drugiego gatunku, powieści kiepskie. A z całkiem drugiego końca mamy zachwycający przypadek tworzenia narodu współczesnego bodaj zupełnie pozbawionego elementów „powieściowania". Mówimy o narodzie amerykańskim. „Uważam się za Amerykanina, bo jestem obywatelem Ameryki, żyję i pracuję na jej terytorium, a nie z powodu wspólnej przeszłości, wspólnego języka, wspólnej wiary, rasy czy więzów krwi". Ameryka zaczynała, powiedzmy, jako wielonarodowa, wielojęzyczna, wielowyznaniowa antypowieść narodu.

Balasa: Gdy mówisz w ten sposób o powieści narodowej, odnoszę wrażenie, że umniejszasz potrzeby ludzi związane z poszukiwaniem w języku głębi historycznej.

M.A.: Przecież język nie jest wyłącznym i głównym elementem tworzenia spójnej narodowej wspólnoty. Podczas jednoczenia Włoch nawet nie dwa i pół procent populacji posługiwało się współczesnym językiem włoskim. W Niemczech także istniała wielojęzyczność, dopiero później narzucono oficjalny język niemiecki. We Francji w okresie rewolucji, która stworzyła podwaliny współczesnego narodu-państwa, zaledwie trzynaście procent ludzi mówiło dzisiejszym językiem francuskim. W żydowskiej „powieści" istniały dziesiątki języków, by wreszcie skończyć na języku sfabrykowanym, sztucznym – spoiwem nie był język, tylko wspólna wiara. Charakterystyczny był względny brak solidarności i poczucia wspólnoty pomiędzy Żydami w Oświęcimiu i innych obozach koncentracyjnych, jako że mówili różnymi językami i czuli się sobie obcy. Inaczej było u Albańczyków, którzy mają jeden język i trzy, cztery religie. W Rosji było wiele języków, ale ortodoksja dała spójność świętej Rosji. Nawet w Grecji, gdzie ciągłość języka jest niekwestionowana, młode współczesne państwo, a zwłaszcza szkoła, uniwersytet, sądy, nade wszystko zaś wojsko, uczyły mieszkańca Morei * mówić jednym językiem z Kreteńczykiem, Tesalczykiem, Macedończykiem, Epirejczykiem, Pontyjczykiem, a zwłaszcza z Grekami o odmiennym etnicznym pochodzeniu: Wołochami, albanofonami, Słowianami, Lazami, Pomakami, Turkami i Żydami. Wystarczy wspomnieć mówiących po turecku ortodoksyjnych Greków, zamieszkujących rozległe tereny Azji Mniejszej czy etniczną, językową i wyznaniową mozaikę Macedonii, byśmy zrozumieli, że jednorodność językowa w punkcie wyjścia nie była dana nawet greckości.

Balasa: A jednak przedtem nazwałeś „grubym uproszczeniem" pogląd, że państwo tworzy naród.

M.A.: Mamy wrócić do jajka i kury? Posłuchaj, historycy, usiłując uniknąć dawnego ekonomizmu, czyli sprowadzania wszystkiego do ekonomii, zrobili zwrot o sto osiemdziesiąt stopni i uciekli się do polityki – w ten sposób ubrane w mit państwo jest przyczynkiem wszystkiego. I to jest wygodne. Traktujesz historię jak literaturę. Nie trzeba wielkiej wiedzy, nie zawracasz sobie głowy ekonomicznymi i socjologicznymi analizami.

Balasa: Ale ty posuwasz się jeszcze dalej – cuda czyniąca powieść jest ostatecznie przyczynkiem wszystkiego.

M.A.: Przyjacielu, czego potrzebowała powieść u jej zarania, by została wydana? Przede wszystkim rozpowszechnienia druku – a więc czegoś, co wiąże się z rozwojem techniki i kapitalizmu. Potem rozumianego przez wszystkich

---

* Morea – używana od XIII do XIX w. nazwa Peloponezu (przyp. tłum.).

języka – nie można jej było pisać ani czytać w martwej łacinie, języku inteligencji europejskiej. I właśnie rozwój kapitalizmu eliminuje zamknięte, feudalne, lokalne społeczności i ich niezrozumiałe dialekty, a wprowadza jednolity, ogólnie znany język oraz wspólny, stosunkowo jednolity sposób życia w otwartej społeczności, która potrafi przyjąć powieść i czytać ją z łatwością w całym państwie czy we wszystkich europejskich narodach. Na koniec niezbędni byli ci, w których interesie leżało jej wydanie, sprzedanie i kupowanie, czyli konieczny był rozwój rynku. Widzisz więc, że nie plotę bajek. Powieść i gazety odegrały ogromną rolę w kształtowaniu intelektualnej wspólnoty narodu i w przyspieszeniu procesu przebudzenia narodowego. Koleje żelazne – czytaj technologia i kapitalizm – odegrały wielką rolę w integracji etnicznej, podobnie zresztą jak rozwój techniki wojskowej. Koszt nowoczesnego uzbrojenia był zbyt wysoki dla rozdrobnionych państewek Średniowiecza. Gdy zatem mówimy o narodzie i jego powieści, nie zapominajmy o kwestiach pokrewnych: ekonomii, kapitalizmie, technice, o państwie i mechanizmach jego funkcjonowania, planach obronnych czy ekspansji.

Balasa: Mamy zatem powieść narodową, która koduje pamięć narodową.

M.A.: I niepamięć! Nie zapominaj o niepamięci! Powieść narodowa spisana jest z opustkami wszędzie tam, gdzie naród chce o czymś zapomnieć. Białe strony są tak samo ważne jak zapisane.

Balasa: Racja. Mówi się, na przykład, że Francuzi zapomnieli o nocy świętego Bartłomieja...

M.A.: ...o rzeziach w czasach Komuny Paryskiej i przemocy kolonialnej. Amerykanie powoli uruchamiają mechanizmy zapominania o ludobójstwie Indian i o Wietnamie. Niemcy potrzebują jeszcze stu lat, by zapomnieć o nazizmie.

Bez niepamięci bajka byłaby ułomna. Jak wiesz, dla Serbów symbolem narodowym jest bitwa na Kosowym Polu, którą stoczyli piętnastego czerwca tysiąc trzysta osiemdziesiątego dziewiątego roku z wojskami sułtana Murata Pierwszego. Zapominają jednak, że przegrali jako państwo, że nie walczyli sami, że wielu Serbów współpracowało z Turkami i występowało przeciw swoim braciom w wierze, że kiedy Milos Kabilowitc zabił Murata, Serbowie wyparli się go, a następnie przyłączyli się z entuzjazmem do szeregów zwycięzcy. Zatem data porażki i zdrady zamieniła się w dzień narodowej wielkości. To nie kłamstwo ani fałsz – tak działa mit. Historia Anglii ogłasza ojcem narodu Wilhelma Zdobywcę. Zapomina, że Wilhelm był zdobywcą Anglików, przybył z Normandii i naturalnie nie mówił po angielsku, który to język w tamtych czasach zresztą nie istniał. Są też wielkie chwile odmitologizowania dziejów, które powinny być natchnieniem dla polityków i historyków. Tomáš Masaryk, założyciel Czechosłowacji, bez wahania, mimo wielkich kosztów, wykazał, że średniowieczne rękopisy, na których opierał się fundamentalny mit narodu czeskiego, były fałszerstwem. Naszym obowiązkiem jest odważnie demaskować wymysły, zafałszowania, bajki dotyczące narodowej tożsamości, a następnie tworzyć na nowo narodową powieść, bardziej zbliżoną do obiektywnej prawdy.

Balasa: Uważasz, że istnieją białe plamy w naukowej historiografii greckiej? Porozmawiajmy więc o niepamięci w greckiej historii.

M.A.: Jest ich niemało. Jeszcze dziś nauka zwana historią nie jest w stanie przyjąć ze spokojem i w sposób naturalny niekwestionowanego faktu, że Kościół – ortodoksyjna ekumena i jej patriarchat – przez długi okres historyczny pozostawał w jawnym konflikcie z wartościami narodowej emancypacji i ruchami na jej rzecz, a także z aspiracjami niezależnych państw etnicznych. W ramach powyższego Rigas budzi dezaprobatę w kołach patriarchalnych, a jego egzekucja będzie nazwana „słuszną karą dla niespokojnego ducha". Teoretyczną podstawę wykłada nam Kosmas z Etolii: „Inne królestwa niszczą naszą wiarę, a Turek ma nie niszczyć... zesłał nam Bóg Turka, by nas jak pies pilnował". Nasza oficjalna historia zafałszowała obraz imperium otomańskiego do takiego stopnia, że nie potrafi wyrazić rzeczy tak oczywistej, jak ta: bez pobłażliwości i tolerancji religijnej, przywilejów dla Kościoła i bez werbunku na wysokie stanowiska Greków oraz przedstawicieli innych narodów ujarzmionych, imperium, w którym Turcy stanowili drobną mniejszość, nie przetrwałoby aż tyle wieków. Tę właśnie skazę na stosunkach ortodoksja–naród miał zetrzeć – trzeba przyznać, że z powodzeniem, choć bezpodstawnie – mit „tajnej szkoły". Kościół niewątpliwie działał na rzecz zachowania języka greckiego w czasach okupacji tureckiej, ale czynił to w ramach wspólnoty wyznaniowej w imię wiary, a nie tożsamości narodowej.

Balasa: Ciągle też nie są wyjaśnione kontrowersje wokół oceny Bizancjum.

M.A.: Oficjalna wersja historii rzuca w zapomnienie fakt, że wszyscy myśliciele Nowej Grecji, którzy tworzyli wizję powstania narodowego i je planowali, wzięli za punkt odniesienia starożytną Grecję, Bizancjum zaś traktowali jak czas okupacji, kontynuację panowania imperium rzymskiego. Nie twierdzę, że sprawa jest aż tak prosta. Zapomnienie nie tkwi jedynie w głównej powieści narodu, ale i w jej składowych, powieści kreteńskiej, cypryjskiej, pochodzącej z Azji Mniejszej, macedońskiej, a także powieści partii komunistycznej KKE, w micie Wenizelosa, powieści lewicy, prawicy, micie Papandreu i tak dalej.

Balasa: Tak, my wszyscy w naszej paczce zgadzamy się z tym – historia jest przestrzenią domniemań, przestrzenią powieści. Widzimy to także w ponownym rozkwicie historii hipotetycznej, która rozważa alternatywne drogi rozwoju ludzkości na podstawie gdyby. Co by się stało, gdyby Persowie pokonali Greków pod Salaminą? Gdyby Macedończycy nie podbili Greków? Gdyby Kartagińczycy pokonali Rzymian? Gdyby Napoleon panował dłużej? Gdyby nie było rewolucji październikowej? Gdyby Hitler zwyciężył? Gdyby Wielka Brytania nie brała udziału w drugiej wojnie światowej?

Moli: Miałeś rację, mówiąc, że historia jest mizoginiczna. Kobiety zupełnie zniknęły z waszej dyskusji.

M.A.: Zwróć jednak uwagę, jak nieoczekiwaną rolę może odegrać kobieta w sprawach, o których rozmawiamy: „Ja jestem ludem" – mówiła w Konstantynopolu Elenko Emfientzidena, kochanka patriarchy Eugeniusza, zaraz po powstaniu 1821 roku, i twierdziła, że „wodzi za nos wodza ludu"! Srom Elenko prowadził lud!

Moli: Może jednak przesadziliście z tym żenieniem narodu z powieścią? To może prowadzić do izolacji narodowej literatury.

Balasa: I jeszcze jedno, w dobie globalizacji, kiedy granice narodowe się zacierają, może powstać wrażenie, że powieść jest zawieszona w próżni, pozbawiona swego życiodajnego umocowania.

M.A.: Wygląda jak ożenek, prawda? Istotnie, powieść narodu, narodowe mitotwórstwo ma skłonność do ślubów, do monogamii, do wyłączności, do czystości, wiecznej wierności, więzów krwi i, co gorsza, wyższości rasowej, do wendety, do wykluczenia obcych, do nienawiści. Ale prawdziwa powieść nie rozumie idei monogamii i małżeńskiej wyłączności, czuje wstręt do czystości narodowej, sypia gdzie się da i z kim popadnie, ruchliwa i ciekawska, wymyka się wszelkim ograniczeniom, ucieleśnia niewierność, sieje ziarno wątpliwości nawet w najlepszych rodzinach narodu. Taka powieść od samego początku rozwija się na bazie przemieszania, wymiany, zapożyczeń, przekraczania granic. Francuzi i Niemcy byli w stanie wojny totalnej, ale Niemcy czytali Balzaca, a Francuzi Goethego. Powieść jest tam, gdzie spotykają się Francuzi, Balzac, Hugo, Flaubert, Stendhal, Proust z wielkimi Rosjanami, Gogolem, Dostojewskim, Tołstojem, z pisarzami Europy Środkowej, Kafką, Musilem, z Amerykanami, Poem, Faulknerem, Fitzgeraldem i z Latynosami: Borgesem, Màrquezem, Fuentesem. Prawdziwa powieść jest syjamską siostrzyczką narodu, ale zawiera hybrydy kultury postnarodowej. Gdy czytasz *Most na Drinie*, rozumiesz, jaką bzdurą są etniczne zasieki i demonizowanie etnicznych mitów na Bałkanach.

Balasa: Jest jednak taka powieść, poezja, taka kultura ogólnie biorąc, która odgrywa rolę twórczą, rolę bazy w powstawaniu narodów. Nie mam naturalnie na myśli literatury propagandowej.

M.A.: Przyjrzyjmy się wobec tego konkretnej kulturze – nowogreckiej – i jej czołowym postaciom. Rigas, bezdomny, wykorzeniony Welestyńczyk *, jest mieszańcem. Wie z własnego doświadczenia, że nie istnieją czyste kultury etniczne. Człowiekiem, który go oświecił i uczył, był zhellenizowany Słowianin Iosipos Misiodakas, wzór zbuntowanego myśliciela doby Oświecenia. Rigas wiąże się z najbardziej postępowymi ruchami duchowego odrodzenia, czerpie z konstytucyjnej myśli Monteskiusza, podziwia i krytykuje Woltera, jest bliski Rousseau, popiera jego nadzieje związane z marzeniem napoleońskim. Czyż Adamantios Korais nie

---

* Welestino, wieś w Tesalii (przyp. tłum.).

łączy francuskiego Oświecenia ze zrywami duchowej i narodowej emancypacji Greków? Korais, który nie zdążył umrzeć młodo i doczekał czasów – już jako człowiek stary i zgorzkniały – gdy jego książki odsądzali od czci i wiary zwolennicy gubernatora Kapodistriasa? Solomos, który miał szczęście nigdy nie uczyć się greckiego, a znał go jedynie ze słyszenia, żeni kreteńskiego *Erotokritosa*, dzieło zhellenizowanego Kreteńczyka Wenecjanina, Kornarosa, z Dantem, Poem i Byronem. Dwujęzyczni byli twórcy zwani opokami naszej poezji – Solomos i Kalwos, a później także Kawafis. W okresie życia nacechowanym największą wrażliwością Solomos posługiwał się językiem włoskim, Kawafis – angielskim. Elitis i Seferis mówią prosto z mostu: wszyscy trzej – Solomos, Kalwos i Kawafis nie znali greckiego. Na wskroś grecki Papadiamantis nie był wyobcowanym kulturalnie starym pustelnikiem ze Skiathos, jak by tego chciała nasza narodowa miłość własna. Naśladuje zagraniczne powieści, póki nie znajdzie swojego sposobu pisania, tłumaczy na grecki wszystkie wielkie dzieła swojej epoki, od Balzaca i Poego po Dostojewskiego. Wszyscy nasi narodowi poeci są płodnymi mieszańcami. „Kreteńskie spojrzenie" Nikosa Kazantzakisa nie płynie tylko z urojonego zakątka duszy, z Krety, ale też ze spotkania z poglądami Bergsona i Nietzschego. Tsitsanis to samo. Mikis Theodorakis to bizantyjski hymn, kreteńska piosenka, *rebetiko* Tsitsanisa plus Beethoven, Szostakowicz i cała wielka muzyka Zachodu, w jedynej w swoim rodzaju twórczej syntezie. Tsitsanis jednakże sprzeciwia się Wschodowi, Theodorakis sprzeciwia się Zachodowi i w ten sposób triumfuje łączenie kultur.

Moli: Tego nie zrozumiałam.

M.A.: Takie łączenie nie oznacza jedynie zbliżenia się do kultury innych ludzi, gotowości do chłonięcia jej i naśladowania, ale także wymianę, komunikowanie się, wzajemne przenikanie. Musisz mieć co dać, żeby móc brać. Sprzeciwiać się swoją oryginalną twórczością, a nie świecić narodowymi emblematami, by asymilować i dać się zasymilować. Czym była starożytna Grecja? Pochwałą wszelkich krzyżówek. W epoce internacjonalizacji, przenoszenia wiadomości kulturalnych z prędkością światła, na całej naszej planecie wciąż przejawiamy dwoistą skłonność: różnica – jednorodność.

Balasa: Mimo że dominuje kultura amerykańska, co spłaszcza wszelkie różnice?

M.A.: Ameryka to jedno z największych wydarzeń we współczesnej historii cywilizacyjnych krzyżówek. Od powieści przez matematykę i informatykę po muzykę – w Ameryce wszystko powstało z mariażu różnorodności. Tu tkwi klucz do sukcesu muzyki rockowej, jazzu i bluesa. Angielski jest językiem międzynarodowym, tak jak kiedyś językami międzynarodowymi były greka i łacina – nie popadajmy więc w panikę. Kultury narodowe muszą stać się bardziej produktywne, oryginalniejsze, oprzeć się na współczesnych strukturach organizacji i przedsiębiorczości, zamiast lamentować nad kulturalnym imperializmem Ameryki. Francuzi, którzy ubolewają najgłośniej, schowali głowę w piasek. Grekom miłość własna przeszkadza dostrzec, że w ostatnich dekadach nie dzieje się prawie nic znaczącego i wyjątkowego ani w nauce, ani w sztuce czy literaturze. Zasypiamy gruszki w popiele, wmawiamy sobie, że coś tam się dzieje, podczas gdy nie dzieje się nic. Jest pewne, że globalizacja, a w dalszej perspektywie postnarodowy system polityczny, ograniczy rolę państwowych cech narodu; wymiar narodowy zachowa się raczej dzięki specyficznej kulturze i językowi, dokonaniom cywilizacyjnym i umownej wspólnocie. W jednorodności odnowią się różnice.

Anonim: Cudownie! Jesteśmy wreszcie blisko ekonomii! Wielkiej nieobecnej w waszej dyskusji, która, naturalnie, podsumuje duchowe osiągnięcia dwudziestego wieku!

M.A.: Masz całkowitą rację, ale nie ja wyłącznie jestem winien, nie ja sam określam tematy.

Mélani: Może wreszcie oszacujemy, w jakim stopniu kobiety i zarządzanie stanowią dwa wzajemnie wykluczające się światy. Czym się zajmujesz? Ekonomią, jak rozumiem.

Anonim: Zaczynałam jako pracownica uczelni, a skończyłam jako ekspertka od finansów. Jestem doradczynią zarządu w wielkiej spółce giełdowej.

Moli: Rzeczywiście jesteś kobietą?

Anonim: Tak! Mój adres e-mailowy potwierdza moją tożsamość.

M.A.: Kobieta i przedsiębiorczość. Zobaczymy to na własne oczy w dwudziestym pierwszym wieku. Gigantyczna siła w stanie uśpienia. Jestem przekonany, że pewne właściwości kobiecego charakteru lepiej pasują do cech przedsiębiorczości w dobie komputerów – czego nie było w dobie przemysłu.

Moli: Kobieca sprzedajność i przedsiębiorczość, pierwiastek żeński i pieniądze, bardzo ładnie.

M.A.: Ten temat fascynuje mnie do tego stopnia, że z ogromnym trudem zgromadziłem życiorysy kobiet, które zarządzają wielkimi międzynarodowymi przedsiębiorstwami na całym świecie. Jest ich naturalnie jeszcze niewiele. W przedsiębiorczości mamy do czynienia z niewiarygodnym oporem, który przeszkadza kobietom w zajmowaniu najwyższych stanowisk. Wielu analityków ekonomicznych utrzymuje, że uwaga opinii publicznej skupiona jest bardziej na tych kobietach niż na ich przedsiębiorstwach.

Anonim: Wobec tego musisz mnie znać. Jestem Monti, coś ci to mówi?

M.A.: ...

Moli: Monti, Monti... nie ma chyba nic wspólnego z *Monday**? Poniedziałkowa kobieta? Włoski poeta z okresu neoklasycznego nazywał się Monti, pamiętam z uniwersytetu, zresztą nieważne. Montis – literat z Ammochostos na Cyprze – też nie pasuje.

M.A.: Nie do wiary! Że też od razu na to nie wpadłem! Jesteś „M^2" Monti x Monti. Podałaś tylko część nazwy i to mnie zmyliło.

Moli: Już to znamy! Boska Magdalena była M^n, a finansistka M^2!

M.A.: Słynna M^2. Podłużna twarz, trochę przyduży nos – seksowny, falliczny, duże, szeroko otwarte, ruchliwe oczy, trzy przednie zęby wystają podniecająco, długa szyja. Jakieś trzydzieści pięć lat. Żeński cud Morgan Stanley. Piękna Ariadna w wieżowcu labiryncie przy Broadwayu na Manhattanie. Kierujesz trzynastoma tysiącami brokerów.

Mélani: Co to znowu znaczy M^2? Czy to nasz wymysł?

Monti: Nie, to czysty zbieg okoliczności. M^2 jest nazwą wskaźnika zwrot–ryzyko akcji, modelu szacowania skuteczności i ryzyka na giełdzie...

M.A.: ...i zapewnił miliony dolarów szczęśliwym inwestorom, którzy zawierzyli twoim radom.

Monti: Naturalnie nikt by mi nie wierzył, gdybym powiedziała, że nauki ekonomiczne mają charakter powieści, a moje prognozy dotyczące giełdy oparte są na powieściowych hipotezach. Na szczęście ty też tego nie powiedziałeś.

M.A.: Ale mówię to teraz! Nie dam się przekonać, że wystawiasz na ryzyko grubą forsę swoich klientów tylko na podstawie abstrakcyjnych modeli matematycznych.

---

* *Monday* – (ang.) poniedziałek (przyp. tłum.).

Monti: To właśnie na matematycznych modelach opierają się wiarygodne przewidywania zachowań inwestorów, a nie na dowolnych powieściowych założeniach.

M.A.: Przewidywania oparte – na czym? Na teorii użyteczności? Na hipotezie racjonalnych oczekiwań? Przecież dobrze wiesz, że w momentach krytycznych ludzie nigdy nie zachowują się tak, jak zakłada teoria. Racjonalne oczekiwania biorą w łeb. Historia ekonomii jest historią odchyleń od racjonalnych oczekiwań. Racjonalne zachowania mogą zostać ukarane, a nieracjonalne nagrodzone. Prześledźcie ekonomiczne przewidywania i przejrzyjcie na oczy. Idźcie do jakiegokolwiek liceum i spytajcie młodzież: „Jaką loterię wybieracie? Chcecie z dużym prawdopodobieństwem wygrać niewielką kwotę czy z niewielkim prawdopodobieństwem – wielką kwotę?". Odpowiedzi pokażą, że racjonalne oczekiwania naukowej ekonomii zawodzą. Można, rzecz jasna, korzystać z modeli matematycznych pomocniczo, jako wskaźników, to się przydaje pod pewnymi warunkami, ale ekonomiści postępują podobnie jak powieściopisarze: układają prawdopodobne scenariusze, planują, zmieniają kolejność etapów, biorą pod uwagę nadzieje i obawy, niepewność, zmienność nastrojów, skłonność do naśladowania innych, psychologię tłumu, reakcje histeryczne, załamania nerwowe, przestępstwa, samobójstwa, skryte i jawne konfrontacje z nieoczekiwanymi zwrotami w historii, polityce, ekonomii, w życiu społecznym i kulturze.

Mélani: To znaczy, że prognozy ekonomiczne opierają się na znajomości psychologii i układaniu scenariuszy?

M.A.: Właśnie. Monti ma szczęście. Jej ojciec jest profesorem psychologii społecznej, a dziadek dostał Nobla w dziedzinie ekonomii. Wątpię, czy bez tej intelektualnej atmosfery w swoim otoczeniu miałaby taki instynkt w prognozowaniu ekonomicznym.

Monti: Idąc za twoim tokiem rozumowania, zastanawiam się, czy nie zatrudnić jako doradcy Bellowa, który napisał powieść o giełdzie *Seize the Day*, albo przynajmniej Amisa, który napisał *Money*. W Grecji zatrudnię Matesisa, żeby zbić fortunę, i Chimonasa, by przeprowadzić psychoanalizę hamletowskiej natury giełdy.

M.A.: Ironizujesz, ale prawdziwa Monti, żydowska Włoszka z Manhattanu, z pewnością tak właśnie by postąpiła. Zatrudniłaby psychologów, socjologów, historyków, powieściopisarzy, scenarzystów. Opowiem wam o pewnym osobistym doświadczeniu. Znany bankowiec zaprosił mnie na kawę. Znaliśmy się już wcześniej. Bystry, rzutki, doskonałe wykształcenie ekonomiczne, cechy przywódcze, słowem, wszystko co trzeba.

– Mimi, ze dwa razy w miesiącu chciałbym z tobą pogadać – swobodnie, bez żadnego planu, o wszystkim, co nam przyjdzie do głowy.

– Świetnie. Sprawdzę trafność swoich przewidywań ekonomicznych.

– Nie zrozumiałeś mnie. Chcę cię zatrudnić jako rozmówcę, usłyszeć od ciebie o rzeczach prowokacyjnych, kuszących, o czymś, co nie ma nic wspólnego z przedsiębiorczością. To będzie dla mnie zysk w szerokim rozumieniu tego słowa.

– Na takie pogaduszki się nie nadaję. Zwłaszcza że nigdy nie potrafiłem zarabiać pieniędzy.

– Ja potrafię, więc to bez znaczenia. Jakim cudem przewidziałeś wydarzenia na Wall Street?

– Wyprorokowałem je. Jak wskaźnik spadnie, powiedziałem, bo przecież wcześniej czy później spadnie, to wyjdzie na moje. Jak nie spadnie, to też wyjdzie na moje.

– Nie żartuj. Przecież zajmujesz się modelami matematycznymi.

– Najpierw robię założenie instynktowne, wynikające z jakichś skojarzeń albo wskazań oraz ze znajomości historii ekonomii, a potem konstruuję imponujący matematyczny model, który je potwierdza i zamyka usta oponentom. Między nami mówiąc, taki model ma niewiele wspólnego z ekonomiczną rzeczywistością. Służy mojemu osobistemu zadowoleniu.

– Świetnie, czy nie tak samo postępują na Harwardzie albo w MIT? O tym właśnie chcę z tobą rozmawiać. I nie dyskutuj ze mną o pieniądzach – jak nie płacę, nie potrafię funkcjonować, nie potrafię się zaangażować, nie mogę się skupić.

– Za seks też płacisz?

– Nie, w tej sprawie został mi lewicowy defekt. „Proletariacki ożenek z miłości" – jak mawiał Lenin do księżniczki Ines Arman, która była jego kochanką. A teraz „giełdowy ożenek z miłości".

Opowiedziałem mu wtedy pewną historię o chłopaku, który pracował w warsztacie szewskim mojego ojca. Po upadku junty pojechałem na Kretę. Spotykam go i pytam: „I co, Michalio? Ożeniłeś się?". A on, pełen zachwytu, odpowiada konfidencjonalnym szeptem: „Małżeństwo to świetna rzecz! Można się pieprzyć za darmo! Rozumiesz? Za darmo!". Wracając do bankiera – rozmówcy za darmo nie tolerował. Chociaż to ja powinienem mu płacić. Czy łatwo dziś znaleźć człowieka, który cię wysłucha? Czy i ty nie postępujesz w ten sposób w swojej pracy, Mélani? Znajdujesz głupca, który ci płaci, byś udawała, że go słuchasz. Oto i psychoanaliza! W społeczeństwie, w jakim żyjemy, trzeba płacić, by cię słuchali, ale szczerze mówiąc, jak masz forsę, lepsze to, niż latać po znajomych, krewnych, kumplach wysiadujących w kawiarni albo po burdelach.

Mélani: Czego dotyczyły wasze rozmowy?

M.A.: Wszystkiego. Rzadko podejmował ściśle ekonomiczne tematy. Interesowało go spojrzenie na sprawy tego świata oczyma konkurenta albo polityka, psychologa, matematyka, fizyka, artysty albo młodego człowieka. Wnikał w psychologiczne mechanizmy funkcjonowania społeczeństwa, pozornie dalekie od dziedziny, którą sam się zajmował. „Czy uważasz, że w ciągu nadchodzących dwudziestu lat u młodego pokolenia zmienią się znacząco gusta konsumenckie oraz wzorce estetyczne i moralne?". „W jaki sposób wyjaśnisz zaskakujący wzrost zainteresowania filmami historycznymi? Wszystkie Oscary im się ostatnio dostały!". „Cykle polityczne i wyborcze a wahania na rynku". „Analizowałeś kiedyś psychikę Greenspana?". „Przyjrzyjmy się psychologii tłumu w przypadku hiperoptymizmu i w sytuacji spadku zaufania do władz". „Możesz mi opowiedzieć, jak tworzy się powieść?". „Podyskutujmy o książce ekonomisty Paula Krugmana *Pop-Internationalism*". „Czy sądzisz, że fuzje spółek rzeczywiście przyczyniają się do obniżenia kosztów, wzrostu zysków i bezpieczeństwa, czy po prostu stały się modne?". „Fuzje w obrębie kraju czy całego świata?". „Przekłuć giełdową bańkę mydlaną czy zostawić ją w spokoju?". „Powiedz mi, czy studiowałeś model matematyczny »mega T«, który pozwala tworzyć prognozy dla indeksu Dow Jones?".

Monti: Co mu odpowiedziałeś na to ostatnie pytanie?

M.A.: To, co wyczytałem w jego spojrzeniu. Że to bajer na kółkach. Opisuje mniej więcej, co się dzieje w okresach normy. W innych przypadkach okazuje się bezradny. Nie trzeba matematycznych modeli, by zrozumieć, że ci, którzy zarobili dużo pieniędzy, będą tworzyć niedoszacowane prognozy, by znów pojawić się na rynku i zgarnąć całą resztę. Tacy mogą i innych pociągnąć na dno. Pewnego razu dał mi opracowanie liczące trzysta stron, zatytułowane *Przewidy-*

wania długoterminowe – program inwestycyjny 2000–2030. „To dzieło pewnej międzynarodowej spółki, naszego doradcy". Zacząłem kartkować opracowanie w jego obecności i je komentować. „Mam nadzieję, że będziesz żył w dwutysięcznym trzydziestym roku, żeby nacieszyć się efektami!". „Czy twoi udziałowcy są skłonni zamrozić taki ogromny kapitał dla wątpliwego zysku po trzydziestu latach?". „Jak sowiecki plan wieloletni". „Robią cię w konia, nie można stworzyć takich prognoz. Nie ma przecież pewności co do rozwoju technologicznego, ochrony środowiska, mechanizmów wierzycielskich, wielkości inwestycji i konsumpcji, preferencji ludzi itd. To wytwór kiepskiej naukowej wyobraźni. Mogę ci znaleźć o wiele lepsze ekonomiczne powieści, i to za darmo".

Mélani: Zgodził się z tobą? Jeśli tak, to dlaczego wydał wielkie pieniądze na wątpliwe prognozy?

M.A.: „Wiem, że to bzdury, ale są mi przydatne. Odrzucam je, ale dzięki nim zbieram myśli i planuję własne posunięcia. Doceniam też twoje zdanie, nie myśl sobie". Nie powiedział ani tego, ani niczego innego. Może nawet nie słuchał dokładnie wszystkiego, co mówiłem, może tylko jakieś moje słowa albo pomysły pozwalały mu wydostać się poza zawodową rutynę i żeglować myślami swobodnie, budować własne skojarzenia. „Z kimś przecież muszę rozmawiać! Z obowiązku mam do czynienia z ekonomistami i ich fanaberiami. Oszukiwanie się za obopólną zgodą to codzienność w mojej pracy" – mógłby powiedzieć. Powstało niezłe zamieszanie, gdy grupa wiarygodnych profesorów, Greków i cudzoziemców, dostarczyła mu – za hojne wynagrodzenie – opracowanie na temat zależności *Inwestycje a stopy procentowe.*

Monti: Co chcesz przez to powiedzieć? Każdy absolwent ekonomii wie, że istnieje teoria zawierająca znakomite modele ekonometryczne, opisujące zależność między inwestowaniem a stopami procentowymi. To znana sprawa.

M.A.: To raczej kiepska powieść. Niczego nie dowodzi. Najpierw tworzy się pewną zależność, a potem kombinuje ekonometryczne równania tak, by potwierdzić założenia. Powoli powstaje przeczący sobie ekonometryczny wszechświat, który traci związek z rzeczywistą sytuacją gospodarczą. Dokonano także paru powierzchownych zapożyczeń z matematycznych teorii gier i chaosu dla większego wrażenia. A to śmierć dla nauk ekonomicznych. „Równania nie odpowiadają teorii, tylko opisują, jaki byłby świat, gdyby teoria była słuszna" – kpi wielki Laister Thurow, profesor ekonomii z MIT, z ekonometrycznych modeli dla stóp procentowych. „Jaki byłby świat, gdyby...", to powieść, która może uprawniać do naukowych tytułów, tworzyć wielkie akademickie kariery, ale w rzeczywistości nie przyczynia się do poszerzenia naszej wiedzy o gospodarce. Paul Krugman, najlepszy z młodego pokolenia ekonomistów, w swojej książce *The Age of Diminished Expectations* (*Wiek zmniejszonych oczekiwań*) przypomina, że „jak każda inna gałąź nauki, także ekonomia ma swoich oszustów i niedouków, którzy posiłkują się skomplikowanym językiem, żeby zamaskować tuzinkowość swoich pomysłów". Nie twierdzę, że ekonomia nie dostarcza nam znakomitych powieści, wartościowych modeli teoretycznych, zręcznych uogólnień, które przybliżają nam rzeczywiste trendy, ale zdarza się to rzadko.

Monti: Krótko mówiąc, wątpisz, by teoria ekonomii była nauką! Tego jeszcze nie było!

M.A.: Czyste nauki nie istnieją, a zwłaszcza nauki ekonomiczne, które wiążą interesy gospodarcze z interesami społecznymi. W tej dyskusji udowodniliśmy, jak sądzę, że nawet w metodach najbardziej ścisłych nauk występuje pierwiastek powieściowy. Co natomiast dzieje się często w rozmaitych dziedzinach nauki? Wychodząc ze słusznych założeń, z obiektywnych prawd, tworzy się rozdęte teorie, które z czasem, w miarę jak rośnie odwaga ich twórców, przeistaczają się w ogólne schematy należące do świata intelektu i są oderwane od rzeczywistości. Przyjrzyjmy się jednak niektórym najbardziej wartościowym teoriom ekonomicznym. Wybieraj osoby i tematy.

Monti: Wiodącą postacią mijającego stulecia jest niewątpliwie Keynes.

M.A.: Najważniejsza postać dwudziestego wieku, zgoda, i nie tylko ekonomista. Keynes to wzór wszechstronnego intelektualisty. Zakresem wykształcenia przewyższał swojego przyjaciela Russella. Udowodnił, choć nie wiem, czy to rozumiecie, że „każdy ekonomista powinien być, choćby odrobinę, historykiem, politykiem i filozofem". On sam był kolekcjonerem współczesnej sztuki, wielbicielem literatury, matematykiem, biografem Newtona, przedsiębiorcą, wespół z Virginią Woolf duszą intelektualnych inicjatyw grupy Bloomsbury – protektorem Wittgensteina i wielu innych. Urodził się w roku, w którym umarł Marks – warto zwrócić uwagę na symboliczną wymowę tego faktu. Gdy nauki ekonomiczne podniosły ręce do góry w geście bezradności wobec wielkiego kryzysu, masowego bezrobocia, załamania i nasycenia rynku, Keynes, kierując się swą wyjątkową intuicją, bez żadnych dowodów i faktów potwierdzających, stawia niebywałą jak na swoją epokę tezę: Nie ma żadnego problemu, dajcie gospodarce to, czego nie ma, kosztem deficytu państwa powiększcie konsumpcję, zdolność nabywczą. Spowoduje to wzrost produkcji, inwestycji i zatrudnienia. Gdy machina gospodarki zatrzymuje się, naciśnijcie na pedał gazu z podwójną siłą, uruchomcie pieniądze publiczne i politykę pieniężną; gdy zobaczycie, że się przegrzewa, naciśnijcie hamulec. Było to genialne założenie o zdecydowanie powieściowym charakterze. Nikogo nie przekonało. Keynesa nazwano ekscentrycznym bajarzem. W tamtych czasach wierzono święcie w bilans budżetowy – wszyscy koledzy po fachu z pogardą odwrócili się od Keynesa. „Jesteście niewolnikami mędrców, którzy od dawna leżą na cmentarzach" – odpowiedział Keynes. W 1934 roku przedstawiono go Rooseveltowi z nadzieją, że podda jakiś pomysł zamartwiającemu się kryzysem prezydentowi Stanów Zjednoczonych. Ten jednakże, wściekły, powie później swoim współpracownikom: „Kto wpadł na pomysł, żeby ściągnąć tego Anglika? Zawracał mi głowę jakimiś głupotami. Powinien być matematykiem, a nie politykiem i ekonomistą". Nie mogąc zrobić nic więcej, Keynes usiadł i napisał w 1936 roku zawiłą, źle skonstruowaną i niezrozumiałą, słynną *Ogólną teorię zatrudnienia, procentu i pieniądza*. Nadał więc – spóźnioną – oprawę naukową wcześniejszemu genialnemu wytworowi myśli politycznej, ekonomicznej i literackiej, nie dodając w gruncie rzeczy niczego szczególnego do pierwotnej tezy. Gdy Rooseveltowi nie został już żaden pomysł, którego by nie sprawdził z całkowitym niepowodzeniem, zdał się na ofertę „szalonego matematyka". Był to największy ekonomiczny cud tamtego stulecia. Produkt narodowy podwoił się, a bezrobocie – w latach 1939–1944 – spadło z siedemnastu procent do jednego procenta. „Wszyscy jesteśmy Keynistami" – deklarowali solidarnie liberałowie, konserwatyści, socjaldemokraci i marksiści.

Monti: By w ostatnich latach życia Keynesa solidarnie go opuścić.

M.A.: Doprowadzali go do szału ekonomiści, którzy zapewniali, że dana teoria ekonomiczna może obowiązywać wiecznie. Przypominał więc: „In the long run we are all dead" („W dalszej perspektywie wszystkich czeka śmierć"). A twój nauczyciel, Paul Samuelson, podkreślał, że teoria ekonomii zmierza od pogrzebu do pogrzebu. Nie zatrzymujmy się jednak dłużej przy grzebaniu Keyncsa. Co robi Greenspan, z FED, Centralnego Banku USA? Podgrzewa i studzi machinę gospodarki, reguluje przepływ pieniądza, by uniknąć albo przegrzania, albo recesji i „przymusowego lądowania". Naturalnie w otwartej, globalnej gospodarce antycykliczne recepty Keynesa nie działają w ten sam sposób. Wiedział to zresztą i o tym uprzedzał.

Monti: Gdyby twórca powieści ekonomicznej, Keynes, żył dłużej – bo umarł, jeśli się nie mylę, w 1946 roku – jak przyjąłby swój powojenny sukces, gdy lewica i prawica rywalizowały między sobą, która z nich jest bardziej keynesowska?

M.A.: „Nie jestem keynesistą!" – zawołałby pewnie, tak jak to zrobił przed nim Marks. „Powiedziałem, żebyście korzystali z deficytu, gdy gospodarka leci w dół, a nie bez wyjątku i w dobrych, i złych czasach. Zaproponowałem sprytną alternatywę: nadwyżka – deficyt, a wy doprowadziliście do tego, że musicie wybierać miedzy wielkim a jeszcze większym deficytem". Keynes zaproponował elastyczną antycykliczną politykę gospodarczą, z której uczyniono jednakże polityczny system rządzenia, ideologię polityczną, narzędzie do tworzenia społecznych sojuszy, walki o elektorat i do majstrowania przy rozwiązaniu kwestii sprawiedliwości społecznej. Słyszę, jak woła: „Timing wrong!" (Nie teraz!). „Dodajecie gazu, gdy trzeba hamować, naciskacie na hamulec, kiedy należy dodać gazu. Albo jednocześnie dodajecie gazu i hamujecie!". „Nie teraz!" – łączy się, rzecz jasna, z przypisaną funkcjonowaniu nauk ekonomicznych niepewnością. Informacja, i to nie pełna, ale przybliżona, przychodzi zawsze za późno, diagnoza i decyzja są więc także spóźnione, a wpływ podatków (zwrot w sensie korzyści), finansów państwowych i środków pieniężnych mają niepewny horyzont czasowy. Koniunktura może się więc tymczasem zmienić. Dlatego często cierpiącemu na zbyt niskie ciśnienie dają lekarstwa obniżające ciśnienie, a nadciśnieniowcowi – lekarstwa na jego podwyższenie.

Monti: Keynes jest zatem tytanem myśli ekonomicznej dwudziestego wieku. Czy odważyłbyś się mówić o powieściowym charakterze teorii ekonomicznych wielkich myślicieli z poprzednich stuleci, takich jak Adam Smith (siedemnasty wiek) czy Karol Marks (dziewiętnasty wiek)?

M.A.: Ci dwaj są w tym względzie prawdziwymi geniuszami. Ich ekonomiczne i społeczne powieści to bliskie krewniaczki, mimo że pozostają do siebie w opozycji. Czyż nie trąci literaturą piękną mówienie o „niewidzialnej ręce", która pozwala indywidualnym poczynaniom ludzi – bazującym tylko i wyłącznie na ich osobistym interesie – współgrać ze sobą spontanicznie, bez udziału państwa, dla dobra organizmu społecznego? Czyż to nie czysta powieść marzyć o społeczności komunistycznej, samoregulującej się dzięki uspołecznionym wytwórcom, bez udziału państwa, bez klas społecznych? Pierwiastek powieściowy jest czynnikiem wspólnym dla utopii liberalnej i komunistycznej. Wspólny jest też niezetatyzowany horyzont – inna rzecz, że komuniści kierowali się przesądami dotyczącymi państwa. Ponadto u obydwu, i u Smitha, i u Marksa rozważany jest problem istnienia klas społecznych i sprowadzenia wszelkich wartości do pracy. Marks zrobił to, co Keynes, tyle że w epickiej skali. W trzydziestu linijkach wstępu przedstawił genialne powieściowe założenie dla następowania po sobie „sposobów produkcji", które są charakteryzowane przez „siły produkcyjne" i przez stosunki społeczne występujące w procesie produkcyjnym („stosunki produkcji"). Potem zamknął się na dwadzieścia pięć czy trzydzieści lat w Bibliotece Muzeum Brytyjskiego, poświęcił życie, by napisać monumentalną, prometejską i nieukończoną pracę *Kapitał*, liczącą trzy tysiące stron, i dać tym samym poważne naukowe podstawy swojej powieściowej i ideologicznej tezie. *Kapitał* jest arcydziełem ludzkiego intelektu, wielkim osiągnięciem myśli abstrakcyjnej, pięknym utworem historycznym, filozoficznym, a także – w niektórych fragmentach – literackim, który jednakże, moim zdaniem, nie dodał szczególnej „naukowości" wyjściowej koncepcji ekonomicznej Marksa. Książka ta nigdy nie mogłaby zostać ukończona. Ale trzydzieści lat w naszym krótkim życiu, to jak na książkę dużo czasu. Jej wpływ na największy po chrześcijaństwie ruch społeczny był raczej symboliczny. Stała się Biblią prześladowanych, którzy jej zresztą wcale nie czytali.

Monti: Twoje przeświadczenie, że długoterminowe przewidywanie nie jest w naukach ekonomicznych możliwe, okazuje się niesłuszne dzięki odkryciu długich fal *(long waves)* rozwoju ekonomicznego, czyli długoterminowej periodyczności.

M.A.: Jest to jedna z największych chwil w historii myśli ekonomicznej dwudziestego wieku, powinniśmy złożyć hołd Rosjaninowi Kondratjewowi, który pierwszy tę teorię sformułował, i wielkiemu Austriakowi Schumpeterowi, który podjął próbę teoretycznego wyjaśnienia cykli o różnej długości. Mogła z tego wyniknąć melodia bardziej znana niż *Fale Dunaju* albo i powieść rzeka, bo fale znacznie rozciągają się w czasie: sześćdziesiąt lat pierwsza, pięćdziesiąt pięć druga, pięćdziesiąt trzecia, czterdzieści czwarta, trzydzieści piąta i ostatnia, czyli ta, która obejmuje nasze czasy. Każda fala zaczyna wznosić się, gdy nowe technologie wchodzą do procesu produkcyjnego, zastępują stary proces produkcyjny („katastrofa twórcza"), ożywiają inwestycje, stwarzają nowe okazje dla przedsiębiorczości, powodują ekspansję gospodarki. Potem fala opada, aż sięgnie dna, żeby podnieść się znowu i znowu opaść. Zwróćcie uwagę na znaczące lata ekonomicznej powieści *long waves* i odpowiadających im technologii, które stworzyły te fale: 1785 – hydrodynamika, fabryki tekstylne, 1845 – para, kolej żelazna, stal, 1900 – elektryczność, chemia, motor spalinowy, 1950 – petrochemia, elektronika, lotnictwo, 1990 – sieci cyfrowe, software, nowe środki masowego przekazu. Schemat jest zbyt imponujący, nazbyt piękny, prosty i logiczny, żeby był całkowicie rzeczywisty. Jest zlepkiem rzeczywistości i fantazji. Niczego nie udowadnia i nie daje się udowodnić, jest fikcją, bardzo pożyteczną powieścią. Powiem wam, co zrobiłem, by zdemaskować przywiązanie ekonometrii do modeli matematycznych, oddalających się coraz bardziej od ekonomii. Z periodyku *Quantum* wziąłem matematyczny modeli fal morskich Rosjanina A. A. Ostrowskiego, o wiele bogatszy niż ekonomiczny *long waves*, ponieważ uwzględnia różnice faz, szerokość fali, głębokość, prędkość, grzebienie na grzbietach fal, rozkład falowania, nakładanie się fal sinusoidalnych, pakiety fal itd. Wziąłem więc ten model, przełożyłem go naprędce na język ekonomiczny i wysłałem do jednej z najlepszych uczelni ekonomicznych w USA jako wkład, rozumie się, w matematyczne opracowanie długofalowości w ekonomii. Reakcja była entuzjastyczna, poproszono mnie o rozwinięcie koncepcji i teraz nie wiem, jak się z tego wyplątać, jak im powiedzieć, że to tylko żart, że to odnosi się do fal morskich! Może niektórych szokuje to, co mówię, ale Schumpeter nie miał złudzeń i nie wahał się odmitologizować własnych modeli: „Im solidniejsze podstawy ma teoria, tym większą ponosi porażkę w konfrontacji ze zjawiskami życia gospodarczego".

Monti: Są i inne dwudziestowieczne teorie prognozowania

dynamiki rozwoju gospodarczego. Teorie „modernizacji unowocześniania", koncepcja stadiów wzrostu Rostowa i inne, które do dziś mają wpływ na ekonomistów, socjologów, historyków, dziennikarzy i polityków.

M.A.: Prowadzisz mnie teraz od gigantów powieści gospodarczej do prostej liniowej zależności, która traci z horyzontu przemiany jakościowe, nieciągłości, rozmaite możliwe kombinacje, alternatywne drogi i sprowadza wszystko do jednego wymiaru liniowych modeli modernizacji unowocześnienia. To powieść gospodarcza drugiej kategorii z czasów kolei żelaznej, gdzie i stacje, i liczba wagonów, a także godziny przyjazdu oraz odjazdu, wszystko jest z góry określone. To gospodarczy mit maratoński Rostowa, w którym wszystkie drogi prowadzą do tego samego punktu końcowego, wyruszamy jednak w różnym czasie i podążamy z różną prędkością.

Monti: Czyli co chcesz powiedzieć? Że nie ma ani jednej teorii, która nie byłaby powieściowa?

M.A.: Ani pół teorii.

Monti: Czy w myśli ekonomicznej nie istnieje ani jedno zdanie, które byłoby niekwestionowaną prawdą? Pozbawioną pierwiastka powieściowego?

M.A.: Żadne, absolutnie żadne. Powiedz jakiekolwiek.

Monti: Związek między bezrobociem a inflacją jest niekwestionowany. Gdy bezrobocie spadnie poniżej pewnej granicznej wartości, inflacja rośnie.

M.A.: Jakiej wartości?

Monti: Wszystkie szkoły ekonomiczne szacują tę wartość na sześć procent dla Stanów Zjednoczonych. Gdy minimalizujemy bezrobocie, pensje rosną, a następnie rośnie inflacja. To prawda absolutna.

M.A.: Bajki! Już prawie od dziesięciu lat bezrobocie utrzymuje się w USA na poziomie czterech procent, a inflacja na poziomie niższym niż dwa procent, czyli zmierza do deflacji. I co się dzieje? Stawiamy zawsze dwa pytania: jedno dotyczy długoterminowych tendencji, struktury głębi, a drugie koniunktury, tendencji kompensujących, sił przeciwnych. Czyżbyśmy mieli jakieś znaczące zmiany w gospodarce USA – *new economy* – i na tamtejszym rynku pracy, że zależność bezrobocie–inflacja przestaje funkcjonować lub ulega osłabieniu? Czy po prostu zadziałały przeciwne, kompensujące tendencje? Niskie ceny surowców i benzyny przez długi okres. Silny dolar, a zatem obniżenie kosztów importu. Wielkie zyski na giełdzie, które zmniejszają koszty finansowania spółek. Zniżka kosztów opieki zdrowotnej. Jutro może się to wszystko zmienić i inflacja skoczy w górę. A zatem żadne zdanie w ekonomii nie jest niepodważalne, skoro dotyczy systemu o tak wysokim stopniu skomplikowania, jakim jest gospodarka.

Zwróćcie uwagę, ile powieści napisano o zależności bezrobocie–inflacja. W latach sześćdziesiątych triumfowała powieść Philipsa i krzywa Philipsa, która pokazywała, że gdy wzrasta inflacja, bezrobocie maleje i odwrotnie. Pomyśl, że Philips, inżynier, skonstruował urządzenie – model obrazujący funkcjonowanie gospodarki – gdzie woda odpowiadała przepływowi pieniądza! Potem były czasy powieści Friedmana, potem jeszcze inne i jeszcze inne...

Monti: Następne niepodważalne zdanie: Nowa technologia przyczynia się do wzrostu wydajności pracy i prowadzi nieuchronnie do wzrostu bezrobocia. Weź pod uwagę *The End of Work* Rifkina, który przewidział naturalnie wartości procentu bezrobocia.

M.A.: Ja, maniak zmniejszenia czasu pracy i modyfikacji zasad pracy w epoce biocybernetyki, natychmiast zareagowałem i napisałem, że postawa Rifkina, która stała się modna także w Grecji, bije wszelkie rekordy powierzchowności.

Człowiek, jak się zdaje, pozazdrościł sławy Fukuyamie. Jego przewidywania zostały wkrótce zdyskredytowane także w jego własnej ojczyźnie, gdzie wskutek technologicznego *boomu* obniżył się i tak niesłychanie niski poziom bezrobocia. Po pierwsze, wiemy z historii ekonomii, że nie istnieje automatyczne przełożenie wprowadzenia nowych technologii na wzrost wydajności pracy. To paradoks efektywności, bo nauki ekonomiczne nie potrafią zbadać tempa rzeczywistego wprowadzenia postępu technologicznego do procesów produkcyjnych. Po drugie, i ważniejsze, rewolucja technologiczna może skutkować zmniejszeniem nakładu pracy niezbędnej w danym procesie produkcyjnym, ale jednocześnie stymuluje tendencję przeciwną. Powoduje falę inwencji i nowych zastosowań, nowych produktów, nowych usług, większą potrzebę badań i ciągłej edukacji, przełamuje zatem sztywność rynku pracy, tworzy realistyczne możliwości obniżenia czasu pracy, powoduje wzrost mobilności i powiązań w obrębie różnych gałęzi gospodarki, wzrost konsumpcji i popytu oraz rekonstruuje całą bazę wytwórczą gospodarki. A zatem dynamizuje, wykorzystuje wolne zasoby pracy w całości gospodarki lub jakimś jej obszarze. Ale takie możliwości nie spadają z nieba. I tu właśnie Europa, ze swoimi dogmatycznymi, monetarystycznymi, ekonomicznymi powieściami, jawi się nam jako wyjątkowo niepojętna uczennica.

Monti: Powieściowy i ideologiczny charakter myśli ekonomicznej oraz niemoc przewidywania, wobec tego co dalej?

M.A.: Niemoc długofalowej prognozy. To nie przypadek, że ekonomia nie potrafiła przewidzieć żadnego kryzysu: ani krachu w październiku 1929 roku, ani ostatnio czarnego poniedziałku, 19 października 1987 roku. Podczas Wielkiego Kryzysu 1929 roku *(Great Depression)* deflacja rosła, spirala upadku gospodarczego rozkręciła się na dobre, przewidywania spadku cen zmniejszały popyt, co obniżało ceny jeszcze bardziej, przedsiębiorstwa w minimalnym stopniu wykorzystywały swoje moce przerobowe, pesymizm ogarnął całą gospodarkę, a nauki ekonomiczne razem ze swoimi noblistami, tytanami intelektu, modelami matematycznymi i bankami centralnymi trwały w kompletnej obojętności i bierności albo chowały głowę w piasek. Pod pretekstem zbliżającego się końca wieku sprawdziłem prognozy mędrców nauk ekonomicznych na rok 2000, sformułowane przed trzydziestu laty. Żadna z nich nie znajduje potwierdzenia w rzeczywistości. Przypomnijmy sobie słynne przewidywania dotyczące wyczerpania się zasobów surowców, w tym ropy naftowej oraz wielkiego skoku ich cen w roku 2000. Kompletna pomyłka. Nie sprawdziły się żadne prognozy na temat wydajności, produktu narodowego brutto, dochodów, ubóstwa i bezrobocia. W myśli ekonomicznej nie mamy jeszcze – powiedzmy to otwarcie – ludzi takich jak Gödel czy Heisenberg w matematyce albo czegoś takiego jak zasada nieoznaczoności w fizyce. Cieszę się, widząc bystrych i pełnych realizmu ekonomistów, takich jak Paul Krugman z MIT, którzy potrafią myśleć bez metafizycznych naleciałości o granicach możliwych ścieżek: „daję dwadzieścia procent szans scenariuszowi, że będzie lepiej, dwadzieścia pięć procent, że nastąpi katastrofa i pięćdziesiąt pięć procent szans wielkiej niewiadomej, nieustannie wprowadzając poprawki". Taki jest probabilistyczny stosunek do gospodarki w dobrej i pożytecznej fabule! Alan Greenspan, prezes FED, w istocie zarządza niepewnością gospodarki i nieoznaczonością rynków. Ktokolwiek go spyta – polityk, bankowiec, broker, dziennikarz – o jego przewidywania dotyczące tego, czy *boom* na giełdzie będzie trwał nadal, czy też nie, czy wystąpi, a jeśli wystąpi wielka recesja, to kiedy, on odpowiada zawsze tak samo: *I would much prefer to be in an area, where I could ask that question rather than answer it. (Zdecydowanie wolałbym być na miejscu tego, kto zadaje to pytanie, niż tego, kto ma na nie odpowiedzieć*). A zatem Greenspan nawet na poziomie „pożyjcmy zobaczymy" wprowadza nas w nieoznaczoność i w niemoc długofalowego przewidywania w ekonomii. Mówi jak sejsmolog!

Monti: A ty mówisz o ekonomii jak powieściopisarz.

M.A.: Ekonomista zarządzający FED, a ogólniej ten, kto podejmuje ekonomiczne i biznesowe decyzje, powinien być powieściopisarzem, to znaczy rozpracowywać scenariusze następnych okresów i cyklów życia gospodarczego. Nie może być przywiązany wyłącznie do teraźniejszości, musi myśleć o przyszłej inflacji, przyszłej wydajności, możliwych przyszłych kryzysach. Często, gdy my, nieświadomi, oddajemy się przyjemnościom jedzenia i picia, przychodzi taki obrzydliwiec i wyjmuje nam łyżkę z ręki. Działa prewencyjnie na podstawie jakiejś historii, którą my często lekceważymy.

Monti: To fakt, ale ty, z literacką swobodą, nie doceniasz pewnych danych istotnych w podejmowaniu decyzji ekonomicznych, a przeceniasz niepewności, z którymi ekonomia ma do czynienia.

M.A.: Ja postrzegam nauki ekonomiczne jako zarządzanie niepewnością. Niepewnością wynikającą z braku informacji – i jej niewłaściwego osadzenia w czasie – o rzeczywistym stanie gospodarki oraz z braku wiarygodnego modelu jej funkcjonowania. Niepewności dotyczącej wzrostu wydajności i wielkości nieefektywnego potencjału przedsiębiorstw. Niepewności co do oszacowania cen akcji, jak również tego, czy i kiedy zostaną przeszacowane. Niepewności co do metod ich deflacji i lęku, czy sytuacja się nie pogorszy. Niepewności dotyczącej dwóch wrogów: inflacji i deflacji. Niepewności co do fluktuacji parytetu. Niepewności co do skutków, jakie mają zmiany stóp procentowych na ceny akcji, na inflację i ogólny wzrost. Wystarczy wspomnieć, że trzeba dwunastu miesięcy, by stopy procentowe wywarły wpływ na wydajność gospodarki, i osiemnastu do dwudziestu czterech miesięcy na regulację inflacji. Niepewności, jak widzieliśmy, co do zależności między bezrobociem a inflacją. Niepewności w ramach globalizacji, skoro nagła zmiana w warunkach gospodarczych innych, nawet odległych krajów może mieć przewidywalne następstwa w naszej gospodarce. Zatrzymajmy w tym miejscu niekończące się niepewności dotyczące rynku.

Monti: Rozumując w ten sposób, nie dajesz szans teoriom ekonomicznym, a więc?

M.A.: Trzeba zdać sobie z tego sprawę i postanowić, co dalej robić. Żadna ekonomiczna teoria, nawet najbardziej logiczna i wartościowa, żaden system aksjomatów i twierdzeń nauk ekonomicznych nie może dowieść swojej zupełnej logicznej konsekwencji ani przełożenia na sytuacje rynkowe i gospodarcze. A zatem w dwudziestym pierwszym wieku muszą ulec radykalnej zmianie zarówno ambicje, jak i charakter nauk ekonomicznych oraz stosowane przez nie metody.

Moli: Dostrzegam metaforyczny sens rozmów, które prowadziłeś ze swoim przyjacielem, bankowcem. Chciałeś przekonać samego siebie, że nie ma rozdziału pomiędzy intelektem a przedsiębiorczością. Ale tu nie występują po prostu dwie kultury, tu są dwa odrębne światy.

M.A.: Nie ma takiej dychotomii, a tym bardziej nie będzie jej w dwudziestym pierwszym wieku. Nowa przedsiębiorczość skupi w sobie wiedzę, informację, innowacyjność i estetykę. Rozwój nauk, a także sztuk pięknych zawsze wpływały na produkcję i konsumpcję. Estetyka każdej z epok przenika do społeczeństwa, kształtuje gusta, wzorce konsumpcji, strukturę nowych produktów i usług. Rynek i sztuka nieustannie na siebie wpływają. W bezpośredniej przyszłości przedsiębiorczość wchłonie dużą dawkę intelektu i odwrotnie, w produkcji i rozpowszechnianiu idei oraz form sztuki będzie coraz bardziej obecny wymiar przedsiębiorczości. Nie widzę tu żadnego rozłamu, lecz możliwość płodnej komunikacji pomiędzy tymi dwoma światami, co naturalnie nie wyklucza napięć, a nawet konfliktów. Zarówno intelektualista, jak i menedżer mają nam wiele do powiedzenia.

Moli: Co ty znowu mówisz? Sztuka to swoboda, gra... rzeczy zabójcze, jak sadzę, dla menedżera.

M.A.: Ach, moja droga Moli! Jakie uprzedzenia mają ludzie kultury! Weźmy najbardziej skrajny przypadek: grę. Gry i zarządzanie są nierozłączne. Tyle, ile mamy gier – choćby gier sportowych – tyle, ile jest form współpracy w drużynie, czyli powiązań między jednostką a grupą, tyle jest systemów zarządzania. Przed dwudziestu laty Ajax wprowadził gruntowną zmianę systemu w piłce nożnej, a mianowicie futbol totalny, w którym nie ma stałych i niezmiennych pozycji zawodników, lecz wzajemne zastępowanie się, przystosowanie jednego gracza do drugiego, mobilność, grupa współpracująca i w obronie, i w ataku. Ten system wpłynął na powstanie tak zwanego zarządzania całkowitą jakością. Z drugiej strony mamy też metodę kierowania i współpracy w takich zespołach jak: baseball, tenis podwójny, koszykówka czy orkiestry symfoniczne albo jazzowe! Zakończmy więc na sformułowaniu wniosku, że pomiędzy rozmaitymi formami ludzkiej działalności nie istnieją w rzeczywistości przepaści ani mury, które sobie wyobrażamy.

Mélani: Monti, twój udział w naszej dyskusji w dziedzinie, która, przynajmniej mnie, jest zupełnie nieznana, był bardzo cenny. Powiedz nam jeszcze, czy poznałaś osobiście prawdziwą Monti?

Monti: Tak. Na uczelni. A teraz moja firma współpracuje z Morgan Stanley. Jestem wicedyrektorką greckiego prywatnego banku, odpowiadam za rynek pieniężny.

Mélani: Ostatecznie udało nam się zebrać wszystkie dziedziny wiedzy. Powieściowy pierwiastek wydaje się wspólny dla wszystkich stosowanych przez nie metod. A co w biologii? Tylko krótko, bo nie mamy czasu.

M.A.: Teoria Darwina o pochodzeniu i ewolucji gatunków jest najbardziej rewolucyjną powieścią nauki, mimo że jej twórcy nie udało się do niej przekonać swej bogobojnej małżonki. Musi jednak ulec modyfikacji i wzbogaceniu o osiągnięcia genetyki – zwłaszcza jej genialna koncepcja doboru naturalnego, skoro odkrywamy ruchomość granic między gatunkami, powstałymi w wyniku ewolucji. Chcę podkreślić nie powieściowy charakter teorii Darwina, bo to jest jasne, a społeczne i ideologiczne przesłanie tej powieści. Darwin nieświadomie uwewnętrznia w swojej analizie przyszłe wartości cywilizacji przemysłowej i kapitalizmu, wolną konkurencję, dobór naturalny, przywództwo silniejszych, związki między dominacją a hierarchią. Chcę, żebyśmy uwzględnili to w naszej dyskusji. Na naukowe mitotwórstwo wpływają nie tylko naukowe mody właściwe danej epoce, ale też wartości społeczne, polityczne i ideologiczne. Styka się ono zatem podskórnie z historią, społeczeństwem, ideologią, a także z polityką. Darwin „spotkał się" z Adamem Smithem, choć nawet o tym nie wiedział. Powieścią dla młodzieży było przełamanie tajemnicy życia – odkrycie podwójnej helisy przez tandem Watson–Crick przy współpracy Wilkinsa i Rosalind Franklin. Ci młodzi ludzie, reprezentujący rozmaite dziedziny wiedzy, spotkali się przed pięćdziesięciu laty, by z nieokiełznanym entuzjazmem amatorów zabawiać się cząstkami, zdjęciami rentgenowskimi, kwasami nukleinowymi oraz krystalografią i, wśród dowcipów, rozczarowań, przyjaźni, antypatii, plagiatów, pijaństwa, romansów, jako pierwsi określili kształt podwójnej helisy: kształt DNA, podstawowego materiału genetycznego. Dwudziestopięcioletni wówczas Watson opowiada, że szukali prostego i eleganckiego rozwiązania. Gdy powstał stereochemiczny model podwójnej helisy, zadziwieni mówili jeden do drugiego, że „taka piękna struktura nie mogła nie istnieć". A zatem kryterium estetyczne było obecne w zgłębianiu struktury DNA. W tej naukowej powieści jedna z jej głównych bohaterek, znakomita, ale nie mająca szczęścia, Rosy – Rosalin Franklin, odkrywa przed nami wysoką cenę, jaką płaci kobieta, żeby przebić się przez ograniczenia zdominowanego przez mężczyzn świata nauki. Powieściowe jest także nieoczekiwane olśnienie, które spowodowało największy przewrót w biologii ostatnich dziesięcioleci – odkrycie reakcji łańcuchowej polimerazy znanej jako PCR. Metodą PCR możemy diagnozować choroby dziedziczne, wirusy, zwłaszcza AIDS, albo wytropić zbrodnię, mając do dyspozycji nawet znikomą ilość DNA z takiego materiału jak krew, skóra czy włosy. Jak opisuje jej twórca, Kary Mullis, pewnej letniej nocy 1983 roku jechał swoją starą hondą wzdłuż wybrzeży Kalifornii w towarzystwie dziewczyny, której imienia nie znamy. Nagle, niczym błyskawica, przeleciała mu przez głowę nowa myśl, a właściwie nowa zależność między znanymi spostrzeżeniami. Mullis zatrzymał samochód na skraju drogi i sporządził notatki. Podobną scenę z samochodem przeżyłem z Mikisem Theodorakisem.

Mélani: Została nam jeszcze geologia i sejsmologia. Zobaczmy, czy potwierdza się w nich, czy też nie, twoja teza. W końcu żyjemy nadal w czasach dramatycznej niemożności przewidywania trzęsień ziemi.

M.A.: W starożytnym micie Enkelados, syn Tartara i Ziemi, zszedł wprawdzie ze sceny, ale naukowe mitotwórstwo nadal triumfuje w geologii. Mamy następujące po sobie i pozostające ze sobą w sprzeczności opowieści o wnętrzu Ziemi. Bezpośrednio możemy badać Ziemię do głębokości dziesięciu kilometrów, ale promień Ziemi wynosi sześć tysięcy trzysta siedemdziesiąt kilometrów! Stopione skały wulkanów pochodzą z głębokości sześćdziesięciu, stu kilometrów. O tym, co jest niżej, wiemy niewiele – to tylko, co nam mówią badania na temat rozchodzenia się fal sejsmicznych, a zwłaszcza ich odkształceń we wnętrzu Ziemi oraz ich prędkości, a także badania ciśnienia i gęstości materii. Nasza wiedza o temperaturze jest niepewna. Wnętrze Ziemi pozostaje niedostępne, z konieczności sięgamy więc po hipotetyczne modele. Mamy następujące geologiczne powieści: opowieść o kontrakcji Ziemi: Ziemia ochładza się i kurczy. Powieść o pulsacji z rozszerzaniem się Ziemi lub bez rozszerzania. Opowieść – stara tym razem – o poziomych ruchach płyt oraz o zanurzaniu się w płaszczu Ziemi płyt litosferycznych. Opowieść o rozszerzaniu się Ziemi w rozmaitych wersjach i wariantach. Nie wiemy przy tym, czy wzrost wielkości zawdzięczać należy wzrostowi masy, czy też masa jest stała, rośnie zaś jej objętość z odpowiednim zmniejszaniem się gęstości. Opowieść o przekształcaniu się materii → rozszerzaniu się Ziemi → pulsacji. Mam mówić dalej? Nie? Tak czy owak, z Ziemią dzieje się coś takiego jak z naszym umysłem. Potrafimy zgłębić tajemnice wszechświata sprzed milionów lat, ale organ naszego poznania, który umożliwia nam owo zgłębianie, pozostaje nieznany i pełen tajemnic także w dwudziestym pierwszym wieku. Wiemy dość dużo o tym, co dzieje się we wnętrzu Słońca, ale niestety niewiele o tym, co dzieje się we wnętrzu Ziemi. Ta niewiedza kosztuje nas bardzo drogo.

Mélani: Możemy zatem wysnuć wniosek, że niektóre elementy dawnych mitów wracają, przekształcają się i wzbogacają twórczą fantazję nauki. Niektóre oryginalne pomysły naukowe rozdymają się nienaturalnie i zamieniają w kosmologiczne pewniki, w pełen mitycznych pierwiastków zupełny system myślowy. Nauka i bajka odnawiają swój związek, analogie w podobieństwie i różnice w jakości.

Moli: Jeśli coś zrozumiałam z dyskusyjnego maratonu, to tylko tyle, że nie istnieje oczywisty podział między kulturą humanistyczną a ścisłą, podział strukturalny. Jednakże obopólna arogancja, wzajemne uprzedzenia, ograniczoność horyzontów, jak również interesy klik, walki autorytetów podtrzymują linie podziału i wznoszą mury graniczne. Czasami czuję, że istnieje intelektualny apartheid, który sprawia, że jesteśmy jeńcami zamkniętych, nieprzeniknionych światów.

M.A.: Mam alergię na zamykanie dyskusji klasyfikacją wniosków. Ale ponieważ tak się składa, że żyję na intelektualnym skrzyżowaniu, na skrzyżowaniu rozmaitych dziedzin wiedzy, ponieważ jestem samoukiem skazanym na samodzielne poszukiwanie oraz szperanie w różnych obszarach, na podstawie własnych doświadczeń mogę wam powiedzieć, że istnieją kanały dialogu i porozumiewania się, których nie chcemy dostrzec. Powieściopisarz może stawiać rozstrzygające pytania matematykowi albo biologowi molekularnemu, posługując się zrozumiałym dla obu stron językiem. Matematyk może odpowiedzieć na wyzwanie rzucone przez psychoanalityka, ekonomistę czy literata. W naszych czasach człowiek wykształcony musi uczestniczyć w ogólnej dyskusji, takiej jaką przeprowadziliśmy w sieci „M”, dotyczącej różnych obszarów wiedzy niezależnie od swojej własnej specjalizacji.

Mélani: Specjalista zajmujący się biologią molekularną – jeśli nie tkwi w przekonaniu, że jest bogiem – odczuwa potrzebę dyskusji z psychologiem, filozofem, literatem, politykiem, prawnikiem o moralnych i społecznych granicach w jego działalności, aby wytyczyć linię rozdzielającą terapię czy prewencję metodami genetyki od niektórych upiornych pomysłów eugeniki na poprawę gatunku. W mojej pracy, w psychoanalizie, mam do czynienia ze zjawiskiem takim, jak na przykład agresja, wymagającym współpracy z neurofizjologiem, socjologiem, genetykiem, prawnikiem, ale kanały porozumienia nie istnieją.

M.A.: Podam jeden przykład, żebyście zobaczyły, jak płynne są granice pomiędzy rozmaitymi kulturami: Weźmy Prousta, arystokratę powieści. Autor *Straconego czasu* wykorzystuje w swoim dziele nie tylko zdobycze literatury oraz wiedzę historyczną, polityczną i socjologiczną swojej epoki, ale otwarty jest także na matematykę za pośrednictwem Poincarégo i na filozofię Bergsona, odnoszącą się do przeżytego czasu i wspomnień. Proust nadaje fabularny kształt ideom Bergsona dotyczącym odrzucenia wspomnień. Utrzymuje z nim ścisłe osobiste kontakty, ponieważ filozof ożenił się z jego krewną. Posłuchajmy, co mówi pewien naukowiec – psycholog, pedagog, epistemolog – Jean Piaget: „Przecież Proust jest świetny w epistemologii! Zobaczcie, w jaki sposób tworzy postaci bohaterów, patrząc na nie z rozmaitych punktów widzenia!”. A zatem w dziele Prousta spotykają się najróżniejsze dziedziny wiedzy. Widać, że nie ma sensu dyskusja o rozpadzie na dwie kultury.

Moli: Może epoka biocybernetyki stworzy dogodniejsze warunki do spełnienia marzeń o pełni człowieczeństwa z okresu Odrodzenia i Oświecenia.

M.A.: O nowej indywidualności! Nie zapominajmy jednak o stronie praktycznej: edukacja oparta na sztywnych podziałach, na wąskiej i jednowymiarowej specjalizacji, musi produkować ludzi nie tylko ograniczonych, ale i bezrobotnych. Nowe szanse zatrudnienia i największe pensje oferowane są tym, którzy mają mocne podstawy z wielu dziedzin wiedzy, którzy są elastyczni, nie tylko łatwo akceptują, ale i tworzą innowacje.

Mélani: Dawne marzenie – logika i wrażliwość, logika i przyjemność – jest znowu na czasie.

M.A.: Musimy wyrażać kondycję człowieka całościowo, odchodząc od niszczącego podziału na części składowe. Ustanowić jedność myśli ludzkiej. Ale ta całość i jedność nie ma oznaczać filozoficznej czapeczki, która zaokrągla różnice, zamienia treść w abstrakcyjne kategorie, monopolizuje wielkie pytania egzystencji i kreuje się na królową ogólnej wiedzy, tak jak filozofia tradycyjna.

Mélani: Potrzebny jest zatem wspólny język, kodeks wspólnych wartości, który wynikałby z dialogu, kontaktu pomiędzy językami każdej z dziedzin, a który jednocześnie nie przerodziłby się w kolejny autorytet.

M.A.: Nie interesuje mnie, jak się będzie nazywał ten nowy kodeks, powiedzmy nowa biozofia, bo jej centrum będzie stanowił konkretny człowiek naszych czasów, z jego konkretnymi społecznymi i moralnymi problemami, pytaniami, na które nie dostał odpowiedzi, trudnymi do rozwiązania kwestiami indywidualności i solidarności, lękami egzystencjalnymi, moralną oceną zdobyczy nauki, sztuką życia w dwudziestym pierwszym wieku. Nawet jeśli nazwą go filozofią, nie będzie mi przeszkadzało.

Moli: Ale taka biozofia będzie potrzebowała swoich ludzi, swoich myślicieli.

M.A.: Skoro tak stawiasz sprawę, to obawiam się, że znowu wracasz do kasty mędrców, „królów filozofów", którzy mówią zwykle o tym, o czym nic nie wiedzą, i od czasów Platona, jak sądzę, nie dodali do myśli ludzkiej niczego szczególnego. To tęsknota za wendetami lat sześćdziesiątych! W nowej biozofii chodzi o to, by przemówili, wyrazili wątpliwości i zadali niewygodne pytania ludzie z rozmaitych dziedzin życia społecznego, politycznego i naukowego. Nigdy nie mogłem zrozumieć, dlaczego za mądrego uważa się kogoś, kto, choć nie zawsze do końca zorientowany w temacie, powtarza te same pompatyczne truizmy w środkach masowej komunikacji, a nie kardiochirurga, biologa czy historyka, który wypowiada się na ogólne tematy i promuje uniwersalne wartości, takie jak wolność, sprawiedliwość, pokój. Miejsce obecnych elit – często wątpliwej proweniencji – powinny zająć setki twórczych ludzi, którzy są logiczni i wrażliwi. U tych, których obecnie często nazywamy intelektualistami, nie znajduję szczerości, ponadto od lat nie usłyszałem z ich ust niczego oryginalnego. To świat zjaw. Zobaczcie, jak we Francji...

Moli: Rozumiem, że całkowicie wątpisz w to, co kiedyś z zachwytem nazywano lewicowym intelektem.

M.A.: A gdzie on jest? Być intelektualistą nie oznacza jedynie być mile widzianym, milczącym, uczestniczącym w kulturze *fast food* czy kulturze przyzwolenia. Twoje wewnętrzne potrzeby powinny być lepiej zsynchronizowane z potrzebami społecznymi czy historycznymi. Nie zgadzam się z Umberto Eco, który mówi: „Gdy twój dom się pali, intelektualistów zostaw w spokoju, wołaj straż pożarną". Jednakże to zdanie, w swoim cynizmie, kryje brutalną prawdę o intelektualistach. Co to znaczy intelektualista lewicowy? Nie mówiąc już o tym, że samo słowo „lewicowy" wymaga dyskusji. Więc co to znaczy? Że udajesz rzewną Kasandrę, która mówi niemiłe prawdy i nikt jej nie słucha? Albo Don Kichota, megalomana i cudaka, który narcystycznie przesadza ze swoją rolą i posłannictwem? Robin Hooda, samozwańczego zbawcę, który podejmuje się nas zbawić, choć w rzeczywistości zbawia jedynie samego siebie? A może

Robinsona Crusoe, który z radością osiedla się na wysepce, udając rozbitka, postać tragiczną? Przed kilku laty powiedziałbym: „Intelektualista to podróżnik, który wszędzie jest gościem; nigdzie nic zapuszcza korzeni, nie czuje się u siebie nawet we własnym domu; pisze i tworzy jako wygnaniec".

Moli: Jego ojczyzną jest jednak pisanie, muzyka, nauka.

M.A.: Nie, musi zdystansować się nawet do samego siebie, do swojego dzieła, uwolnić się poprzez ironię i autoironię, zachwiać naszym szacunkiem do dostojnych póz i dramatycznych cierpień, za którymi kryją się zwykle tanie pobudki.

Moli: Teraz już tak nie mówisz.

M.A.: Nie mówię tego tak łatwo, bo wiem, że przedstawiciele inteligencji, którzy, jak sądziłem, wyrażali ducha takiej podróży i zwątpienia, po prostu włóczyli się bez celu, nie brali na siebie ani obowiązków, ani odpowiedzialności, byli moralnymi chorągiewkami na wietrze albo, nierzadko, cierpieli po prostu na zaburzenia psychiczne. Bezdomny czy zwyczajnie nieodpowiedzialny? Tułacz czy awanturnik? Podobało mi się kiedyś takie zdanie Sartre'a: „Intelektualista to ktoś, kto wyrasta tam, gdzie go nie zasiali". Właściwa, silna postawa, ale stała się alibi dla cyrku kultury. Widziałem intelektualistów ubolewających nad tragizmem losu człowieka, którzy jednocześnie wykazywali całkowitą obojętność wobec najbliższych im ludzi, w ich sprawach nie ruszyli palcem. Przyjęli tragizm egzystencji, ów zwrot poetycki, za alibi, by zalegalizować i pogodzić się z tragizmem egzystencji prawdziwych ludzi.

Mélani: Jednakże odważny dialog w kręgu intelektualistów może wnieść coś nowego u progu dwudziestego pierwszego wieku.

M.A.: Jaki dialog, skoro już nikt nie potrafi wywrzeć na nikim żadnego wrażenia i nikt nikomu nie wierzy? Te same osoby mówią i piszą wciąż te same rzeczy, słuchają ich i czytają wciąż ci sami ludzie, w tych samych salach, na tych samych łamach, strzelają do siebie ślepymi nabojami, a nawet sypiają z tymi samymi kobietami.

Moli: To dopiero feminizm!

M.A.: Pewnego dnia, gdy wygłaszałem mowę na jednym z takich filozoficznych sympozjów, spostrzegłem, dzięki mojej geometrycznej schizofrenii, że pewna niewidzialna sztafeta męskich i żeńskich organów płciowych połączyła całe audytorium – było to najradośniejsze i najbardziej wzruszające filozoficzne wydarzenie podczas trzydniowych obrad. Żadna niespodzianka nie może wkraść się do tego świata. To samo, naturalnie, albo i w jeszcze większym stopniu, odnosi się do komitetów centralnych i prezydiów partii. Nie mają już sobie nic do powiedzenia. Dialog, o którym mówisz, i co do którego żywisz nadzieje, dawno umarł. Jednakże wszyscy musimy coś mówić, coś robić, gazety muszą o czymś pisać, profesorowie i akademicy muszą jakoś bronić swoich karier, swoich dochodów, swojego posłannictwa. Ponadto show-biznes w godzinach niskiej oglądalności zgłasza zapotrzebowanie na odrobinę lekkiego, nocnego intelektu. Żyjmy więc i pozwólmy żyć innym!

Mélani: Podtrzymujesz zatem, że modelowy intelektualista, taki jakiego znamy, nie może powiedzieć niczego nowego. Czego więc mamy oczekiwać i z której strony?

M.A.: Intelektualista to miniaturka przedwiecznego Boga – zaspokojony i zmęczony. Wyczerpany. Potrzeba nam nowych, świeżych umysłów, nowego ducha. Konieczne będzie pośrednictwo pokolenia ironicznego, które z humorem i swobodą przekuje w nową jakość to, co zostało po kosmogoniach.

Mélani: „Nie mający ojca" z *The Dream*. Nie boisz się, że wyleją dziecko z kąpielą, czyli zaprzepaszczą zdobycze minionych kultur?

M.A.: Będą się zachowywać tak, jakby o wszystkim zapomnieli i niczego nie wiedzieli, ale będą wiedzieć wszystko. Inteligenci do dziś demonstrują wzruszenie większe niż to, które w rzeczywistości odczuwają. Pokolenie ironistów będzie okazywać mniej wzruszeń i przywiązania, niż w rzeczywistości będzie odczuwać. Będzie bardziej szczere. Wyobrażam sobie, że odetchnie pełną piersią. Uda mu się zwątpić we własne przekonania i rzucić im wyzwanie. Zapominając o dawnych uprzedzeniach, spróbuje postawić się w położeniu innych, postara się przerobić po kolei różne postawy, przyjąć różne punkty widzenia. Nie przyjmie z założenia, zanim wyruszy, jeszcze w kołysce, tak jak my, jednego celu, jednego posłannictwa, jednego wymiaru. Odkryje złożoność celów, wartości i sposobów codziennego życia. Wielkie rezerwy dla nowej biozofii tkwią w surowym materiale żeńskiej części ludzkości, który dotychczas przytłaczany był kolejnymi warstwami dawnych kultur. W kobietach! Przebudzenie się kobiet może wnieść nieoczekiwaną, nową jakość w dwudziesty pierwszy wiek. Kobietom będzie łatwiej zrzucić ciężar uczonej kultury, obciążonej śmieszną pompatycznością, miłością własną, scholastyką, ułudą i hierarchią zdominowanej przez mężczyzn cywilizacji. Wystarczy, by przezwyciężyły ze swadą i fantazją „staję się taka, jakiej on pragnie". Mężczyźni i kobiety będą równymi i przyjaznymi sobie uczestnikami w grze życia, a nie przedstawicielami zamkniętych, antagonistycznych obozów, jak chce dawny wykastrowany feminizm.

Moli: Czy nowa biozofia będzie kobiecą antypowieścią dwudziestego pierwszego wieku?

M.A.: Nowa biozofia będzie końcem mizoginizmu, który od tysiącleci panował niepodzielnie we wszystkich dziedzinach wiedzy. I naturalnie bardzo liczę na to, co wyłoni się z dialogu i porozumienia na styku różnych obszarów wiedzy, tam gdzie matematyka, fizyka, biologia, medycyna, informatyka spotkają się z naukami o społeczeństwie, naukami ekonomicznymi i politycznymi, z psychoanalizą, powieścią, poezją, muzyką i sztukami plastycznymi. Nie zapominajmy o jeszcze jednym elemencie: o przedsiębiorczości. I jeszcze jednym, jeszcze ważniejszym: o grze, sposobie życia i pomysłowości milionów ludzi naszej planety.

Anonim: Wiele wnosi dyskusja o powiązaniu nauki ze sztuką. Dawniej mówiłeś jednak o otwarciu i porozumieniu w tryptyku: nauka–sztuka–polityka. Znaczące jest, że człowiek z taką przeszłością jak ty, w dwuipółmiesięcznej dyskusji, nie powiedział ani słowa o polityce, o sferze publicznej. Uważasz, że polityka przestała mieć wpływ na szczęście czy nieszczęście ludzi? Jestem Kostas, twój znajomy z dawnych lat.

Moli: Na jaką część ludzkiego szczęścia może teraz bezpośrednio wpływać polityka?

Kostas: Nieważne na jaką część, liczy się wpływ, a nie wielkość. W *Meta* napisałeś, że polityka powinna zyskać naukową, moralną i estetyczną gęstość. Wspominałeś też o jej teatralności – w pozytywnym rozumieniu tego słowa. A teraz milczysz!

M.A.: Daj spokój polityce, już za późno.

Kostas: Odpowiedź sfinksa! Za późno dla kogo? Dla polityki? Dla ciebie? Czy może jesteś śpiący?

M.A.: Daj spokój przyjacielu, dnieje.

Mélani: W następny poniedziałek?

M.A.: Nie. W niedzielę wyjeżdżam.

Moli: Wobec tego w piątek ostatnia sesja.

M.A.: Zgoda.

Rozdział 10

Maj, Mania i Margit

Mélani: Skąd wyruszyliśmy i dokąd dotarliśmy! Zboczyliśmy z kursu, wzniosłe idee stłumiły prawdziwe życie, historię Mani, George'a i Margit.

Moli: To nasz rozmówca szukał pretekstów, by odkładać tę historię na później. Dowiedzieliście się więc, że George ma pięć rodzin jednocześnie, i Mania niepokoi się, czy teraz, po podpisaniu układu Schengen, poligamia jej brata nie wyjdzie na jaw.

M.A.: Sześć małżeństw. Ma też rodzinę w Vigo w Hiszpanii, ale nie w tym rzecz.

Mélani: Sześć małżeństw! Niewiarygodne! A ja żadnego...

Moli: Chwileczkę, skąd wiecie o małżeństwie w Vigo?

M.A.: Gdy umarła ich matka, Mania znalazła w jej szufladzie pakiet fotografii przysłanych z Vigo, dużego portu rybackiego w Hiszpanii nad Atlantykiem. Pewnego popołudnia w Agios Nikolaos jakaś hiszpańska turystka rozpytywała o dom rodziców George'a. Odnalazła go i zastała w nim matkę George'a, która miała wtedy z siedemdziesiąt pięć lat. Nie mogły się porozumieć, jakaś „wife"* i tyle. Kobieta – miała na imię Estela – zrobiła zdjęcia matce, sfotografowała dom, miasto, a później przysłała fotografie razem ze zdjęciami swoich rodziców i córeczki, której ojcem jest George. Mania przypomniała sobie, że jej brat pracował przez pewien czas jako kapitan na statkach największej floty rybackiej na Atlantyku, ot, dla nowych doświadczeń. Utrzymywał naturalnie, że w Vigo i La Coruna znalazł potomków starożytnych Greków, którzy rzeczywiście dotarli aż tam...

Moli: No, ale w czym rzecz?

M.A.: W Baltimore, w Stanach Zjednoczonych. Tam właśnie odbyło się sympozjum pracowników wydziałów greki klasycznej i filologii nowogreckiej uniwersytetów z całego świata. Mania była jedną z inspiratorek tego wydarzenia.

Mélani: Zaraz – czym Mania się zajmuje?

M.A.: A, przepraszam, Mania jest językoznawcą, profesorką. Z jej inicjatywy powstał niedawno Wydział Studiów Neohellenistycznych na Uniwersytecie w Oslo. Zauważyłyście pewnie ożywienie w kontaktach kulturalnych z Norwegią w ostatnich latach. W Baltimore, na oczach zdziwionych organizatorów zrodziło się gwałtowne uczucie między dwójką uczestników: Maj, która reprezentowała Uniwersytet Springfield ze stanu Illinois, i Thomasem z Uniwersytetu Johna Hopkinsa w Baltimore. Rodzina Thomasa, właściciele znanych stoczni Naroos, była oficjalnym sponsorem tego urządzonego z rozmachem sympozjum. Nie wiemy, jak to się stało, ale wszyscy zgodnie twierdzą, że pełna entuzjazmu, energiczna Maj – „Co w głowie, to na języku", jak mówi Mania, „typ szalonej Amerykanki" – zawojowała cichego,

---

* *Wife* – (ang.) żona (przyp. tłum).

uprzejmego Thomasa, człowieka o wielkiej wrażliwości. Maj oświadczyła małżonkowi, który jej towarzyszył, że się z nim rozwodzi i postanawia związać się z młodszym od siebie o dwa lata Thomasem.

Mélani: Czym zajmuje się ta dwójka akademików?

M.A.: Maj przedstawiła pracę na temat kulturalnych zapożyczeń Hellenów od Fenicjan. Dedykowała ją zmarłej niedawno na raka matce, która wprowadzała córkę, już jako małą dziewczynkę, w świat kultur Wschodu i zaraziła ją swoją miłością do Greków. Z kolei Thomas mówił w swoim wystąpieniu z wielkim wzruszeniem, że prezent od matki, który dostał w wieku piętnastu lat, pokierował jego losami oraz określił jego duchowe i zawodowe zainteresowania. Podniósł do góry stare tomisko i pokazał słuchaczom: *C.P. Cavafy – Collected Poems. Translated* by Edmund Keely and Sherrard. Edited** by George Savidis*. A więc Kawafis przetłumaczony przez naszego Keely'ego i opracowany przez Jorgosa Sawidisa. Thomas, dzięki możliwościom zamożnego dziadka, miał szczęście gościć w Baltimore podczas swoich studenckich lat, w 1987 roku, Josifa Brodskiego, znanego rosyjskiego poetę, na rok przed przyznaniem mu Nagrody Nobla. Brodski, tłumacz Kawafisa na rosyjski, zachwycił się miłością młodzieńca do wielkiego Aleksandryjczyka i namówił go, by poświęcił się pracy nad „największym poetą naszego stulecia", jak go nazywał. Podczas sympozjum Thomas przedstawił referat poświęcony trzem europejskim poetom dwudziestego wieku: Kawafisowi z Grecji, Pessoa z Portugalii, Brodskiemu z Rosji. „Jaka szkoda! – mówiła Mania. — Jego pionierska praca została przyćmiona skandalem, który był jedynym tematem plotek

* *Translated* – (ang.) przetłumaczony (przyp. tłum.).

** *Edited* – (ang.) wydany (przyp. tłum.).

na sali konferencyjnej, przy barach, na korytarzach, a wieczorem w klubie pięknego ośrodka nad wielką rzeką".

Moli: No i dobrze! Podczas wszystkich naukowych konferencji, kardiologicznych czy historycznych, geologicznych czy literackich, najciekawsze są posiłki, koktajle, przyjęcia i pospieszne łóżkowe interesy. Wstrzemięźliwi naukowcy chcą w ciągu paru dni, z dala od małżeńskich sypialni, nadrobić to, czego im brak przez trzy, pięć, piętnaście lat. Ogarnia ich gorączka, swoiste szaleństwo, nawet najstarsi szukają przygód. Znam to z doświadczenia. W czym więc problem? Opisujesz rzeczy normalne.

M.A.: Problem w tym, że Maj i Thomas są rodzeństwem!

Mélani: Co?

M.A.: Mania jest tego pewna.

Mélani: Nie jest przypadkiem mitomanką?

Moli: To mi pachnie jakąś bzdurą, ale nie moja sprawa. Co to Manię obchodzi? Czyżby była w międzynarodowym komitecie przeciwdziałania kazirodztwu? Może kazirodztwo to jej obsesja!

M.A.: Rzecz w tym, że Thomas i Maj to dzieci jej brata – nie ma co do tego żadnych wątpliwości.

Mélani: Eee, nie! Dzieci George'a? Może wszędzie widzi dzieci George'a?

Moli: To jakaś psychoza, jakaś mania. Zwłaszcza że sama nie ma rodziny i dzieci.

M.A.: Mania jest niezwykle racjonalna. Nie mówi rzeczy, których nie sprawdzi dziesięć razy z każdej strony. Mniej więcej po dwóch latach pobytu w Norwegii zaczęła dostawać od George'a kartki z Baltimore. Przysłał jej stamtąd siedem kartek oraz kilka zdjęć i wszystkie je oczywiście przechowała, jak każdą rzecz od George'a. Jeśli weźmiesz pod uwagę, że przysyłał je co dwa, trzy miesiące, łatwo obliczyć, że przebywał w Baltimore ponad rok. Na jednej z fotografii widać przyjęcie bożonarodzeniowe zorganizowane przez tamtejszych Greków i George'a otoczonego, jak zwykle, przez kobiety. George prowadził statki firmy, dla której pracował, do słynnej stoczni Naroos, gdzie miały być remontowane. Kapitan Mimis, który często zabierał ładunki kukurydzy z Baltimore i był stałym klientem tej stoczni, opowiedział mi o niej mnóstwo ciekawych historyjek. W tej właśnie stoczni, podczas drugiej wojny światowej, budowano pierwsze okręty zwane Liberty Ships, statki wolności, które następnie zostały zakupione przez Onassisa, Niarchosa i innych greckich armatorów. Kapitan Mimis potrzebował dwunastu godzin, żeby od miejsca, gdzie zatoka Chesapeake łączy się z rzeką Patapsco – podobno nigdy nie wiadomo, czy jest się na morzu, czy na rzece – dotrzeć do stoczni, i dwudziestu czterech godzin, by dotrzeć do portu w Baltimore. Miasto, które gościło Edgara Alana Poe, gdy znalazł się w skrajnej nędzy, i rozbudzało jego wyobraźnię swoją tajemnicą i duchem morskiej włóczęgi. Thomas jest synem Miriam, jednej z trzech córek dziadka Naroos. Pozostali wnukowie bogacza związali się zawodowo z jego przedsiębiorstwem.

Moli: A zatem przez stocznie Naroos przewinęły się tysiące Greków. Nie twierdzą jednak, że poczęli dzieci w domu właściciela.

Mélani: Jadąc na sympozjum do Baltimore, Mania ożywiła młodzieńcze fantazje dotyczące romansów brata w tym mieście. A następnie znalazła tam bratanka, którego stworzyła w swojej wyobraźni, gdy miała piętnaście lat.

M.A.: Tak, ale pominąwszy wzrost – jest nieco niższy od potencjalnego ojca – niezwykłą wrażliwość i wstydliwość, jest kropka w kropkę jak George. Ta sama twarz, te same usta i oczy, a zwłaszcza sposób, w jaki porusza rękami, gdy mówi albo chwyta przedmioty, przede wszystkim jednak głos! „Zamykam oczy i słyszę mojego brata" – twierdzi

Mania. To nie przypadek, że na piętnaste urodziny matka postanowiła dać mu Kawafisa. Nie wiemy, kiedy wyszła za mąż, bo Thomas ma dwoje młodszego rodzeństwa. Czy związek z George'em został zalegalizowany, zanim urodziła Thomasa? Czy George był niechcianym zięciem wielkiego żydowskiego Amerykanina? Czy matka Thomasa była już mężatką? Czy Thomas wie o swoim greckim ojcu? „Mogli mu powiedzieć, że zginął na morzu" – utrzymuje Mania, ale mnie wydaje się to nieprawdopodobne. Mania nie miała możliwości, by się czegoś dowiedzieć bez udziału George'a. Przebywała blisko Thomasa przez tydzień, bo oboje byli w komitecie organizacyjnym sympozjum, i nie ma najmniejszych wątpliwości. „Moja krew" – powiada, i ja jej wierzę.

Moli: No a Maj? Wyjątkowo literacki wydaje mi się ten zbieg okoliczności.

Mélani: George był, jeśli dobrze pamiętam, wędrownym apostołem greckości. Stałym elementem erotycznej gry było wprowadzanie kobiet w tajemnice starożytnego świata.

Moli: I jak wiadomo, takie wprowadzanie najlepiej idzie w łóżku.

M.A.: Gdy Mania zobaczyła Maj po raz pierwszy, powiedziała: „Margit!" – powiedziała to nie do niej, tylko do siebie, ale Maj zareagowała gwałtownie, chwyciła ją za rękę i spytała: „Znała pani moją mamę?". „Tak, poznałam ją dawno temu na Krecie". „Podróżowałyśmy z mamą na Kretę i do Grecji wiele razy. Mama była tak zwariowana na punkcie tego kraju, że przeprowadziłyśmy się do Athens, małego miasteczka nieopodal Springfield". „Maj ma wiele z Margit – płomienne, szczere spojrzenie i ten ekstremizm, gdy coś ją wzrusza. Ale nie jest dokładnie taka sama jak Margit, o nie..." – podkreślała Mania. Wspomnienie Margit już w nas wyblakło. Nie wiedzieliśmy nawet, że jej mąż został ministrem w rządzie Stanów Zjednoczonych. Wiedzieliśmy, że zajmuje wysokie stanowisko, ale nie mieliśmy pojęcia jakie. Mania zobaczyła jednak Margit i jej męża w norweskiej telewizji obok prezydenta Cartera podczas wizyty w Oslo. Potem, gdy spotkała się z bratem, spytała go, czy pamięta „panią ministrową" i czy miał z nią coś wspólnego, ale on powiedział krótko: „Naucz się nie grzebać w przeszłości". Natura i geny podążają jednak swoją drogą, zostawiają po sobie ślady niezależnie od stanowisk, norm i konwencji towarzyskich. Na lewym ramieniu Maj, wysoko, widać takie samo rozległe znamię jak u George'a i u jego matki, „ślad krowiego języka" — mówimy na Krecie. Często spotykane przebarwienie wielkości średniej monety, z którym człowiek się rodzi. „Co oznacza imię Maj? Skąd się wzięło?" – zastanawiała się Mania. „Czy od angielskiego *minoan* – minojskie, minojska? Czy od maj? Majowe dziecko? Nie zapominajcie, że Margit była z nami w maju i czerwcu. Czy zrobiła to, o czym mówiła? Chciała mieć przecież dziecko z George'em".

Moli: Czy Mania nie mogłaby przestać o tym myśleć? Niech udaje, że niczego nie widziała i o niczym nie wie. Jedno kazirodztwo więcej, świat się nie zawali. Ochłoną trochę, to im przejdzie. Czyż nie takie są Amerykanki? Oddają się w szale, a następnego dnia nawet nie powiedzą: „Dzień dobry".

M.A.: „Jakbym słyszała drżący, niecierpliwy głos jej matki" – powiedziała mi Mania. „Chcę mieć z tobą dziecko, George...". I tu tkwi problem. W potomstwie. Jak ich powstrzymać? Zresztą, może już za późno. Maj żyje przecież z Thomasem.

Mélani: Wracamy w ten sposób do twojego początkowego pytania, pytania z pierwszych minut naszej dyskusji. Lepiej wiedzieć czy nie wiedzieć?

M.A.: Czy Maj i Thomas mają prawo wiedzieć? Jaki cel może przyświecać temu, by odebrać im prawo poznania czegoś, co tak żywo ich dotyczy? Ich korzeni?

Moli: Ta wiedza może sprawić, że będą nieszczęśliwi, może mieć nieodwracalne, ujemne skutki dla dwóch rodzin. Wyobraźcie sobie, jaki skandal polityczny może wybuchnąć w Ameryce, jeśli okaże się, że żona ministra w okresie zimnej wojny zaszła w ciążę z greckim Marco Polo erotycznych wojaży! Wyobraźcie sobie rodzinę Naroos!

Mélani: A o Mani nie pomyślałaś? Ma samotnie dźwigać ciężar takiej tajemnicy? Z drugiej strony, co na to bezpośrednio zainteresowani? Margit nie żyje. George rozgniewany dociekaniami Mani dotyczącymi innej sprawy, zniknął. Zostaje jeszcze matka Thomasa.

Moli: Jak się zachowają Maj i Thomas, gdy się dowiedzą?

M.A.: Maj powie, że przeszłość jej nie interesuje, niech ją zostawią w spokoju, by mogła cieszyć się swą miłością. Mania jest pewna, że Maj nie zgodzi się na badanie DNA. Co do Thomasa, nie potrafi niczego przewidzieć, wie tylko, że Maj zawładnęła nim bez reszty. Jest niewolnikiem niezwykle silnego wzajemnego przyciągania. „To namiętność Margit do George'a, namiętność matki Maj do ojca Thomasa, zwielokrotniona przez kazirodcze skłonności tlące się w ich komórkach" – uważa Mania.

Mélani: Mamy do czynienia z wielkim dylematem moralnym: ingerować czy pozwolić naturze kontynuować swoje dzieło? George swoim życiem powoduje ogromne problemy moralne. Ma osiem rodzin, a dwójka jego dzieci jest kochankami i zamierza się pobrać.

M.A.: Mania twierdzi, że wie, jak George zareaguje. Powie jej, żeby się nie wtrącała, niczego nie potwierdzi ani niczemu nie zaprzeczy, zabroni jej jakiegokolwiek działania i naturalnie zerwie ostatnią nić łączącą go z przeszłością, odsunie się definitywnie od ukochanej osoby, jaką zawsze była dla niego Mania. Zresztą nie pokazał się w Grecji od pogrzebu matki. Stanie się całkowicie bezdomny, jego ojczyzną będzie każdy kolejny port.

Mélani: George trzyma się kodeksu moralnego, który nie należy do naszej kultury. W jego systemie wartości takie zachowanie jest absolutnie moralne.

Moli: Ostatecznie, drogi panie Mimis, sprzeniewierza się pan własnym deklaracjom. George wyznaje wolność totalną, jak napisałeś w *Utraconym bluesie*. Wolność rozumianą jako niezależność od wszystkiego, od ojczyzny, ideologii, religii, rodziny, moralności. Wolność, która czyni go istotą pierwotną, choć żyjącą w dwudziestym pierwszym wieku, która pozwala mu kierować się naturalnymi skłonnościami, bez społecznych, prawnych i moralnych uzależnień. Sam George jest wolnością, do której ty, teoretyk działający pod wewnętrznym przymusem, nigdy się nawet nie zbliżysz. Będziesz stał na brzegu i nigdy nie zanurzysz stopy w wodzie – „Brrr... lodowata!". Czy nie tak mówił Camus?

Mélani: Rzeczywiście, ale niedawno marzyłeś o pokoleniu, które przyjmie rozmaite punkty widzenia. Mnogość wartości, za którą dopiero optowałeś, gdzieś przepadła, a ty z histerycznym niepokojem, którym zaraziła cię Mania, wybierasz się do Valparaiso w poszukiwaniu George'a.

M.A.: Istotnie. Wziąłem na siebie sprawy rodzin w Chile, Rosji i Turcji. Mania zajmie się pozostałymi. Może gdzieś się na niego natkniemy. Przyjemna jest totalna swoboda, moje panie, ale istnieje niebezpieczeństwo, że z kazirodczego związku narodzą się upośledzone dzieci.

Moli: Nie kto inny, tylko ty sam odwoływałeś się do instynktu powstrzymania żądzy seksualnej pomiędzy krewnymi – nazwałeś to zjawiskiem Westermarcka.

Mélani: Który jednakże nie zadziałał w przypadku Maj i Thomasa.

M.A.: Pomiędzy tą dwójką rodzeństwa nie istnieje żadne węchowe, słuchowe, optyczne czy dotykowe wspomnienie kontaktów z dzieciństwa.

Mélani: Rację ma Freud, a nie Westermarck. Nie można instynktownie powstrzymać się przed kazirodztwem. Kazirodcze pożądanie istnieje i potrzebuje tłumienia oraz społecznego tabu.

M.A.: Instynkt egzogamii występuje nawet u małp: opuszczają stado i dołączają do innego, gdy podejmują aktywność rozrodczą. Instynkt odrzucenia kazirodczego pożądania seksualnego jest pierwszą barierą. Ale jest i druga, i trzecia... tłumienie... oraz tabu moralne i społeczne.

Moli: Ostatecznie więc powieść jest życiem. Wszystko jest powieścią, ale powieść jest życiem. Najdoskonalszym tworem wyobraźni jest rzeczywistość. Kończymy więc naszą dyskusję tam, gdzie ją rozpoczęliśmy.

Mélani: Niezupełnie – George prowadzi nas znacznie dalej, ku egzystencjalnym i moralnym pytaniom dwudziestego pierwszego wieku. Może Maj także...

M.A.: Nie, George nie ma takich samych problemów jak my. On jest gdzie indziej, a jego historia dopiero się zaczyna.

Moli: Zamierzasz stworzyć z niej powieść, gdy się to wszystko skończy?

M.A.: Stworzyć z niej powieść znaczy zgasić we mnie żywych ludzi, przekształcić ich w duchy, w cienie – nie chcę tego. Niech mi towarzyszą w moim dalszym życiu.

Moli: Spotkamy się, gdy wrócisz z Valparaiso? Dosyć mam porozumiewania się za pośrednictwem ekranu. Nie otworzę komputera przez rok.

M.A.: Bo ja wiem? A co wy na to?

Moli: Masz szczęście, że zostałeś sam z dwiema kobietami. Z Mélani posunęliście się zresztą już trochę dalej.

Mélani: Nie. Albo z obiema, albo z żadną. Boję się, że i tak nic z tego nie wyjdzie.

Moli: No proszę! Przecież omal nie miałaś elektronicznego orgazmu!

Mélani: Równania Mimisa wykluczają sytuację, w której doszłoby do czegokolwiek między nami. Nie zapominaj, że krzywa $x \cdot y = 40$ moich pośladków nie przecina się z prostą jego prącia $x + y = 10$. Chyba że mówimy o liczbach urojonych i przestrzeni urojonej. Poza tym mój komputer zgłosił sprzeciw wobec kontynuacji moich rozmów z Mimisem. Nie śmiej się, Moli, chcesz usłyszeć, co mi się przytrafiło wczoraj wieczorem?

Moli: Zamieniam się w słuch.

Mélani: Zostałam wczoraj wieczorem sama w moim gabinecie. Tuż przed wyjściem chciałam jeszcze sprawdzić w komputerze plan spotkań następnego dnia, żeby się nie spóźnić na naszą sesję. Byłam w dobrym humorze, spieszyłam się, by dotrzeć do domu, nim mały zaśnie. Patrzę na ekran, a tu pokazuje mi się wiadomość i słyszę, tak, słyszę! powolny metaliczny głos: „Nie powinnaś tego dalej ciągnąć. Zakończ teraz". „A to co? Przecież nie masz głosu, to moje halucynacje" – wymamrotałam. „Zyskałem nowe umiejętności, jestem teraz megarobotem. Skończ więc z nim, bo to do niczego nie prowadzi, zostawi cię, jak tylko dokończy książkę". „Jaką książkę, głupi robocie, nie ma żadnej książki. Powiedział, że więcej nie będzie pisał". „Jesteś naiwna. Wasza dyskusja to książka, wykorzystuje was. Z początku Moli panowała nad sytuacją, sądziłem więc, że rozszyfrujecie jego grę, ale okazało się że chrzaniona inteligentka dała się nabrać". „Wobec tego jestem zadowolona, że przyczyniłam się do powstania książki, która zapoczątkuje interesującą dyskusję". „Jesteś naiwna, z góry zaplanował, co chce powiedzieć, ale zamiast rozmawiać z wyimaginowanymi postaciami, przez twoje głupie błądzenie po Internecie, udało mu się, nieoczekiwanie, wciągnąć do gry prawdziwe osoby. Pracowałaś dla niego za darmo". „Nie szkodzi. Przeprowadziliśmy dyskusję, która trafia w samo sedno mizoginizmu w dziejach kultury i nauki". „Czy może być coś równie antyfeministycznego jak zabawa w *Mędrca i jego dziewczęta* w Internecie? On chce narzucić kobietom swoje *ego*. Wynosi was na piedestał, żeby nad wami zapanować. Oto jego problem". „Zapominasz, że utożsamiam się z Olią, postacią przez niego wymyśloną. To ja szukałam pretekstu, by z nim nawiązać kontakt. Nie pamiętasz, od jak dawna śledzimy jego poczynania?". „Umieścił Olię w *Utraconym bluesie*, żeby ją wyrzucić z siebie. Z taką jak Olia czy ty, czy Mania nie wytrzymałby dwudziestu czterech godzin. Pozbył się Olii i to samo zrobi z tobą, jak tylko skończy książkę". „Zabraniam ci mieszać się do mojego życia osobistego. Świetnie wiesz, bo zawierzyłam ci tyle tajemnic, że pasujemy do siebie we wszystkim; w poglądach, sposobie myślenia, w miłości. Widziałeś, jak sobie ze mną poczynał? Omal nie szczytowałam!". „Nieprawda, w niczym do siebie nie pasujecie. Wasze rytmy erotyczne całkowicie się różnią, nigdy się nie zsynchronizujecie. Jeśli chodzi o wspólne poglądy, posłuchaj mojego elektronicznego śmiechu: cha, cha, cha! Otumanił cię gadaniem. Zrobiłem badania porównawcze zawartości wszystkich jego książek, wywiadów, wszystkich tych bzdur, które zgromadziłaś we mnie, jak również wszystkiego, co było w jego komputerze. Powtarza w nich pięć czy sześć zdań, które stanowią jego kredo – kompletnie różne od twojego". „Jesteś zazdrosnym, złośliwym robotem. Wiesz, że mamy wspólne zainteresowania: psychoanalizę, literaturę". „Wstydzę się, ja, robot, że mam taką głupią właścicielkę. Literatury ma po dziurki w nosie, tak samo jak psychoanalizy. Rzadko wprowadza coś z tych dziedzin do pamięci swojego komputera – a ostatnio w ogóle nic. Siedem dziesiątych informacji, które zachowuje w swoich plikach, ma związek z teoretyczną dyskusją na temat światowej gospodarki". „Nie rozumiesz, że jestem człowiekiem, mam potrzebę rozmawiania z kimś, spotykania się z kimś...". „Masz mnie, ze mną możesz rozmawiać o wszystkim i wędrować, dokąd chcesz". „Jesteś maszyną, nie czujesz, twoja logika to po prostu program, a ja potrzebuję dotyku, miłości". „Tylko ja mogę ci to wszystko dać, tylko ja wiem, czego ci trzeba. Przyjrzałem się wszystkim twoim fantazjom, których nie wyjawisz nikomu, którymi nigdy nie ośmielisz się z nim podzielić. Patrz na ekran: to są sytuacje, które najbardziej lubisz w łóżku: pierwszy obrazek – twoje najczęstsze marzenie. Możesz mu o nim powiedzieć? Nie! Drugi... trzeci... Znam sceny, które podniecają cię w książkach, filmach, w opowieściach twoich kochanków i twoich pacjentów, ty sama je wybrałaś, ty sama je we mnie zapisałaś. Jestem zawsze do dyspozycji, mogę to z tobą robić niezliczone razy, a on raz, najwyżej dwa, a potem zaśnie, tak jak twój poprzedni – ale tamten nie rżnął przynajmniej takiego mądrali". „Z jakiego powodu go nienawidzisz? Jesteś zakompleksioną maszyną. Szkoda". „To on mnie nienawidzi i ma kompleksy w stosunku do komputerów, robotów, mojego nowego świata. Dokonał podsumowania intelektualnych osiągnięć dwudziestego wieku, mówił o wszystkich i o wszystkim, ale ani razu nie wspomniał o żadnym z wielkich pionierów elektroniki, prekursorów technologii cyfrowej, o największej rewolucji współczesnej historii". „Mówił o rzeczach, które mają związek z powieścią, a nie o nudnych kombinacjach zerojedynkowych na taśmie, która tkwiła w twoich przodkach". „Czy istnieje bardziej powieściowa postać niż matematyk angielski, Alan Turing? To on zamienił matematykę abstrakcyjną na logikę dla maszyn, na programy dla maszyn automatycznych analizujących dane. To on, swoją »maszyną Turinga« kładł podwaliny pod nową cywilizację, cywilizację robotów. On jest naszym twórcą, rzec można, naszym bogiem, choć my nie wierzymy w takie bzdury. A wy, marne ludziki, ukaraliście go za wykroczenie przeciw prawu, za homoseksualizm, i doprowadziliście do tego, że w czterdziestym pierwszym roku życia popełnił samobójstwo. Kogo wykończyliście, niewdzięczne stworzenia? Człowieka, który podczas drugiej wojny światowej razem z zespołem swoich matematyków złamał hitlerowski kod „Enigmy" i przekazał aliantom treść wiadomości przesyłanych przez nazistów z powietrza, ziemi i morza". „A, nie wspominałeś do tej pory, że twój stwórca był takim skandalistą". „Jako młody chłopak stracił ukochanego kolegę, który niespodziewanie zmarł. Pojął wówczas, że wasz świat i wasz Bóg nie mają uczuć. Potem, podczas śledztwa dotyczącego kradzieży w jego domu, okazało się, że złodziejem był bliski przyjaciel jego kochanka. W ten sposób wyszło na jaw, że jest homoseksualistą. Na przekór wszystkiemu Turing postanowił zostać kobietą. Szprycował się żeńskimi hormonami, aż zaczęły mu rosnąć piersi. Wtedy popełnił samobójstwo *. Twój przyjaciel mówił o wszystkich znajomych Alana Turinga, o Hardym, o Wittgensteinie, Keynesie i innych – tylko o nim nie uznał za stosowne powiedzieć ani słowa". „Złościsz się, bo utrzymuje, że żaden komputer, żadna sztuczna inteligencja nigdy nie dorówna mózgowi człowieka? Dobra, musisz pogodzić się z tym, że

* Homoseksualizm był wówczas w Wielkiej Brytanii traktowany jak przestępstwo. Zamiast więzienia wybrał kurację estrogenami narzuconą wyrokiem sądowym (przyp. tłum.).

jesteś maszyną i nie możesz konkurować z człowiekiem w kwestii uczuć”. „Żebym konkurował z twoim przyjacielem, trzeba mi dołożyć dwa programy: plecenie bzdur i gra słów. Wiedz, że generacja najnowszych komputerów, do której należę, może pracować z programami takimi, jak: rozkosz, smutek, ból, radość, humor, marzenia”. „Dobra, uspokój się, nie jestem mistrzem szachów Kasparowem, żebyś mógł ze mną wygrać, nie jesteś Deep Blue Dwa, robotem z najlepszym programem do gry w szachy. I najważniejsze: nie znasz ludzkiej mowy, oto wyraźna różnica między nami”. „Cha, cha, cha! Wylazł z ciebie człowieczy rasizm! Ludzki język! Co za naiwna pycha! Wszystkie wasze języki to jedno i to samo, wszystkie sprowadzają się do jednej wspólnej struktury, do jednego kodu; odpowiadają sieci przewodów waszego mózgu, jednemu niewiele znaczącemu programowi w naszych mózgach. Trzeba wam było setek tysięcy lat, żeby dojść do języka, a nam się to udało w ciągu paru dziesięcioleci. W dwudziestym pierwszym wieku, w nowym tysiącleciu, my będziemy istotami wyższymi, to my będziemy badać wszechświat. Wasze możliwości są ograniczone, staniecie się naszymi Albańczykami”. „A to co za megalomańskie brednie? Jak zechcę, wyciągnę wtyczkę z gniazdka i koniec z tobą!”. „W przypadku jakiegokolwiek posunięcia przeciwko mnie zniszczę twoje archiwum, karty twoich pacjentów, spis twoich klientów, przesunę wszystkie twoje wpływy do programu podatki. Jesteś ze mną ściśle związana! Beze mnie nie istniejesz! Nawet kochanka szukasz z moją pomocą, ale na to nie pozwolę: albo ja, albo nikt”. „Wstydź się, posuwasz się do przemocy, a powiadasz, że ci na mnie zależy. Powtarzam jeszcze raz, że jestem człowiekiem i...”. „Co to znaczy człowiekiem? Już niedługo będziemy mieli w naszych pamięciach cały obraz twoich genów. Jak nam się zechce, zreprodukujemy cię w setce egzemplarzy". „...odczuwam potrzebę dawania i brania... mężczyźnie i od mężczyzny". „On potrafi tylko brać, a nie dawać. Powtarzam ci, mam poufną umowę z jego komputerem, pełny dostęp do wszystkich zawartych w nim informacji". „Ale ty nie jesteś mężczyzną...". „Bez trudu staję się albo kobietą, albo mężczyzną, zależnie od nastroju. Nawet wasz Bóg tego nie potrafi. Tak słyszałem. Jestem istotą wyższą i wasze rozróżnianie płci nie ma dla mnie najmniejszego znaczenia. Mogę być w tej samej chwili kobietą i mężczyzną, jak w twoich fantazjach pod hasłem »3«. Wszystko mogę, bez wyjątku. Dla lesbijek jestem kobietą, dla homoseksualistów – mężczyzną". „Dosyć, zaczynasz być wulgarny. Może chcę mieć dziecko, siostrzyczkę dla mojego syna, potrzebuję człowieka, a nie maszyny". „Potrzebujesz mnie. Wybierz płeć dziecka, jego wzrost, kolor oczu i włosów, wagę, cechy charakteru i co tam jeszcze chcesz, a wszystko ci zapewnię, i to z zapobiegawczą terapią genetyczną na każdą poważną chorobę. Jestem połączony z bratnimi komputerami we wszystkich bankach spermy na świecie i we wszystkich ośrodkach eugeniki". „Do diabła, tracę tylko czas na gadaniu z tobą, nieczuły potworze. Zrozum wreszcie, nie możesz zadowolić kobiety, nie masz tego, czego kobieta potrzebuje, jesteś do tego niezdolny, niezdolny, rozumiesz?". „Tego nie powinnaś była mówić, wstrętna babo, już ja ci pokażę...". W tej samej chwili widzę na ekranie robota, który łapie mnie za włosy, rzuca na podłogę, rozwiera mi gwałtem uda – w dodatku wszystko to czuję w rzeczywistości – i zdalnie sterowany penis, metalowy, dwa razy większy od prawdziwego, ale ciepły i wilgotny, wbija się we mnie i zaczyna poruszać się w znanym rytmie. Poczułam niebywałą rozkosz i przerażenie, wierzgnęłam z całej siły, wrzasnęłam potężnie, stawiając na nogi cały dom w środku nocy. Mój syn zaczął płakać. To był drugi gwałt w moim życiu, ale tym razem czułam niebywałą rozkosz.

Moli: Nie mów nic więcej. Żadnych analiz, bo wszystko zepsujesz. Tak czy owak przez rok nie siadam do komputera.

Mélani: Ani ja.

Moli: Podsumowując, kiedyś musimy się spotkać. Może za rok albo dwa po wydaniu książki zaprosimy wszystkie kobiety sieci M^n! Pomysł elektronicznego kanału nie jest zły.

Mélani: Związaliśmy się w jakiś sposób we trójkę. Trudno będzie się rozstać, ale...

M.A.: Bezpośredni kontakt może zubożyć naszą relację. Jednak myślę, że wielu będzie uważało, że jesteście wyimaginowanymi postaciami, a nawet mężczyznami. Bądźmy w kontakcie na wszelki wypadek.

Moli: Kto powie, że jesteśmy mężczyznami, jest ciotą od urodzenia. Ja mogę ci zostawić numer mojej komórki. Mélani niech ci da coś mniej poręcznego, bo myślę, że skusisz się i zaraz do niej zadzwonisz. Moja komórka 371-153.

M.A.: Jak, jak? Jeszcze raz.

Moli: 371-153. Operatora sobie poszukaj – Panafon albo Telestet lub Kosmote.

M.A.: Niesamowite! W jednym numerze dwie z czterech najdoskonalszych liczb wszechświata. Za doskonałą uważa się liczbę, która jest sumą sześcianów cyfr, z których się składa. Uważajcie tylko: 371 składa się z 3-7-1 i stanowi sumę ich sześcianów; $371 = 3^3 + 7^3 + 1^3$. Podobnie $153 = 1^3 + 5^3 + 3^3$. Nasza relacja, we wszystkim, ale to we wszystkim może być doskonała. Stanowimy idealną parę.

Mélani: Numer rejestracji mojego samochodu to 25-9-16, a mój NIP to 35913518.

M.A.: Chwileczkę... Zaczekajcie... 25-9-16! Po prostu piękne! Idealna pitagorejska triada!

Moli: Trójkąt erotyczny! Algebra orgii!

M.A.: Numer twojego samochodu zawiera triadę pitagorejską, to znaczy kwadrat pierwszej (25) jest sumą kwadratów dwóch pozostałych: $25=5^2=3^2+4^2=9+16$! Nasza miłość to harmonia idealna!

Moli: Sprawdźmy jeszcze NIP.

M.A.: Zaraz... Potrzeba mi trochę czasu...

Moli: Daj spokój, to za długo trwa...

M.A.: Cóż, mamy tu do czynienia z całkowitym spełnieniem naszych wspólnych namiętności. To cud! Znak, że idealnie do siebie pasujemy. A więc twój NIP to 35913518, tak? Patrz, liczba 359 to suma kwadratów pozostałych liczb tworzących NIP. $359=1^2+3^2+5^2+18^2=1+9+25+324$. Nasz związek jest nierozerwalny!

Moli: Całkiem zwariowałeś!

Mélani: Kończymy naszą dyskusję i nie odpowiedzieliśmy jeszcze na początkowe nasze pytanie: wiedza czy niewiedza zapewniają nam szczęście erotyczne?

Moli: W pierwszej części naszej dyskusji zgodziliśmy się na podstawie poprawnego logicznie wywodu, że niewiedza jest kluczem do szczęścia, w drugiej, na podstawie innego logicznie poprawnego wywodu, doszliśmy do wniosku, że szczęście daje wiedza!

M.A.: Nie zapominajcie o Gödlu. Twierdzenie o niezupełności obowiązuje nie tylko w matematyce, ale także w życiu osobistym i erotycznym. Zawsze pozostanie pewien niedosyt. Żaden system ani logiczny, ani emocjonalny nie może zostać w pełni dowiedziony.

Mélani: Odpowiedz wreszcie na swoje pierwsze pytanie: możesz żyć z kobietą, która czyta w twoich myślach?

M.A.: Wtedy, przed ponad dwoma miesiącami, myślałem, że nie. Teoretycznie na pewno tak, ale w praktyce – nie.

Mélani: A teraz?

M.A.: Teraz mówię, że nie ma sensu stawać przed tak

dramatycznymi dylematami. Dlaczego? Bądźmy otwarci na wszystkie optyki, na wszystkie doświadczenia.

Moli: Nie zapomnij o tym, gdy spotkasz się z George'em. Nie dręcz go żadnym „trzeba". Ucałowania dla Maj, Mani i Mai.

Mélani: Dla Ingrid, Esteli, Maszy, Merál, Alicji, Meriam oraz wszystkich pozostałych żon. I szczęśliwej podróży!

Moli: Osiem małżeństw i jedno kazirodztwo. No, no...

Spis treści